科学通识书系

主编：周雁翎

科学通识书系

天工开物
（译讲）

Tian Gong Kai Wu
Exploitation of the Work of Nature—Chinese Agriculture and Technology in the 17th Century

（明）宋应星 著
诸雨辰 译讲

北京大学出版社
PEKING UNIVERSITY PRESS

图书在版编目（CIP）数据

天工开物：译讲/（明）宋应星著；诸雨辰译讲. —北京：北京大学出版社，2023.5

（科学通识书系）

ISBN 978-7-301-33884-1

Ⅰ.①天… Ⅱ.①宋… ②诸… Ⅲ.①科学技术－技术史－中国 Ⅳ.①N092

中国国家版本馆CIP数据核字（2023）第058997号

书　　名　天工开物（译讲）
　　　　　TIANGONG KAIWU (YIJIANG)

著作责任者　（明）宋应星 著　诸雨辰 译讲

责任编辑　郭 莉

标准书号　ISBN 978-7-301-33884-1

出版发行　北京大学出版社

地　　址　北京市海淀区成府路205号　100871

网　　址　http://www.pup.cn　新浪微博：@北京大学出版社

微信公众号　通识书苑（微信号：sartspku）

电子信箱　zpup@pup.cn

电　　话　邮购部 010-62752015　发行部 010-62750672　编辑部 010-62707542

印 刷 者　北京市科星印刷有限责任公司

经 销 者　新华书店
　　　　　787毫米×1092毫米　16开本　26.75印张　321千字
　　　　　2023年5月第1版　2023年5月第1次印刷

定　　价　59.00元

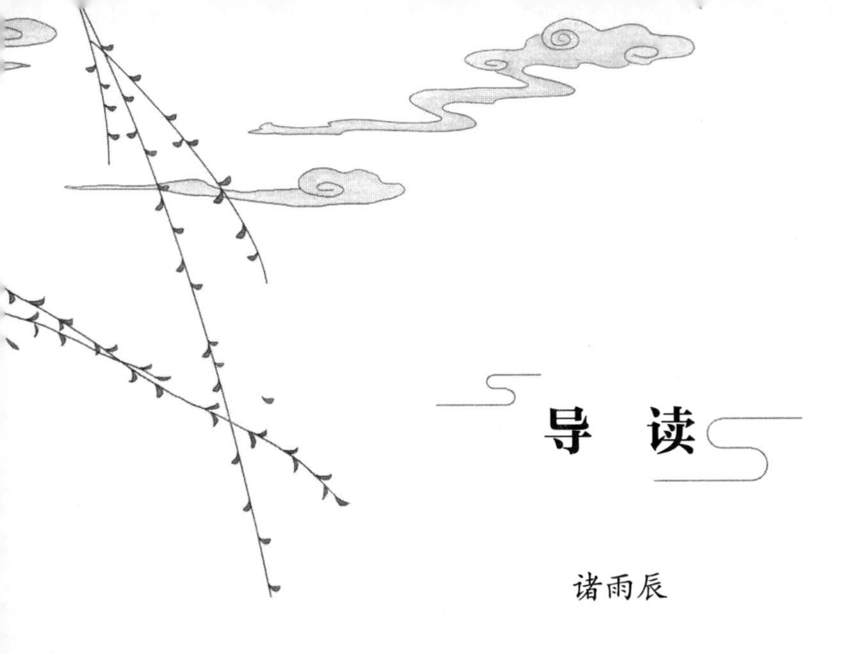

导　读

诸雨辰

摆在我们面前的这本《天工开物》，是一部诞生于17世纪的典籍，距今已经将近400年了。在这漫长的时间里，有太多的人与事，匆匆登场，又湮没无闻，可是《天工开物》却被人们记住，成为不断再版并传布至世界各地的经典名著。是什么让它流传至今？关于它，又有哪些方面值得关注呢？

一、《天工开物》讲了些什么？

《天工开物》称得上是中国古代科技成就的百科全书。当然，作者宋应星关注的重点，是劳动生产的技术，也就是农业、传统手工业等方面的技术。全书共分十八卷，分别介绍五谷种植、衣物织造、染色、粮食加工、制盐、制糖、制陶、铸造、车船制造、锻造、矿石烧炼、油脂提取、造纸、冶金、兵器制作、颜料制作、酿酒、珠玉采制。书中附有123幅木刻版画，对相关技术所涉及的人物动作与牲畜、工具运用以及相关环境进行了详细描绘，生动展现了晚明时期的劳动生产场景。

春秋时期，子路随孔子周游列国，掉队在后，遇到一位肩上挑着除草农具的老人，便问他是否见过自己的老师孔子。老人没有回答，反问子路："四体不勤劳，五谷分不清，谁是你的老师呢？"老人的话是在讽刺周游列国的文士不务实际，而自己甘愿做一个自耕自给的隐士。可惜，后来历朝历代的读书人往往都有“五谷不分”的问题，更不必提如何种植、加工五谷了。诞生于晚明时期的《天工开物》，一反读书人不事生产的常态，把与民生关系最密切的粮食生产问题放在卷首。第一卷“乃粒”，依次介绍了稻、麦、黍、稷、粱、粟、麻、菽的种植，以稻、麦为主，详述了作物的种植流程，包括浸种、栽秧、插秧、播种、施肥、锄草、灾害防治等各个环节，对于耒、耜、耙等种植工具与筒车、牛车、踏车、拔车、桔槔等水利设施的使用也进行了总结。通过阅读，我们能够系统地了解各种粮食在登上我们的餐桌前经历了些什么，切实地体会盘中餐的“粒粒皆辛苦”，而书中提到的诸如砒霜拌种、肥料施放、水碓使用等，即便在当时世界范围内，都是相当先进的生产经验。

明代思想家李贽讲过一个朴素的道理：“穿衣吃饭即是人伦物理。”除了吃饭，人们最重视的便是穿衣。中国有着悠久的纺织文化，祖先的神话中把织女视为天帝的孙女加以崇拜，而纺织文化也进入了汉语词汇中。我们形容治理天下的才能会说“经天纬地”，形容有才学会说“满腹经纶”，可是又有几人真正见过“经”“纬”“经纶”呢？你知道“经”“纬”“经纶”是什么吗？第二卷“乃服”，就讲了丝、棉、麻、皮、毛等原材料的取得与衣物的织造，以丝为主。作者从蚕的养殖讲起，介绍了养蚕的各个环节，从蚕的产卵到蚕浴，从蚕的种类到喂养中的各种禁忌，涉及种种细节。其中关于蚕的杂交育种与蚕病防治等知识，经由法国汉学家儒莲（Stanislas Julien）的翻译，在欧洲广泛传播，达尔文（Charles Darwin）更将其收入《动物和植物在家养下的变异》一书，这堪称《天工开物》在中西文化交流史上的重要贡献。此外，第二卷中还详细介绍了造绵、缫丝以及纺织工序中涉及的纺车、经具、织机等。像提花机这样能织出巧夺天工衣料的机械，其结构与操作流程其实相当复杂，幸好书中配合文字描述，绘制了机械示意图，让我们得以想见其纺织现场，甚至可以对织机进行复原。一代代织工的形象虽在时间长河中模糊了，但不绝的缕缕丝线依旧可以穿行于织机之间，丝线便串联起了人与人、人与时间。不然，《红楼梦》中的贾宝玉为何偏偏在纺车面前驻足呢？

此后诸卷，《天工开物》还分别介绍了海盐、池盐、井盐、末盐、崖盐等主要盐产及其制备流程与方法，蔗糖、蜂蜜、饴饧等制糖工艺，瓦、砖、罂瓮、白瓷、青瓷等陶瓷器物，鼎、钟、釜、炮、镜、钱、斤斧、锄镈、锉、锥、锯、刨、凿、锚、针等金属器物，弓、弩、干、火器等兵器，舟、漕运船、海船、马车、独轮车等车船的制造技术，石灰、煤炭、矾、硫黄、砒霜、金、银、铜、铁、锡、铅、宝石等矿产资源的采掘和炼造技术，对造纸、酿酒等也有详述。真可谓凡所应有，无所不有。其中不少工艺，如利用竹筒排空挖煤巷道中的瓦斯、金属冶炼时用到的活塞式风箱等，在当时世界范围内都处于领先水平。相信这些技术工艺中，总有令你好奇或感兴趣的部分。

二、《天工开物》的作者是谁？

在翻阅《天工开物》所展现的技术长卷之前，我们先来了解一下这部书的作者宋应星。

宋应星（1587—约1666），字长庚，江西奉新人。宋应星的曾祖父宋景于弘治十八年（1505）考取进士，最后官至都察院左都御史（正二品）的高位。可是，命运并未继续眷顾这个家族。宋应星的祖父宋承庆年仅25岁便早逝，其父宋国霖也一直未能考取功名。宋氏渐渐家道中落。到宋应星出生的时候，家里有时甚至连饮食菜蔬都难以保障。不过，家贫并未改变读书进身的传统，宋应星是在传统科举教育的培养下成长起来的。

按照《宋氏宗谱》的记载，宋应星是个少年天才，他学习文章往往看过一遍就能背诵。青年时代，宋应星开始广泛阅读十三经、《史记》、周秦汉唐古文、诸子百家等，相当博学。这其中，他尤其倾心于宋儒张载的学说，这对他后来宇宙观的形成有很大影响。万历四十三年（1615），宋应星与其胞兄宋应昇在南昌府乡试中一同考中举人，时人称赞两兄弟为“奉新二宋”。不过，考中举人后还要继续参加会试，只有考中进士才能有顺利的仕途。可惜宋应星后来五次北上参加会试，均名落孙山。崇祯七年（1634），宋应星放弃应举，开始担任袁州府分宜县学教谕（学官名），四年后，改任福建汀州府推官（正七品），两年后便辞官归故里。崇祯十六年（1643），宋应星任南直隶凤阳府亳州知州（从五品），但未及一年又辞官返乡，大明王朝也在崇祯十七年（1644）灭亡了。明亡后，宋应昇自尽，宋应星则坚守遗民节操，拒不出仕新朝，隐居乡里而终。

宋应星中举后，曾到著名的白鹿洞书院学习。在当时，白鹿洞书院是传播明代大儒王阳明思想的中心。王阳明主张“知行合一”的观点对宋应星产生了深刻影响。《天工开物》中体现的重实践的精神，便与知行合一、经世致用的学术追求相一致。也是在白鹿洞书院，宋应星与陈弘绪、涂绍煃两位友人结下了深厚的情谊。陈弘绪是一位藏书家，涂绍煃则是宋应星的同年举人，亦是儿女亲家。三人都热衷于军事、教育以及实务，而宋应星的这两位朋友都与《天工开物》的成书关系密切。

陈弘绪很喜欢各种应用性知识，他的藏书中就包含了关于灌溉、水利、植物学的一些书籍，还有利玛窦（Matteo Ricci）、庞迪我（Diego de Pantoja）等西方传教士的西学著作。《天工开物》中提到了灌溉技术以及欧洲的枪炮等内容，相关知识可能部分源于陈弘绪的藏书。至于书中关于采矿、铸币、兵器等的内容，则可能部分来自另一位友人涂绍煃任职四川督学时期的所见所闻。而涂绍煃对于宋应星最大的帮助，则是直接资助其著作的出版。他首先资助了宋应星的《画音归正》刊刻出版，这部书今天已经失传，但从书名看应该是关于传统音韵学的著作。其后，他又资助宋应星刊刻了凝聚其心血的《天工开物》。

尽管《天工开物》的刊刻成书与陈弘绪、涂绍煃两位友人颇有渊源，二人却似乎并不看重《天工开物》这部书。在陈弘绪编写的藏书目录中并未编入《天工开物》，反而收录了宋应星可能根本没有刊刻的《原耗》与《春秋戎狄解》。而涂绍煃的兴趣是儒家传统的“格物致知”之学，与关心技术的宋应星大不相同，后来他也没有再资助宋应星其他著作的刊刻，似乎《天工开物》这个“成果”并未令他感到满意。由此我们可以窥见当时人们对于《天工开物》的态度，友人尚不认可，一般的读书人可能就更加不屑一顾了。道理很简单，像《天工开物》这样的技术性书籍，并不符合中国古代文人的知识传统，而这正是中国古代科技史的缺憾。

三、《天工开物》有什么样的时代背景?

看到这里，敏锐的读者可能已经发现问题了。宋应星既非工匠世家，亦非技术型官员，而是以读书做官为目标的传统文人，而《天工开物》也不是一部容易被传统读书人认可的著作，那么为何宋应星要耗费心力写作这样的一部书呢？这就不得不从他所处的那个时代说起。

宋应星生活在晚明时期。明代持续上百年的繁荣与和平，促进了物质产品的商品化，甚至文学艺术的商品化，刺激了各种消费活动，也持续激发人们的欲望。整个社会渐渐形成了崇尚奢侈的风气，宋应星生活的南方尤其如此。举个例子，江南文人喜好结社，仅崇祯二年（1629）至六年（1633），文人们就先后有尹山大会、金陵大会、虎丘大会等多次社集。社集并非我们想象的文人聚会、谈诗论文那样简单，因为每次社集都要举办盛宴。当时吴江巨富吴甑之，一席宴饮就掏出四百两白银、一千五百斗粮食。一场宴席的耗费，几乎抵得上农家数年的粮食开销，不由得令人想到《红楼梦》中刘姥姥对贾府螃蟹宴的感叹。

江南向来是繁荣富庶之地，奢侈一点似乎也正常，可是连一向并不富裕的北方县城也渐渐如此。晚明时期，很多地方县志都记载了人们在宴会上聘请歌儿舞女、纵情声色之事。甚至有本来不富裕的人，为了能和富人攀比，不惜因宴会而倾家荡产的情况。这种不顾及自身财力的奢华，已经是病态的享乐追求了。更可惜的是，人们一边带着攀比的心态追求奢华，一边却又对公共事务与慈善救济毫不关心，甚至嘲笑那些敦厚俭朴之人。过去我们常说，晚明时期出现了资本主义的萌芽，认为商品经济带来了人们观念上的变化，可是晚明的竞奢之风并未突破什么旧有观念，只是突显了对拜金与享乐的追求而已。这种奢侈甚至奢靡，并未培育出人们的社会责任感与博爱精神，反而助长了急功近利的浮躁心态。由此，我们便不难理解宋应星在《天工开物》中多次流露出的对俭朴的尊重、对奢靡的反省。他反复地强调以五谷为贵而以珠玉为贱，强调日常劳作时使用的釜、鬵、斤、斧比黄金更宝贵。这种关心劳动生产而不以珠玉为贵的态度，可视为宋应星对那个浮躁时代的冷眼反省。

与竞奢之风相伴的是官场的混乱与腐败。万历十五年（1587），万历皇帝因拒绝立太子而遭百官反对，可这位任性的皇帝表达不满的方式竟然是从此不再上朝、不理朝政，结果造成国家中央管理系统的长期瘫痪。当时甚至有官员因为在京城等待派遣，结果迟迟得不到任命，以致盘费用尽，群拥至朝门外号哭。真是君不像君！百官也不成体统，当时南京有人盗窃了内库银 1127 两，案发后贼人被捕，可是追赃两年，居然一无所获。类似案件中的灰色地带，官员们恐怕难辞其咎。

天启五年（1625）三月，以魏忠贤为首的阉党粉墨登场。他们杀戮左光斗、魏大中等东林党人士，修纂颠倒黑白的《三朝要典》，晚明历史迎来了最黑暗的时刻。各地巡抚、巡按等官员，为了谋求个人利益与政治前途而攀附阉党，纷纷为魏忠贤建立生祠，以表忠心。贤人君子则或主动或被动地退出了政治舞台。宋应星在白鹿洞书院的朋友姜曰广就因此而遭到黜免。虽然崇祯皇帝即位后立刻惩治了魏忠贤，但阉党与东林党的党争却一直延续到了明代灭亡。

社会上层混乱得不成样子，百姓更是遭到宦官、胥吏的盘剥。《天工开物》中不时透出宋应星对此的反感，他在讲制陶工艺时就提到宦官监造御器逼使陶工跳入火中自焚的惨剧，在讲到采矿时也提到上饶的地方官因惧怕宦官剥削而禁采水晶矿等。他对劳苦民众抱有同情，在讲述制盐工艺时，说盐场内的制盐工人，每日辛勤劳作却仅能获得微薄的收入。对逃税的井盐工，他也不乏同情。此外，在介绍铜镜、银豆、铁钱等的制作时，他不时流露出对于社会价值失衡的忧虑。

乱自上作，官逼民反，以李自成为首的数支农民军渐成风起云涌之势，千疮百孔的大明王朝陷入风雨飘摇的境地。崇祯九年（1636）暮春，时任分宜县学教谕的宋应星有感于时弊，写下一篇长达万言的《野议》，描述了他眼中的时代环境：官员们尸位素餐、腐败丛生，百姓们穷困潦倒，而读书人则丧失了道德节操，在奢靡浮华的社会中醉生梦死。晚明的社会现实给宋应星这样的下层文人太多的无力感。可是宋应星还有想做的事，他希望通过探究"物"与"事"的知识，由本及末地探寻世界的秩序，从而找到改变世界的方法。

《天工开物》中的"天工"即是与人类行为相对的自然界的运行，而"开物"即是人类对自然界的加工，合起来便是人与自然的和谐秩序。寻找秩序正是宋应星各种著作的共同追求：《野议》思考政治制度的秩序，《画音归正》思考语言与命名的秩序，《论气》和《谈天》思考宇宙的和谐与运动。它们与《天工开物》一起，共同形成了宋应星的知识探索，根本上则是对天人关系的思考。当时的人们，或许会讥笑《天工开物》的不合时宜，但后人会明白这本书寄托了宋应星作为读书人真正的责任感。

四、《天工开物》的历史地位如何？

《天工开物》是宋应星面对晚明混乱时代的"孤愤"之作。宋应星通过关注技术，试图寻找天人关系的和谐与秩序。这种选择在当时可能不被人理解。那么后人，尤其是从事自然科学研究的学者，又如何评价这本书呢?

中国科学院自然科学史研究所的潘吉星先生是研究《天工开物》的专家。为了客观评价《天工开物》在古代科技史上的历史地位，潘先生比较了《天工开物》与明代以及前代的各种农书与工艺著作。在他看来，《天工开物》关于农业技术的总结，虽然在广度上不及北魏贾思勰的《齐民要术》以及元代王祯的《农书》，但是某些部分的深度超越它们。又如与徐光启的《农政全书》相比，《天工开物》没有介绍甘薯种植等内容，但谈及了培育蚕种、以砒霜为农药等内容，可以说互有补充。在某些特定的工艺上，《天工开物》不一定比得上其他工艺专著的全面深入（比如《佳兵》卷对火器的描述就比较简略，不及明代其他兵书详尽），但在整体工艺的广度上，则超越以往任何专著，书中述及的金属工艺更是有填补空白的意义。在对比中，我们可以看到《天工开物》的百科全书性质。正是在这个意义上，英国科学史学家李约瑟（Joseph Needham）把宋应星称为“中国的狄德罗”，又称其为“中国的阿格里柯拉”。狄德罗（Denis Diderot）是法国启蒙思想家，《百科全书》的主编；阿格里柯拉（Georgius Agricola）则是欧洲文艺复兴时期德国学者、“矿物学之父”，著有《矿冶全书》。两位都是著有百科全书式著作的西方学者。

《天工开物》不仅是属于中国的文化遗产，更是世界文明的宝贵财富。此书在清代就已广泛地传播至日本、朝鲜乃至欧洲国家，具有很高的国际影响。其在欧洲的传播与法国汉学家儒莲对《天工开物》的翻译有关。据德国马普科学史研究所所长薛凤（Dagmar Schäfer）教授调查，此书大约在1742年已传入法国，但相对沉寂。在一个世纪后的1830—1840年间，儒莲先后翻译了《天工开物》中《丹青》《五金》《乃服》《彰施》《杀青》等卷的内容，其后这些内容又被转译为英文、德文、意大利文等，引起了达尔文等欧洲科学家的兴趣。至于在东亚，江户时代的日本学者就已开始引用《天工开物》的文本，明和八年（1771）更有了著名的菅生堂刻本，当时的日本学界还兴起了所谓“开物之学”。可见其在世界科技与文化交流史上的影响。

其实，无论是李约瑟“中国的狄德罗”的评价还是儒莲的翻译，都体现出西方读者可能只是把《天工开物》当作关于中国古代技术的一部百科全书看待，大部分中国人可能也这么认为。可正如上面谈到的，《天工开物》在技术描述的背后，还有作者宋应星的哲学思想。那么这本书在世界文明史上也就不仅具有科学技术上的价值，更有科学文化与思想上的贡献。薛凤教授在理解宋应星关于寻找“物”与“事”之规律、探索“天”与“人”之秩序的基础上，认为《天工开物》超越了仅以搜集知识、描述世界为目标的狄德罗式的“百科全书”。

五、如何认识《天工开物》的现代价值？

我们知道了《天工开物》在中国乃至世界上都很有影响力，也知道了这本书寄托的是宋应星理解世界、改变世界的哲学思考，可能还有个疑问：《天工开物》毕竟是一部描述古代劳动生产技术的书，那么在科技飞速发展的21世纪的今天，无论工业还是农业，都已高度现代化，甚至一些行业都有可能被人工智能取代，此时，阅读这样一部17世纪的古书还有意义吗？就算它描述的技术在当时再先进、再有影响力，在今天看来，不也落后了吗？

我们可以从几个层面思考这个问题。

时至今日，流水线式的工业生产与现代技术辅助的农业生产，更适合人口密集、土地集中的地区。在民间，尤其是资源不那么密集的地方，很多已有上百年历史的生产工具依然发挥着作用。比如《乃粒》卷描述的“耙”，今天黔南仍用“方耙”，南粤用“辘耙”；“筒车”“踏车”“拔车”等，在今天的粤西农村也在使用。又如《乃服》卷描述的“腰机”，由于便于单人操作，在南方一些少数民族地区也可见其身影。更不必说《粹精》卷中提到的石碾、风车、水碓、水磨、杵臼、小碾等工具，它们使用的地区就更广了。而即使是已经被现代织机所取代的缫车、花机等纺织机械，如今仍在博物馆或文化馆中发挥着文化功能。作为非物质文化遗产，或者“看得见的乡愁”，它们是中国人宝贵的文化记忆。

更重要的是，《天工开物》中蕴含的宋应星的技术哲学思想，在今天依然富于思辨价值，值得我们反思。日本科技史家三枝博音首先提炼出“天工开物思想”。潘吉星先生亦对其有很好的阐发：“‘天工开物思想’强调人与天（自然界）相协调、人工（人力）与天工（自然力）相配合，通过技术从自然界中开发出有用之物。”这一思想强调天人关系的和谐，同时也注重“人工”的创造性。比如在《乃粒》卷的开篇，宋应星提到人类需要食用五谷才能生存，五谷需要靠人类播种培植才能生长。这个朴素的道理其实是强调人与自然的共生状态。此外，宋应星还强调了水土随时代的变化及其对种子的影响，因而生产时必须尊重自然规律。现代科技的发展日新月异，但温室气体排放、生态系统破坏、气候危机、资源枯竭、污染问题等“现代病”也困扰着人类。以困扰北方的大风沙尘天气为例，也许不是我们种的树不够，而是气候变化导致地表风速加快、沙源地气温偏高、无降水造成的。如果违背自然规律地种树，反而可能破坏稳定的地表，抽干地下水，形成新的沙源。“天人合一”“天人共生”的科学发展观念，可以说是永不过时的思想。

《天工开物》也体现了科学研究中对实践的重视。宋应星强调观察试验，他在《序》中就批评一些人号称是“博物君子”，却没有亲身观察、实践，只是空谈书本上的知识。而宋应星则既能审慎地运用书本知识，又格外重视定量的实践研究。《天工开物》中有一些段落直接摘引自《本草纲目》，可是一旦发现文献记载与实际情况不符时，比如在银、锡、朱砂、宝石等条目中，宋应星都会毫不犹豫地站到他所观察到的事实一边。而全书中更随处可见宋应星对建材尺寸、对原料配比与用量、对质量、对体积的详细描述，比如《陶埏》卷中计算瓦片与木材的量化关系，《五金》卷讲铁矿石与焦炭的量化关系等。我们常说：“实践是检验真理的唯一标准。”《天工开物》中贯穿的实践精神，既是近代科学精神的体现，也是民族复兴的基石，更是值得珍视的宝贵精神遗产。

提到量化实验，很多读者可能会有一个疑问：中国古代到底有没有理性的科学意识呢？我们可能或多或少都听说过著名的“李约瑟之问”：中国古代的经验科学很发达，但为何中国没有产生近代的实验科学？在李约瑟看来，中国古代学者总是以“有机唯物论”（organic materialism）的思维方式，即以等级秩序关联事物的思维方式来理解世界。换言之，儒家传统的道德、伦理的因素总是影响着中国人对世界的认识，因而人们追求具体的、经验的现象的解释，而对探索事物的普遍规律缺少兴趣。那么，宋应星有没有突破儒家传统？如果我们深入阅读宋应星的各种著作，就像薛凤教授已经尝试的那样，就会发现宋应星所从事的基于实践与量化的研究，已经使他获得了更为科学也更具有普适性的哲学思想。他借用“气”这个概念来解释，把“气”视为构成世界运行的物质性与能量性基础：“气”分阴阳，“阴水气”与“阳火气”的相互作用，就形成了物与事的变化。这种解释相对客观，并且没有受到伦理、道德等因素的影响，无论是农业、手工业、矿业还是社会的运行，都是这一普遍规律的具体显现。这种认识不啻为对“有机唯物论”的冲击，在客观上也具有了启蒙的现代意义。

六、《天工开物》的版本与流传情况

最后，还要简单谈谈《天工开物》的版本与流传。古书往往有多个不同的版本，不同版本在文字与插图上会有或多或少的差异，从而影响阅读和理解。所以，选择一个好的版本往往是古人读书的第一要务。今天我们读到的古籍排印版，大多是当代学者对古籍进行校勘、注释等整理工作后的产物。有时我们并不在意底本的选择，或者觉得校勘信息枯燥、琐碎，又不影响阅读，好像直接跳过也没关系。不过，仔细去了解一部书的版本，其实也是在回溯这部书代代传承的历史，是在时间中寻找书籍的演变脉络。探究版本，既是对书籍的物质载体的深度了解，更是对不同时代刻书人、修书人与研究者的了解与致意。那么，《天工开物》是如何从 17 世纪一步步走到今天的呢？

《天工开物》初刊于崇祯十年（1637），这即是涂绍煃所资助的最初的刻本，简称“涂本”。全书分上、中、下三卷册，以竹纸线装，各装一册。内文共十八卷，以《乃粒》为首，《珠玉》为末，各卷首均有“宋子曰”一段，作为引言，概括本卷内容。可能由于当时的印量有限，涂本向来较为稀见。现在传世的一套涂本在清代曾经收藏于浙江宁波蔡同常的藏书楼墨海楼，清末为同邑李值本获得，入藏萱荫楼。1951年，李氏后人将其捐赠出来，入藏北京图书馆（今国家图书馆）。世界上的另外两部涂本目前分别收藏于日本东京的静嘉堂文库及法国巴黎的法国国家图书馆。目前所知，涂本仅此三部。

《天工开物》的第二个版本刊刻于清初，由福建书商杨素卿刊刻，简称“杨本”。之所以判断是清初刻本，是因为书中以“大明朝”代替了“我朝”。杨本在书籍的体例、行款、插图等格式上，完全延续涂本。虽然修改了涂本中的一些讹误，但制造了更多新的讹误，文字质量不如涂本。此外，杨本的一些图版也经过了翻刻，总体质量亦较为低下。杨本现于中国国家图书馆、法国国家图书馆各藏一部，扉页无广告。台北“中研院”历史语言研究所亦藏有一部，扉页有广告，宣传此书为“生财备用秘传要诀”。可见杨素卿是将其视为技术性的日用类书看待的，认为学习这些知识有助于获得财富。当然，这并非宋应星本意，但客观上也有助于《天工开物》在更大范围内传播。

康熙年间，翰林院编修陈梦雷奉旨主编《古今图书集成》，延续至雍正朝由蒋廷锡续编而成。作为现存古代最大规模的类书，《古今图书集成》也收录了《天工开物》，但是将其打散后收入《食货典》《考工典》等部，并且重绘了插图。乾隆二年（1737），鄂尔泰、张廷玉等奉旨编《授时通考》，也大量引用了《天工开物》。可见，清代官方文献在一定程度上认可了《天工开物》，尤其是在作为“考工典”与作为农书方面的价值。然而，在剥离了序文与题辞后，孤立摘编的文本段落无疑偏向的是技术性的一面，而削弱了宋应星重建知识框架的思想观念。

《天工开物》在日本也有重要刻本。明和四年（1767），大阪传马町的书商柏原屋佐兵卫（菅生堂主人）获得《天工开物》的发行许可，后从藏书家木村孔恭处借得善本，请江田益英校订文字并加训点，由都贺庭钟作序，于明和八年（1771）出版，该版本简称“菅生堂本”或“菅本”。菅本以涂本为底本，参校了杨本，亦延续涂本的体例、行款、插图等，其质量整体较优，当然也不免仍有讹误。

民国初年，《天工开物》引起了当时学者丁文江、章鸿钊、罗振玉以及出版家陶湘的注意。但当时苦于找不到传本，只好以菅本为底本，以《古今图书集成》校订。1927年，《天工开物》得以石印线装本出版，经罗振玉题署，简称“陶本”。陶本校正了不少菅本、杨本的讹误，文字质量更佳。陶本重新绘制了全书的插图，部分参考《古今图书集成》《授时通考》而改绘，从艺术性上说更精巧，但未必符合宋应星的原意。同时，陶本还更改了插图的位置，不再放置于相关文本之后，而是统一放置于各卷末尾，这在一定程度上降低了插图对于文字的解释效果。1929年，陶本重印，并在《重印天工开物卷跋》中详细介绍了民国学者谋求刊刻的过程。20世纪30年代，上海华通书局（1930）、商务印书馆（1933）、世界书局（1936）又相继有所出版。

当代较有影响力的《天工开物》整理本，有1976年广东人民出版社署名钟广言的注本，实际为中山大学等单位若干学者的集体成果。这个整理本诞生较早，并且经由中华书局香港分局出版至海外，影响很大，其中很多注释都成为后来注本的参考对象。1987年，江西科学技术出版社出版了中山大学哲学系杨维增先生的《天工开物新注研究》，该书上编是对《天工开物》的校注、翻译，下编是杨维增先生的研究论文，详尽讨论了《天工开物》所涉及的自然科学知识。1989 年，巴蜀书社出版潘吉星先生的《天工开物校注及研究》，上编为研究论文，下编为校注、译文。这后两部著作代表了当代《天工开物》整理与研究的较高水平。

2013 年，潘吉星先生将《天工开物》译注的部分单独整理，交由上海古籍出版社出版。这是一个很有特色的整理本。潘先生有感于原书章节顺序不协调，故而对全书进行了重排，将《乃粒》《粹精》《作咸》《甘嗜》《膏液》《乃服》《彰施》七章编为上卷，将《五金》《冶铸》《锤锻》《陶埏》《燔石》五章编为中卷，将《杀青》《丹青》《舟车》《佳兵》《曲蘖》《珠玉》六章编为下卷，体现了潘先生对《天工开物》的深入思考与逻辑考量。后来，杨维增先生也将《天工开物》的译注部分单独整理，由中华书局出版。

本次整理以涂本即明代初刊本为底本，参校了杨本、菅本、陶本。为充分尊重并呈现古籍原貌，对于涂本各卷顺序不作调整，涂本与其他各本文字有差异处，亦依涂本原样录入。书中出现的异体字则改为正体字。在“难点精讲”中，从技术内容和文字两个方面对文本进行讲解，也指出了别本改字处，方便读者参考。对文本中偶见的认识不当、见解不周等局限，尽量加以指出或于译文中纠正。

本书对《天工开物》所作的白话翻译和难点精讲，除了基于个人学识与研究见解，也参考了前人研究，尤其是潘吉星、杨维增二位前辈的意见，对见解上有歧异之处，尽量注出各家意见并择善而从。在此，对前辈学者的研究成果致以敬意！《天工开物》涉及大量中国古代科学技术、博物学知识，由于知识所限，即便参考专家意见，亦难免有不当甚至讹误，祈请读者指正。

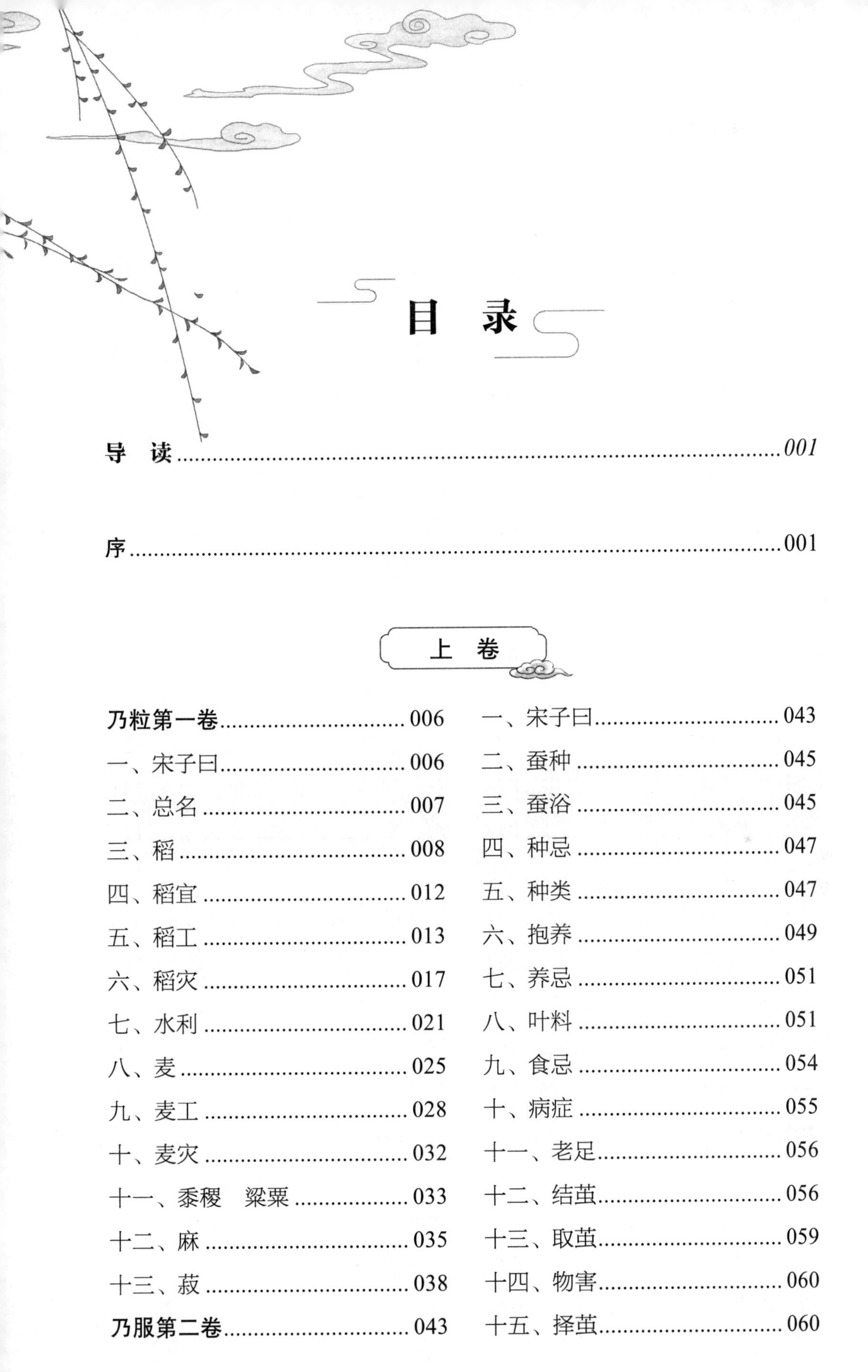

目　录

中　卷

下 卷

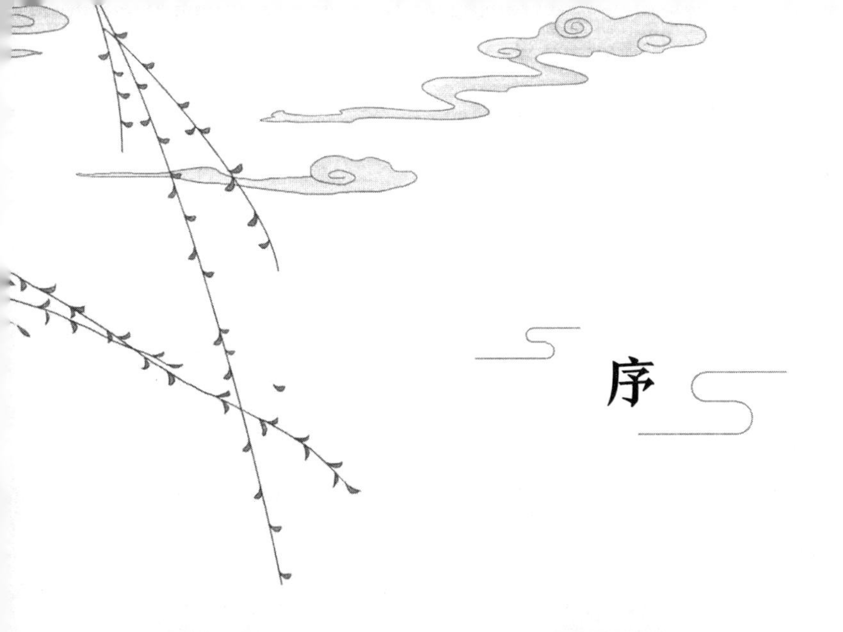

序

原文

天覆地载，物数号万，而事亦因之，曲成而不遗，岂人力也哉？事物而既万矣，必待口授目成，而后识之，其与几何？万事万物之中，其无益生人与有益者，各载其半。世有聪明博物者，稠人[①]推焉。乃枣梨之花未赏，而臆度楚萍[②]；釜鬵[③]之范[④]鲜经，而侈谈莒鼎[⑤]。画工好图鬼魅而恶犬马，即郑侨[⑥]、晋华[⑦]，岂足为烈哉？

译文

天地间的物类数以万计，相应地也产生了各种事务，适应事物的不同而制造出各种东西，没有缺漏，难道是仅靠人力就能完成吗？万事万物如此丰富，如果必须经过口授目见才能认识它们，又能认识多少呢？万事万物之中，对人有益的和对人无益的，各占一半。世上有一些聪明博学之人，颇受众人推崇。然而他们连枣花、梨花都分不清，却臆想着“楚萍”为何物；连铸锅的模具都很少接触，却侈谈起“莒鼎”。就像画师喜欢画鬼魅而不喜欢画犬马，这样的人即便如郑国的公孙侨、晋代的张华，又有什么可称道的呢？

难点精讲

① 稠人：众人。

② 楚萍：典故出自《说苑·辨物》及《孔子家语·致思》。如《说苑》：“楚昭王渡江，有物大如斗，直触王舟，止于舟中。昭王大怪之。便聘问孔子。孔子

曰：‘此名萍实，令剖而食之，惟霸者能获之，此吉祥也。’”

③ 釜鬵（fǔ xín）：二者皆为古代炊具。

④ 范：模子，制作器物时的模具。

⑤ 莒（jǔ）鼎：春秋时莒国铸造的鼎。《左传·昭公七年》载莒献二方鼎于晋，晋侯转赠给子产，即“赐子产莒之二方鼎”。后以“莒鼎”指立国的重器和政权的象征，亦指名贵的器物。

⑥ 郑侨：指子产（？—前522），公孙氏，名侨，字子产，春秋时郑国执政大臣，晋侯曾称其为“博物君子”。

⑦ 晋华：指张华（232—300），字茂先，西晋大臣，著有《博物志》，后人集有《张茂先集》。

原文

幸生圣明极盛之世，滇南车马，纵贯辽阳，岭徼[⑧]宦商，衡游蓟北。为方万里中，何事何物不可见见闻闻？若为士而生东晋之初、南宋之季，其视燕、秦、晋、豫方物，已成夷产，从互市而得裘帽，何殊肃慎之矢[⑨]也？且夫王孙帝子，生长深宫，御厨玉粒正香，而欲观耒耜[⑩]；尚宫锦衣方剪，而想像机丝。当斯时也，披图一观，如获重宝矣。

译文

幸而我们生于盛世，云南的车马可以一直跑到辽阳，岭南的官员、商人可以漫游至河北。在这方圆万里间，又有什么事物是不能耳闻目见的呢？如果士人不幸生在偏安一隅的东晋之初、南宋之末，他们会把河北、陕西、山西、河南等地的物类，都视为他国的物产，将通过贸易而获得的皮衣与帽子视为“肃慎之箭”那样的稀有之物。而那些生长于深宫的帝王子孙们，在御厨送上喷香的白米饭时，可能会想看一看农具；当宫女制好锦衣时，可能会想象一下织机的样子。这时如果有图书可以看，定会觉得如获至宝。

难点精讲

⑧ 岭徼（jiào）：指五岭以南地区，大致相当于今广东、广西、江西、湖南四省。徼，边界。

⑨ 肃慎之矢：典故出自《国语 · 鲁语》，武王克商之后，使各方来贡，肃慎氏贡楛（hù）矢（木箭）、石砮（石制箭头）。女真族是其后裔。

⑩ 耒耜（lěi sì）：古代用于耕地翻土的农具，这里泛指农具。

原文

年来著书一种，名曰《天工开物[11]》卷。伤哉贫也[12]，欲购奇考证，而乏洛下之资[13]；欲招致同人，商略赝真，而缺陈思[14]之馆。随其孤陋见闻，藏诸方寸[15]而写之，岂有当哉？吾友涂伯聚[16]先生，诚意动天，心灵格物，凡古今一言之嘉、寸长可取，必勤勤恳恳而契合焉。昨岁《画音归正》由先生而授梓[17]，兹有后命，复取此卷而继起为之，其亦夙缘之所召哉！

译文

一年来我写了一本书，名叫《天工开物》。可是我的家境贫寒了，想要购买一些奇物以助考证，却没有足够的钱；想招同好之人来探讨事物的真伪，而没有适合的馆舍。只能由着我的孤陋寡闻来写，哪敢说内容都很恰当呢？我的朋友涂伯聚先生，诚意可感动上天，讲求格物致知之学，古往今来的东西，只要有一言之嘉、寸长可取之处，必定勤勤恳恳地帮助刊印。去年我写的《画音归正》就是经由涂先生之力刊印的，现在遵从他的建议，又把这本书拿来出版，这也是我们多年来的缘分所致吧！

难点精讲

⑪ 天工开物：据潘吉星，“天工”典出《尚书 · 皋陶谟》“天工人其代之”，“开物”典出《周易 · 系辞上》“开物成务”。宋应星将二者结合，谓“以自然力配合人工技巧从自然界开发物产”。而据薛凤，“开物成务”之意在阐明“天一人

互联性的特质”，从而探寻“物”与“事”固有的条理。

⑫ 伤哉贫也：典出《礼记·檀弓下》：“子路曰：‘伤哉贫也，生无以为养，死无以为礼也。’”

⑬ 乏洛下之资：典出《三国志·魏志·夏侯玄传》注引《魏略》载蒋济语：“洛中市买，一钱不足则不行。”这里指没钱。

⑭ 陈思：指曹植（192—232），字子建，曹操之子，封陈王，谥号思，后世称陈思王，后人编有《曹子建集》。“陈思之馆”指曹植延请文人学士之馆舍。

⑮ 方寸：心。

⑯ 涂伯聚：指涂绍煃（约1582—1645），字伯聚，号映薮，江西新建（今属江西南昌）人。万历四十七年（1619）进士，官河南汝南兵备道、四川督学等。与宋应星为同榜举人，关系友善。

⑰ 梓：木头雕刻成印刷用的木板，这里指刊刻。

原文

卷分前后，乃贵五谷而贱金玉[18]之义，“观象”“乐律”二卷，其道太精，自揣非吾事，故临梓删去。丐大业文人弃掷案头，此书于功名进取毫不相关也。

时崇祯丁丑孟夏月，奉新宋应星书于家食之问堂[19]

译文

这本书中内容有先后，寓意是以五谷为贵而以金玉为贱，“观象”“乐律”这两卷，因为道理太精微了，自揣并非我的能力所及，所以在临上版时删去了。请那些以科举大业为目标的文人们把此书抛弃在一边吧，这本书与功名进取之业毫不相干。

明崇祯十年（1637）四月，奉新宋应星写于家食之问堂

难点精讲

⑱ 贵五谷而贱金玉：典出晁错《论贵粟疏》。

⑲ 家食之问堂：宋应星的书斋名，“家食之问”意为研究自食其力的学问。

上卷

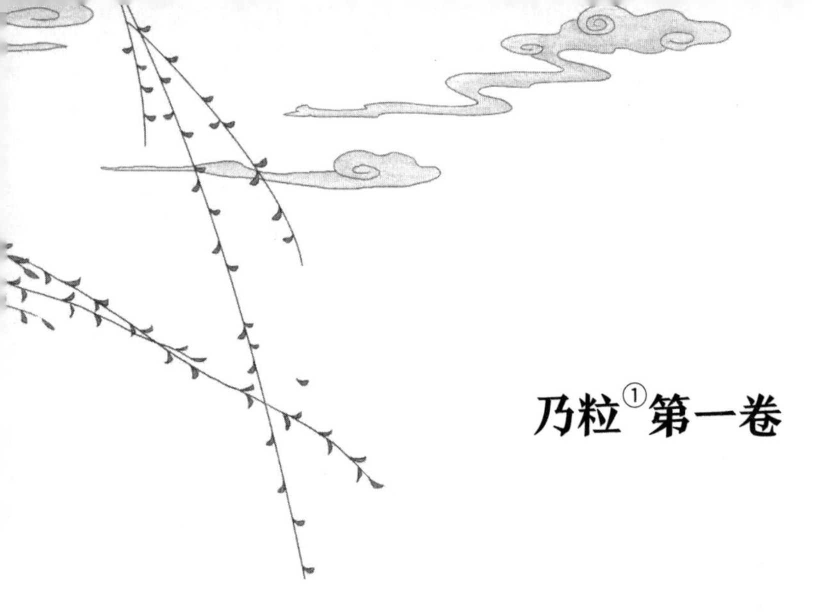

乃粒[1]第一卷

一、宋子曰

原文

上古神农氏[2]若存若亡，然味其徽号[3]两言，至今存矣。生人不能久生，而五谷生之；五谷不能自生，而生人生之。土脉历时代而异，种性随水土而分。不然，神农去陶唐[4]粒食[5]已千年矣，耒耜之利，以教天下[6]，岂有隐焉？而纷纷嘉种，必待后稷[7]详明，其故何也？纨裤[8]之子，以赭衣[9]视笠蓑[10]；经生之家，以农夫为诟詈[11]。晨炊晚饷[12]，知其味而忘其源者众矣。夫先农而系之

译文

宋子说：上古的神农氏不知是否存在，不过至今人们仍在体味“神农”这尊号中两个字的深义。人类不能自足地长久生存，需要食用五谷才能生存；五谷也不能自行生长，而要靠人类来播种培植。土质随着时代的变化而变化，作物品性随着水土不同而有分别。如果不是这样，从神农氏到陶唐氏，人们以五谷为粮食已经有千年时间了，圣人教百姓使用农具，难道会有什么隐瞒吗？而各种优良品种，却要等到后稷时才详细阐明，又是为什么呢？富贵人家的子弟视斗笠蓑衣为罪人之服，读书人家把“农夫”当作骂人的话。很多人早晚烧

以神，岂人力之所为哉？

饭，熟悉饭香却忘了粮食的来源。所以人们把创始农业的先祖与“神”联系在一起，这不是很自然的吗？

难点精讲

① 乃粒：此处即指谷物。

② 神农氏：上古时期部落首领，一说为炎帝。传说神农氏曾经亲尝百草，以草药治病，又发明了农具、陶器，教人种植粮食。后与黄帝一起战败了蚩尤。

③ 徽号：尊号。

④ 陶唐：上古时期部落首领，或称唐尧、尧，帝喾之子，后禅让于舜。

⑤ 粒食：以谷物为粮食。

⑥ 耒耜之利，以教天下：典出《周易·系辞下》：“神农氏作，斫木为耜，揉木为耒，耒耜之利，以教天下。”耒指翻土农具的木柄部分，耜指农具的起土部分。

⑦ 后稷：姬姓，名弃，周人的始祖，相传为姜嫄履大人迹而生。善种谷物，教民耕种与稼穑。

⑧ 纨（wán）裤：为古代贵族子弟的衣服，亦代指贵族子弟。纨，细绢。

⑨ 赭衣：古代囚衣。

⑩ 笠蓑：斗笠和蓑衣，借指劳动人民。

⑪ 诟詈（gòu lì）：辱骂。

⑫ 饷（xiǎng）：用酒食款待。

二、总名

原文

凡谷无定名，百谷指成数①言。五谷则麻、菽、麦、稷、黍②，独遗稻者，

译文

“谷”不用来固定指一个物种，所谓“百谷”是对谷物的总称。五谷是指麻、菽、麦、稷、黍，唯独没提

以著书圣贤起自西北也。今天下育民人者，稻居什七，而来、牟[3]、黍、稷居什三。麻、菽二者，功用已全入蔬饵[4]膏馔[5]之中，而犹系之谷者，从其朔也。

稻，这是因为论及五谷的圣贤都来自西北。现在养育天下百姓的农作物中，稻占十分之七，而来、牟、黍、稷占十分之三。至于麻和菽，其功能已经列入蔬菜、糕点、油脂等食品之中了，这里仍然归类到谷类中，只是沿用其最初的类属而已。

难点精讲

① 成数：总数。

② 麻：形似芝麻的农作物，又称麻子。菽（shū）：豆类的总称。麦：小麦。稷：又称粟，俗称小米。黍：去皮后称黄米，煮熟后有黏性。

③ 来、牟（móu）：古时大麦、小麦的统称，来指小麦，牟即麰（móu），指大麦。

④ 饵：糕饼。

⑤ 馔：食品。

三、稻

原文

凡稻种最多。不粘者，禾曰秔[1]，米曰粳。粘者，禾曰稌[2]，米曰糯（南方无粘黍，酒皆糯米所为）。质本粳而晚收带粘（俗名婺源光之类），不可为酒，只可为粥者，又一种性也。凡稻

译文

稻的种类最多。其中不黏的，禾名为秔，米名为粳。黏的，禾名为稌，米名为糯（南方没有黏黍，酿酒都用糯米）。本来是粳米，因为收获得晚而带有黏性的（俗名“婺源光”之类），不能酿酒，只能做粥，又是一种稻。稻谷的外形有长芒、短芒（江南把长芒

谷形有长芒、短芒（江南名长芒者曰浏阳早，短芒者曰吉安早）、长粒、尖粒、圆顶、扁面不一，其中米色有雪白、牙黄、大赤、半紫、杂黑不一。

的叫作“浏阳早”，短芒的叫作“吉安早”）、长粒、尖粒、圆顶、扁面等，其中米色有雪白、牙黄、大赤、半紫、杂黑等。

难点精讲

① 秔（jīng）：同“粳”（jīng），黏性较小的稻。

② 稌（tú）：稻子，又特指糯稻。

原文

湿种之期，最早者春分以前，名为社种[3]（遇天寒有冻死不生者），最迟者后于清明[4]。凡播种，先以稻麦稿[5]包浸数日，俟其生芽，撒于田中，生出寸许，其名曰秧。秧生三十日即拔起分栽。若田亩逢旱干、水溢，不可插秧。秧过期，老而长节，即栽于亩中，生谷数粒，结果而已。凡秧田，一亩所生秧，供移栽二十五亩。

译文

从浸种的日期说，最早的在春分以前，名为社种（遇到天寒，会有冻死不生的情况），最迟的在清明以后。播种时，先用稻秆、麦秆把种子包起来，浸泡数日，等它生芽后，撒在田里，生出寸许高，就是秧了。秧长了三十日就要拔起来分别栽种。若是赶上干旱或者积水过多，就无法插秧。秧苗如果培育太久，老了就会长节，这时即便栽入田中，最后也只能长出几粒谷子而已。一亩田中培育的秧苗，可以移栽到二十五亩田里。

难点精讲

③ 社种：古时以立春、立秋后第五个戊日为春社或秋社，这里指在春社日浸种。

④ 清明：二十四节气之一，公历 4 月 4—6 日交节。

⑤ 稿：谷类植物的茎秆。

原文

凡秧既分栽后，早者七十日即收获（粳有救公饥、喉下急，糯有金包银之类，方语[6]百千，不可殚述），最迟者历夏及冬二百日方收获。其冬季播种、仲夏即收者，则广南之稻，地无霜雪故也。凡稻旬日失水，即愁旱干。夏种冬收之谷，必山间源水不绝之亩，其谷种亦耐久，其土脉亦寒，不催苗也。湖滨之田，待夏潦[7]已过，六月方栽者，其秧立夏播种，撒藏高亩之上，以待时也。

译文

秧苗分栽后，早的七十日即可收获（粳米有“救公饥”“喉下急”，糯米有“金包银”之类，各地叫法很多，列举不完），最迟的要经过夏天到冬天，两百天后才能收获。广南稻可以在冬季播种，到仲夏就能收获了，因为那里气候温暖，没有霜雪。稻田只要有十天缺水，就得担心干旱。夏天播种、冬天收获的稻谷，一定要选山间泉源不绝的田亩，这种稻谷生长周期长，土地也寒凉，不会催苗长得过快。湖滨的田亩，等夏天洪水过后，到六月才能栽种，秧苗要等到立夏才能播下，并且应该撒在高处的田亩上，为的是等待农时。

难点精讲

⑥ 方语：方言。

⑦ 潦（lǎo）：雨水过多，水淹。

原文

南方平原，田多一岁两栽两获者，其再栽秧，俗名晚糯，非粳类也。六月刈[⑧]初禾，耕治老膏[⑨]田，插再生秧。其秧清明时已偕早秧撒布。早秧一日无水即死，此秧历四、五两月，任从烈日暵干[⑩]无忧，此一异也。凡再植稻遇秋多晴，则汲灌[⑪]与稻相终始。农家勤苦，为春酒之需也。凡稻旬日失水则死期至，幻出旱稻[⑫]一种，粳而不粘者，即高山可插，又一异也。香稻一种，取其芳气以供贵人，收实甚少，滋益全无，不足尚也。

译文

南方平原的稻田，多是一年两种两收，第二次栽种的秧苗，俗名叫晚糯，不是粳米一类。六月割早稻后，翻耕稻茬田，以便再插晚稻秧。这些秧在清明时已经和早稻秧一起撒播下去了。早秧一天没有水就会死，而这种秧经过四、五两月，任由烈日暴晒也不必担心，真是奇怪的事。晚稻遇到秋季连续晴日，就需要不断汲水灌溉。农家勤苦，是为了到春天可以有米酿酒。一般的稻谷十天没水就会死，而变化出的一种旱稻，粳而不黏，就是在高山上也可以插秧，又是一件奇怪的事。还有一种香稻，因有香气而供给贵人，但是产量很低，也没什么滋养价值，不提倡种植。

难点精讲

⑧ 刈（yì）：割。

⑨ 膏：菅生堂本（“菅本”）注疑当作“稿”。

⑩ 暵（hàn）干：晒干，使干枯。

⑪ 汲灌：汲水灌溉。

⑫ 幻出：变化出。旱稻：菅本、陶湘本（“陶本”）作“早稻”。

四、稻宜

原文

凡稻，土脉焦枯，则穗实萧索。勤农粪田，多方以助之。人畜秽遗[①]、榨油枯饼[②]（枯者，以去膏而得名也，胡麻[③]、莱菔子[④]为上，芸薹[⑤]次之，大眼桐[⑥]又次之，樟[⑦]、桕[⑧]、棉花又次之）、草皮木叶，以佐生机，普天之所同也。（南方磨绿豆粉者，取溲浆[⑨]灌田，肥甚。豆贱之时，撒黄豆于田，一粒烂土方三寸，得谷之息倍焉。）土性带冷浆者[⑩]，宜骨灰蘸秧根（凡禽兽骨），石灰淹苗足，向阳暖土不宜也。土脉坚紧者，宜耕陇，叠块压薪而烧之，埴坟[⑪]松土不宜也。

译文

种稻时，如果土地贫瘠，稻穗稻粒就长不好。所以勤劳的农民会多施肥，想各种办法帮助生长。人畜的粪便、榨油剩下的枯饼（因为榨去了膏油，所以称为枯饼，芝麻、萝卜子最好，油菜子次之，油桐子又次之，樟树子、乌桕子、棉子又次之）、草皮木叶，都可以用作肥料，普天下都是这样。（南方磨绿豆粉时，用溲浆灌田，肥力很大。豆子不值钱的时候，把黄豆撒在田里，一粒豆在腐烂后可以养三寸田，得谷的收益是黄豆收益的两倍。）插冷水田，应该用骨灰（禽兽的骨灰）蘸秧根，用石灰盖住秧根，但向阳的暖土不宜如此。坚硬的土地，应该耕成陇，把硬土叠成块压起来在柴火上烧碎，但黏土、松土不宜如此。

难点精讲

① 秽遗：粪便。

② 枯饼：种子榨油后形成的饼状的渣滓。

③ 胡麻：此处指芝麻，可供食用或榨油。

④ 莱菔（lái fú）子：萝卜的种子。

⑤ 芸薹：即油菜。

⑥ 大眼桐：油桐。

⑦ 樟：樟科樟属常绿大乔木，可提取樟脑、樟油，根、果、叶可入药。

⑧ 桕（jiù）：大戟科乌桕属植物，根皮、树皮、叶可入药，种子可榨油。

⑨ 溲（sōu）浆：做豆粉剩下的浆汁再经发酵所得者。

⑩ 土性带冷浆者：即冷水田，因排水不良导致土温很低的酸性土壤。所以需要用碱性物质如骨灰、石灰中和土壤的酸性。

⑪ 埴（zhí）坟：轻黏土或壤土。

五、稻工

原文

凡稻田刈获，不再种者，土宜本秋耕垦，使宿稿①化烂，敌粪力一倍。或秋旱无水，及怠农春耕，则收获损薄也。凡粪田若撒枯浇泽②，恐霖雨③至，过水来，肥质随漂而去。谨视天时，在老农心计也。凡一耕之后，勤者再耕、三耕，然后施耙④，则土质匀碎，而其中膏脉释化⑤也。

译文

稻田收获后而不再马上种了，应该在当年秋天耕垦土地，让旧稻秆烂在土里，比得上一倍的粪肥力。要是赶上秋天干旱无水，或者农人懈怠，到来年春天才耕垦，收获就会受损。如果通过撒枯饼、浇粪水来施肥，就要担心连绵不绝的雨，肥料泡在水里，会随水而漂走。密切注意天时，靠的就是农人的智慧。耕垦一次之后，勤劳的农民会再次、三次耕垦，然后耙地，让土质匀碎，肥分就会充分释放到土里。

难点精讲

① 宿稿：收割后留下的旧稻秆。

② 撒枯浇泽：撒枯饼，浇粪水。

③ 霖雨：连绵不绝的雨。

④ 耙（bà）：一种用于把土块弄碎，以便平整土地的农具。

⑤ 膏脉释化：指肥料化开。

原文

凡牛力穷者，两人以杠悬耜[⑥]，项背相望而起土，两人竟日仅敌一牛之力。若耕后牛穷，制成磨耙，两人肩手磨轧，则一日敌三牛之力也。凡牛，中国惟水、黄两种，水牛力倍于黄。但畜水牛者，冬与土室御寒，夏与池塘浴水，畜养心计亦倍于黄牛也。凡牛春前力耕汗出，切忌雨点，将雨则疾驱入室。候过谷雨[⑦]，则任从风雨不惧也。

译文

没有牛的人家，两个人用木杠悬起耜，一前一后，共同拉犁翻土，两人劳作一天，只相当于一头牛的劳力。如果耕地后没有牛可用，可以制作磨耙，两人肩扛手持地耙地，一天的劳力顶得上三头牛。中原只有水牛与黄牛两种，水牛的力气比黄牛大一倍。但是蓄养水牛的话，冬天需要搭土屋来御寒，夏天需要有池塘让它泡水，蓄养所花费的心力也比黄牛多一倍。牛在春分前耕地时，出汗了切忌淋雨，快下雨了就要赶紧把牛赶回室内。等过了谷雨时节，就可以任凭风吹雨淋，不用担心了。

难点精讲

⑥ 耜（sì）：用于翻土的农具，装在犁上，扁平刃板形，就像今天的铁锹。

⑦ 谷雨：二十四节气之一，公历 4 月 19—21 日交节。

原文

吴郡[8]力田者，以锄代耜，不借牛力。愚见贫农之家，会计牛值与水草之资、窃盗死病之变，不若人力亦便。假如有牛者，供办十亩，无牛用锄而勤者半之。既已无牛，则秋获之后，田中无复刍牧[9]之患，而菽、麦、麻、蔬诸种，纷纷可种，以再获偿半荒之亩，似亦相当也。

译文

苏州一带有些耕田的人，用锄代替耜，不借助牛的力量。我认为那些贫苦农户，算计一下买牛的钱、买水草饲料的钱，以及牛被偷盗、病死等变故的损失，还不如用人力比较方便。假如有牛，可以耕十亩田，没有牛而用锄头但勤劳的人家，虽然只能耕五亩田，但既然没有牛，那么秋天收获之后，也就不用考虑在田里割草、放牧的事，可以种植豆、麦、麻、蔬菜等，用来补偿少种的那一半田地，收入好像也差不多。

难点精讲

⑧ 吴郡：今江苏省苏州市姑苏区一带。

⑨ 刍（chú）牧：割草放牧。

原文

凡稻分秧之后数日，旧叶萎黄而更生新叶。青叶既长，则耔[10]可施焉（俗名挞禾）。植杖于手，以足扶泥壅根[11]，并屈宿田[12]水草，使不生也。凡宿田、

译文

秧苗分栽之后数日，旧叶枯黄而又长出新叶。等长出了青叶，就可以培土了（俗名叫“挞禾”）。手里拄着木杖，用脚把泥培在秧根上，并且用脚把田里的杂草、水草踩弯，使其不能生长。宿田、茵草一类的杂草，可

图1　耕（耕地）

图2　耙（碎土）

图3　耔（培土）

图4　耘（拔草）

菵草[13]之类，遇耔而屈折。而稊稗与荼蓼[14]，非足力所可除者，则耘[15]以继之。耘者苦在腰手，辩[16]在两眸。非类既去，而嘉谷茂焉。从此泄以防潦，溉以防旱，旬月而"奄观铚刈"[17]矣。

以在培土时踩折。而稊、稗与荼、蓼就不是用脚力能去除的了，还得继续用手来拔草。拔草的时候腰和手辛苦，而分辨稻秧和杂草则要靠双眼。把杂草拔尽，禾苗就可以茁壮生长了。此后注意排水防涝，灌溉防旱，个把月后就可以准备收割了。

难点精讲

⑩ 耔（zǐ）：用脚给庄稼苗的根部培土。

⑪ 壅根：在植物根部堆土，以保护根系生长。

⑫ 宿田：杂草名。

⑬ 菵（wǎng）草：又名菵米、水稗子，一种杂草。陶本作"芰草"。

⑭ 稊稗（tí bài）：都是形似稻谷的野草。荼蓼（tú liǎo）：都是田野中的杂草。它们都生长在禾苑中，根系发达，难以用脚除去，就需要用手拔。

⑮ 耘：在田里拔草。

⑯ 辩：通"辨"。

⑰ 奄观铚（zhì）刈：典出《诗经·周颂·臣工》"奄观铚艾"，意为同去观看开镰收割。铚：短镰刀。"艾"通"刈"，收割。

六、稻灾

原文

凡早稻种，秋初收藏，当午晒时烈日火气在内，入仓廪中关闭太急，则其谷粘带暑气。（勤农之家，偏

译文

秋初收藏早稻产的种子，若午晒时烈日的热气渗入种子中，收进仓库时门又关得太急，这些稻种就会带上暑气。（勤劳的农家，偏偏容易遭受这种灾

受此患。）明年田有粪肥，土脉发烧，东南风助暖，则尽发炎火[①]，大坏苗穗，此一灾也。若种谷晚凉入廪，或冬至数九天收贮雪水、冰水一瓮（交春即不验），清明湿种时，每石[②]以数碗激洒，立解暑气，则任从东南风暖，而此苗清秀异常矣。（祟在种内，反怨鬼神。）

害。）第二年播种时，田里有粪肥，土壤温度高，再有东南风助暖，稻谷就会发病，影响苗穗，这是第一类灾害。如果等到晚上凉快时再将稻种收入仓库，或者在冬至的数九寒天时收藏一瓮雪水或冰水（立春后就不灵验了），等清明浸种时，每石稻种用数碗水冲洒一下，马上就可以消除暑气，任凭东南暖风吹，这些禾苗仍会清秀得不同寻常。（问题出在种子内部，人们却怪鬼神。）

难点精讲

① 炎火：这里指发生稻瘟病等现象。谷物晒干入仓，若关闭太急，种子外干内湿，挥发出来的水分弥漫仓内，容易引起种子霉变，抗病能力降低。

② 石：作为容量单位时，每十斗为一石；作为重量单位时，每一百二十市斤为一石。

原文

凡稻撒种时，或水浮数寸，其谷未即沉下，骤发狂风，堆积一隅，此二灾也。谨视风定而后撒，则沉匀成秧矣。凡谷种生秧之后，防雀鸟聚食，此三灾也。立标飘扬鹰俑[③]，

译文

播撒稻种时，如果田内水深数寸，稻谷还没来得及沉下，突然吹来狂风，使种子都堆在一堆，这是第二类灾害。要仔细地观察风势，等风停了再撒种，种子就可以均匀下沉而长成秧苗了。生出秧苗以后，还要防备鸟雀聚集啄食，这是第三类灾害。在

则雀可驱矣。凡秧沉脚未定，阴雨连绵，则损折过半，此四灾也。邀天晴霁三日，则粒粒皆生矣。凡苗既函[4]之后，亩土肥泽，连发南风薰热，函内生虫[5]（形似蚕茧），此五灾也。邀天遇西风雨一阵，则虫化而谷生矣。

田里竖起杆子，悬挂假鹰随风飘扬，鸟雀就会被驱赶走了。秧苗扎根未定，遇到阴雨连绵，将损失过半，这是第四类灾害。只要能连晴三日，就粒粒皆活了。秧苗长出新叶后，若田亩肥力过剩，再加上南风薰热，叶子里面就会生虫（形似蚕茧），这是第五类灾害。只要能赶上西风阵雨，虫子就会消失，稻谷也就活了。

难点精讲

③ 鹰俑：假鹰，用于驱逐鸟雀。

④ 函：这里指长叶。

⑤ 虫：这里指稻苞虫或稻纵卷叶虫。其幼虫吐丝能把稻叶卷起来而藏在其中。

原文

凡苗吐穑[6]之后，暮夜鬼火[7]游烧，此六灾也。此火乃朽木腹中放出。凡木母火子，子藏母腹，母身未坏，子性千秋不灭。每逢多雨之年，孤野墓坟多被狐狸穿塌。其中棺板为水浸，朽烂之极，所谓母质坏也。火子无附，脱母

译文

稻苗抽穗后，夜里被鬼火飘来烧焦，这是第六类灾害。这些火是从朽木中生出的。木为母，火为子，子藏于母腹中，只要母身不坏，子性也千秋不灭。每逢多雨之年，荒郊野坟经常被狐狸破坏。其中的棺材板被水浸湿，腐烂至极，就是母质被破坏了。作为子的火没有了依附，就离开母体而飞扬出去。然而阴火不见阳光，等

飞扬。然阴火不见阳光，直待日没黄昏，此火冲隙而出，其力不能上腾，飘游不定，数尺而止。凡禾穑叶遇之，立刻焦炎。逐火之人见他处树根放光，以为鬼也。奋梃击之，反有鬼变枯柴之说。不知向来鬼火见灯光而已化矣。（凡火未经人间灯传者，总属阴火，故见灯即灭。）

到日暮黄昏时，这些火才会冲出缝隙，其火力又不足以上腾，飘游不定，只能飘游几尺高。稻穗、稻叶碰到此火，就会被立刻烧焦。驱逐这些火的人见到其他地方树根放光，就以为是鬼。拿起木棍用力敲击，反而有“鬼变枯柴”的说法。不知历来鬼火遇到灯光就会消失了。（不是由人的灯火传燃的火，都属于阴火，所以遇到灯光就会消失。）

难点精讲

⑥ 穑（sè）：指谷物成熟可收割。

⑦ 鬼火：即磷火，多见于夏季干燥的坟墓间。因人的骨骼内含有磷，尸体腐烂后生成磷化氢（PH_3），磷化氢燃点很低，可以自燃。磷火波长较短，所以白天看不见，夜晚可见其呈淡绿色。

原文

凡苗自函活[⑧]以至颖栗[⑨]，早者食水三斗，晚者食水五斗，失水即枯（将刈之时少水一升，谷数虽存，米粒缩小，入碾臼[⑩]中，亦多断碎），此七灾也。汲灌之智，人巧

译文

稻苗从生叶到抽穗结实，早稻需要三斗水，晚稻需要五斗水，没了水就会枯死（即将收割时如果少一升水，谷粒虽然还在，但是米粒会缩小，放入碾臼中加工时，也多会断碎），这是第七类灾害。在汲水灌溉方面，人的智慧已经发挥

已无余矣。凡稻成熟之时，遇狂风吹粒殒落，或阴雨竟旬，谷粒沾湿自烂，此八灾也。然风灾不越三十里，阴雨灾不越三百里，偏方厄难亦不广被。风落不可为。若贫困之家，苦于无霁[11]，将湿谷升于锅内，燃薪其下，炸去糠膜，收炒糗[12]以充饥，亦补助造化之一端矣。

得很好了。稻谷成熟时，遇到狂风把谷粒吹落，或者赶上连绵十天以上的阴雨，谷粒浸湿了就会腐烂，这是第八类灾害。然而风灾不会超过三十里，阴雨灾不会超过三百里，局部的灾害也不会影响大范围地区。被风吹落是没办法的事。对贫困之家来说，如果苦于阴雨，可以把湿了的谷子放入锅中，锅下面点上柴火，爆去糠壳，用炒熟的米来充饥，也算是挽回灾害损失的一种办法了。

难点精讲

⑧ 函活：指秧苗长出青叶。典出《诗经·周颂·载芟》：“播厥百谷，实函斯活。”

⑨ 颖栗：典出《诗经·大雅·生民》“实颖实栗”，指禾穗繁硕。颖，长出芒的穗；栗，谷粒饱满坚实。

⑩ 碾：为粮食去皮的工具。臼：舂米的器具，用于把粮食捣掉皮壳或捣碎。

⑪ 霁（jì）：雨后转晴。

⑫ 糗（qiǔ）：炒熟的米或面等。

七、水利

原文

凡稻防旱，借水独甚五谷。厥土沙、泥、硗[1]、腻[2]，随方不一。有三日即

译文

种稻须防旱，在五谷中最需要借助水的灌溉。稻田的土里有沙土、泥土、硬土、肥土，各地情况不一。有

干者，有半月后干者。天泽不降，则人力挽水以济。凡河滨有制筒车[③]者，堰陂[④]障流，绕于车下，激轮使转，挽水入筒，一一倾于枧[⑤]内，流入亩中。昼夜不息，百亩无忧。（不用水时，拴木碍止，使轮不转动。）

的田三天就干了，有的田半个月才干。天不下雨就得靠人力浇灌。河滨人家有的制造了筒车，筑起堤坝拦住水，让水经过筒车，冲击车轮，使筒车旋转，将水引入筒中，各筒又将水一一倒入水管中，流进田亩。昼夜不息，即便是灌溉百亩稻田也不用发愁。（不用水时，就用木栓卡住，使车轮不转动。）

难点精讲

① 硗（qiāo）：土质硬，不肥沃。

② 腻：肥沃的土。

③ 筒车：用水力把水从低处引到高处的工具，唐宋时称“水轮”，南宋后改称“筒车”。

④ 堰陂（yàn bēi）：较低的挡水构筑物，可用于抬高水位。

⑤ 枧（jiǎn）：同“笕”，用于引水的长竹管。

原文

其湖池不流水，或以牛力转盘，或聚数人踏转。车身长者二丈，短者半之。其内用龙骨[⑥]拴串板，关水逆流而上。大抵一人竟日之力，灌田五亩，而牛则倍之。

译文

至于湖水、池水那些无法流动的水，或者用牛拉转盘，或者聚集数人，以脚踏转盘，驱动筒车转动。车身长的可达二丈，短的也有一丈。筒车里面用龙骨拴上成串的木板，带动水流逆行而上流入田里。大概一人踩一天可以灌溉五亩田，用牛的话可以灌溉十亩。

图 5　筒车汲水

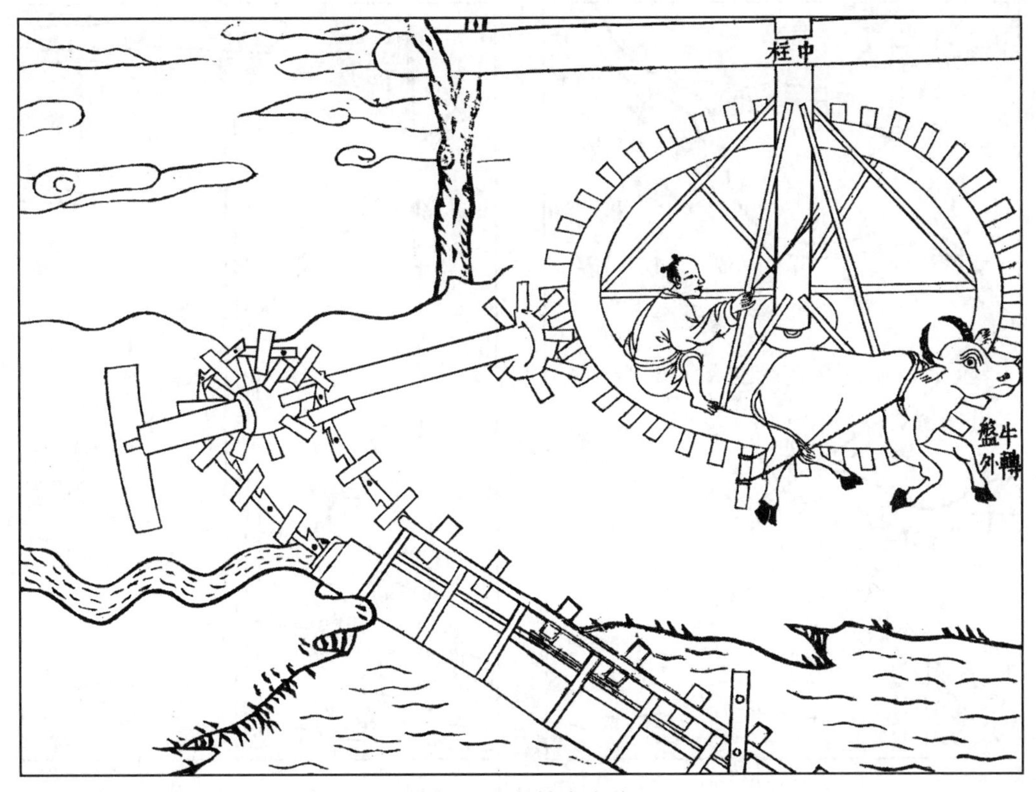

图 6　牛力转盘车水

图7　人力踏车汲水

图8　拔车

图9　桔槹

难点精讲

⑥ 龙骨：用于支撑、固定结构的建筑材料。

原文

其浅池、小浍[7]不载长车者，则数尺之车，一人两手疾转，竟日之功可灌二亩而已。扬郡以风帆数扇，俟风转车，风息则止。此车为救潦，欲去泽水，以便栽种。盖去水非取水也，不适济旱。用桔槔、辘轳[8]，功劳又甚细已。

译文

水浅的池塘或小水沟不能放下长的水车，则用几尺长的小水车（拔车），一个人双手飞快地旋转，一天仅能灌溉两亩地。扬州用数扇风帆，靠风力转动拔车，风停了就不转了。拔车用于排涝，目的是排去积水以便栽种。是排水而不是取水的，不适于抗旱。至于用桔槔、辘轳等工具取水，效率就更低了。

难点精讲

⑦ 浍（kuài）：田间的水沟。

⑧ 桔槔（jié gāo）、辘轳（lù lu）：都是小型汲水工具，多用于取井水。桔槔的原理是杠杆，而辘轳的原理是定滑轮。

八、麦

原文

凡麦有数种。小麦曰来，麦之长也；大麦曰牟、曰穬；杂麦曰雀、曰荞。皆

译文

麦有数种。小麦称为“来”，是麦中主要的品种；大麦称为“牟”、称为“穬”；杂麦称为“雀”、称为

以播种同时，花形相似，粉食同功，而得麦名也。四海之内，燕、秦、晋、豫、齐、鲁诸道，烝民[①]粒食，小麦居半，而黍、稷、稻、粱仅居半。西极川、云，东至闽、浙、吴、楚腹焉，方长六千里中，种小麦者，二十分而一，磨面以为捻头[②]、环饵[③]、馒首、汤料之需，而饔飧[④]不及焉。种余麦者五十分而一，闾阎[⑤]作苦以充朝膳，而贵介不与焉。

“荞”。因为同时播种，花形相似，又都磨成面粉食用，因此都得名为麦。我国的河北、陕西、山西、河南、山东等地百姓的粮食中，小麦占了一半，而黍、稷、稻、粱等其他粮食加起来只占一半。西到四川、云南，东到福建、浙江、江苏及中部的湖南、湖北等地，这横贯六千里的地域里，只有二十分之一的人种小麦，他们磨面来做馓子、糕饼、馒头、汤面等，并不以其作为主食。种其他麦子的人只有五十分之一，做苦工的百姓以其作为早饭，而富贵人家是不吃的。

难点精讲

① 烝（zhēng）民：百姓。

② 捻头：馓子，一种油炸面食。

③ 环饵：糕饼。

④ 饔飧（yōng sūn）：早饭和晚饭，饭食的统称。

⑤ 闾阎（lǘ yán）：平民百姓。

原文

穬麦独产陕西[⑥]，一名青稞，即大麦，随土而

译文

穬麦独产于陕西，也叫青稞，即大麦，随着土质的不同而有差异。外

变。而皮成青黑色者，秦人专以饲马，饥荒人乃食之。（大麦亦有粘者，河洛用以酿酒。）雀麦细穗，穗中又分十数细子，间亦野生。荞麦实非麦类，然以其为粉疗饥，传名为麦，则麦之而已。

皮为青黑色的大麦，陕西人专门用来喂马，只有饥荒时人才会吃。（大麦也有带黏性的，黄河、洛水一带用来酿酒。）雀麦穗细，每穗中又分十几个小穗，也有野生的。荞麦其实不属于麦类，但是因为也把它磨成粉充饥，传称为麦，所以算在麦一类。

难点精讲

⑥ 穬（kuàng）麦独产陕西：青稞也产于青藏高原。

原文

凡北方小麦，历四时之气，自秋播种，明年初夏方收。南方者种与收期，时日差短。江南麦花夜发[7]，江北麦花昼发，亦一异也。大麦种获期与小麦相同。荞麦则秋半下种，不两月而即收。其苗遇霜即杀，邀天降霜迟迟，则有收矣。

译文

北方小麦的生长要经历一年四季，从秋天播种到第二年年初夏才收割。南方种植到收割的时间稍微短一点。江南麦花夜间开放，江北麦花白天开放，这也是一个差异。大麦的种植与收获的日期与小麦相同，荞麦则在中秋时播种，不到两个月就可以收割。荞麦苗遇到霜就会死，只要霜降得晚一点，就有收成了。

难点精讲

⑦ 江南麦花夜发：典出段成式《酉阳杂俎》："江南麦花夜发，北地麦日中吐花。"其实江南、江北小麦日夜都开花。

九、麦工

原文

凡麦与稻初耕、垦土则同，播种以后则耘、耔诸勤苦皆属稻，麦惟施耨[①]而已。凡北方厥土坟垆[②]易解释[③]者，种麦之法、耕具差异，耕[④]即兼种。其服牛起土者，耒不用耜，并列两铁于横木之上，其具方语曰镪[⑤]。镪中间盛一小斗，贮麦种于内，其斗底空梅花眼。牛行摇动，种子即从眼中撒下。欲密而多，则鞭牛疾走，子撒必多；欲稀而少，则缓其牛，撒种即少。既撒种后，用驴驾两小石团，压土埋麦。凡麦种紧压方生。南方地不北同者[⑥]，多耕多耙之

译文

种麦在耕地、翻土上与种稻是相同的，而种稻在播种以后还有拔草、培土等辛劳，种麦只需要锄草就可以了。北方的硬土松散易碎，所以种麦的方法和耕具的用法也与种稻不同，耕地的同时就是播种。用牛来耕地就不用犁，而是在横木上插两个铁尖，方言称这种农具为"镪"。在镪中间置一个小斗，斗里装着麦种，斗的底部挖一些梅花眼。牛走动时会摇动，种子就从梅花眼中撒下。想撒得稠密一些，就鞭打牛让它快走，撒下的种子就多；想撒得稀疏一点，就让牛慢慢走，撒下的种子就少了。撒种之后，用驴拉两个小石团，压土埋麦。麦种只有压紧了才能生长。南方土地与北方不同，需要多次耕地、翻土，然后用草木灰拌麦种，用手指拈

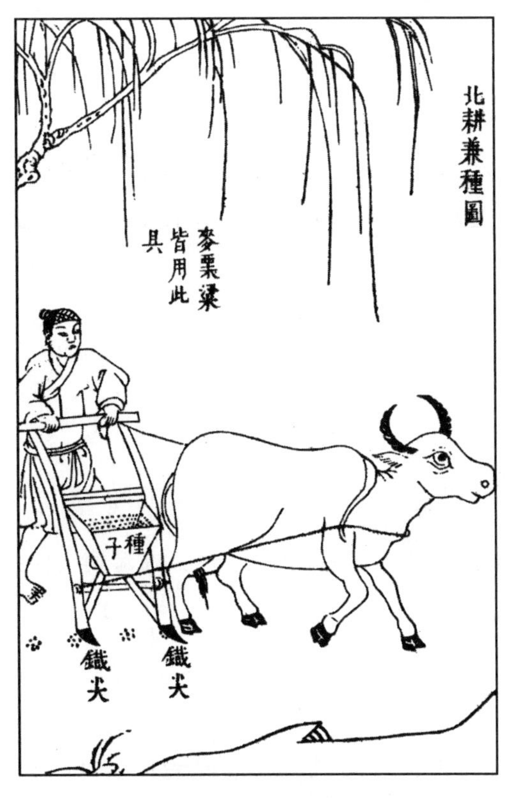

图 10　北耕兼种（北方麦的耕种农具）

图 11　北盖种（北方压盖麦种）

图 12　南种牟麦（南方点播种麦）

图 13　耨（锄草）

后，然后以灰拌种，手指拈而种之。种过之后，随以脚根压土使紧，以代北方驴石也。

起来播种。种过之后，随即用脚跟把土踩实，来代替北方用驴拉石团压土。

难点精讲

① 耨（nòu）：锄草，亦指一种用于锄草的农具。

② 厥土坟垆：典出《尚书·禹贡》："厥土惟壤，下土坟垆。"坟：高起貌。垆：黑垆土，土质疏松而肥力较高的土壤。

③ 解释：松散。

④ 耕：用犁翻地松土。

⑤ 镪：其意当为用于边翻土边播种的农具。潘吉星、杨维增皆疑当作"耩（jiǎng）"。

⑥ 南方地不北同者：陶本作"南地不与北同者"。

原文

耕种之后，勤议耨锄，凡耨草用阔面大镈[7]。麦苗生后，耨不厌勤（有三过四过者），余草生机尽诛锄下，则竟亩精华尽聚嘉实矣。功勤易耨，南与北同也。凡粪麦田，既种以后，粪无可施，为计在先也。陕、洛之间忧虫蚀者，或以砒霜[8]拌种子，南方所用惟炊

译文

耕种之后，要勤于锄草，锄草须用宽面大铁锄。麦苗长出之后，要不厌其烦地锄草（有时要锄三四遍），当杂草都被锄尽，整个田亩的养分就都汇聚给麦粒了。只要勤下功夫，就容易把杂草锄尽，这是南北相同的。给麦田施肥方面，等到播种以后，就没法施肥了，所以需要在播种前先施肥。陕西、洛水一带担心害虫啃食麦种，有时会用砒霜拌种，南方则只用草木

烬也（俗名地灰）。南方稻田有种肥田麦者，不异[9]麦实。当春小麦、大麦青青之时，耕杀田中，蒸罨[10]土性，秋收稻谷必加倍也。

灰（俗名地灰）。南方稻田有把麦子当作肥料来种的，并不指望收获麦粒。春天小麦、大麦长得一片青绿时，就把麦子耕掉，让其烂在地里，增加土壤肥力，等秋收稻谷时产量就会加倍。

难点精讲

⑦ 镈（bó）：古代铁质农具，类似锄。

⑧ 砒霜：即氧化砷（As_2O_3），有剧毒，可用于杀虫。

⑨ 异：陶本作“冀”，当从。

⑩ 罨（yǎn）：覆盖。

原文

凡麦收空隙，可再种他物。自初夏至季秋，时日亦半载，择土宜而为之，惟人所取也。南方大麦有既刈之后乃种迟生粳稻者。勤农作苦，明赐无不及也。凡荞麦，南方必刈稻，北方必刈菽、稷而后种。其性稍吸肥腴，能使土瘦。然计其获入，业偿半谷有余，勤农之家何妨再粪也。

译文

麦收的空隙，可以再种其他作物。自初夏至晚秋，算起来也有半年时间，应根据土壤的情况，因地制宜地选择作物。南方可以在收割大麦后种晚熟的粳稻。勤劳的农民辛苦劳动，总会得到回报。对荞麦来说，南方必须等割了稻，北方必须等割了豆子、小米之后才能种。因为荞麦比较能吸收土壤的营养，会使肥力下降。但是计算一下种荞麦的收入，已能抵得上种原有谷物的一半还多，勤劳的农家再施一遍肥又何妨呢？

十、麦灾

原文

凡麦防患抵稻三分之一。播种以后，雪、霜、晴、潦皆非所计。麦性食水甚少，北土中春再沐雨水一升，则秀华成嘉粒矣。荆、扬以南，唯患霉雨。倘成熟之时，晴干旬日，则仓廪皆盈，不可胜食。扬州谚云："寸麦不怕尺水"，谓麦初长时，任水灭顶无伤；"尺麦只怕寸水"，谓成熟时寸水软根，倒茎沾泥，则麦粒尽烂于地面也。江南有雀[①]一种，有肉无骨，飞食麦田，数盈千万。然不广及，罹[②]害者数十里而止。江北蝗生，则大祲[③]之岁也。

译文

种麦需要防范的灾害只有种稻的三分之一。播种之后，雪、霜、晴、涝都不用担心。麦子对水的需求很少，北方在仲春时每株能有一升雨水，麦子就能开花结粒了。荆州、扬州以南种麦，就怕梅雨。如果成熟时赶上十天的晴朗干燥，就会大丰收，仓库装满，吃也吃不完。扬州谚语说："寸麦不怕尺水"，意思是麦子开始生长时，就是大水灭顶也没什么损害；"尺麦只怕寸水"，意思是麦子成熟时，只要一寸深的水泡软了根，麦秆倒在田里沾上稀泥，麦粒就会烂在地上。江南有一种鸟雀，肉肥骨嫩，会成千上万地飞来啄食麦子。但是受灾范围不大，不过方圆几十里而已。江北如果闹蝗虫，那就是大灾之年了。

难点精讲

① 雀：据杨维增说，当为白腰文鸟华南亚种，酷似麻雀而比麻雀小，其肉肥骨嫩。

② 罹（lí）：遭受苦难或不幸。

③ 祲（jìn）：灾异不祥之气。

十一、黍稷　梁粟

原文

凡粮食，米而不粉者种类甚多。相去数百里，则色、味、形、质随方而变，大同小异，千百其名。北人唯以大米呼粳稻，而其余概以小米名之。凡黍与稷同类，粱与粟同类。黍有粘有不粘（粘者为酒），稷有粳无粘。凡粘黍、粘粟统名曰秫[1]，非二种外更有秫也。黍色赤、白、黄、黑皆有，而或专以黑色为稷[2]，未是。至以稷米为先他谷熟，堪供祭祀，则当以早熟者为稷，则近之矣。

译文

粮食中，有很多是碾成米而不磨成粉的。地域相距数百里，粮食的色、味、形、质就会随之而变化，大同而小异，名字有很多。北方人只把粳稻称为“大米”，其余的一概称为“小米”。黍与稷同类，粱与粟同类。黍有黏的、有不黏的（黏的可以酿酒），稷只有不黏的。黏黍和黏粟统称为“秫”，并不是说这两种作物之外另有一种秫。黍有红色、白色、黄色、黑色的，有人把黑色的称为“稷”，这是错误的。还有人认为稷米比其他谷物先成熟，可以用来祭祀，应称早熟的为“稷”，这个说法还差不多。

难点精讲

① 秫（shú）：指有黏性的谷物。

② 稷（jì）：此处指禾本科黍属植物，可作粮食或酿酒，是黍的一个变种。古籍中关于稷的说法有多种。

原文

凡黍在《诗》《书》有虋、芑、秬、秠[③]等名，在今方语有牛毛、燕颔、马革、驴皮、稻尾等名。种以三月为上时，五月熟；四月为中时，七月熟；五月为下时，八月熟。扬花结穗，总与来、牟不相见也。凡黍粒大小，总视土地肥硗、时令害育。宋儒拘定以某方黍定律[④]，未是也。

译文

在《诗经》《尚书》中，黍有“虋”“芑”“秬”“秠”等名字，在现在的各地方言中还有“牛毛”“燕颔”“马革”“驴皮”“稻尾”等名字。就种黍来说，早的在三月播种，五月成熟；晚一点的在四月播种，七月成熟；再晚的五月播种，八月成熟。其开花、结穗，都与大麦、小麦的时间不同。黍粒的大小，总要看土地是否肥沃，以及时令的好坏。宋儒迂腐地用某地的黍来确定标准，这是不科学的。

难点精讲

③ 虋（mén）：赤粱粟。芑（qǐ）：白粱粟。二者是“粟”的品种，而非“黍”。秬（jù）和秠（pī）则是黍的两个品种。

④ 宋儒拘定以某方黍定律：据《宋史·律历志》，宋仁宗时定以百黍排列的长度为一尺，又以 2460 粒黍的重量为一两，以山西上党的黍粒为准。

原文

凡粟[⑤]与粱[⑥]统名黄米。粘粟可为酒。而芦粟[⑦]一种名曰高粱者，以其身高七尺如芦荻也。粱、粟种类

译文

粟与粱统称为“黄米”。黏粟可以酿酒。有一种叫芦粟的，又叫高粱，是因为其高七尺，就像芦苇、荻草一样。粱、粟的种类、名号比黍、

名号之多，视黍、稷犹甚，其命名或因姓氏、山水，或以形似、时令，总之不可枚举。山东人唯以谷子呼之，并不知粱、粟之名也。

稷还多，或者根据姓氏、山水命名，或者根据形似、时令命名，总之不可枚举。山东人只称其为谷子，并不知晓粱与粟的命名。

难点精讲

⑤ 粟：禾本科狗尾草属植物，籽实脱壳称小米，北方称谷子。

⑥ 粱：禾本科狗尾草属植物，可作粮食。

⑦ 芦粟：禾本科高粱属植物，又称甜高粱。

原文

已上四米皆春种秋获，耕耨之法与来、牟同，而种收之候则相悬绝云。

译文

以上四种米，都是春天播种、秋天收获，耕地、锄地的方法与大麦、小麦相同，而播种与收获的时间则相差很远。

十二、麻

原文

凡麻可粒可油者，惟火麻、胡麻[①]二种。胡麻即脂麻，相传西汉始自大宛[②]来。古者以麻为五谷之一，若专以火麻当之，义岂有

译文

麻类作物中，可以当粮食又能榨油的，只有大麻、芝麻二种。芝麻就是脂麻，相传是西汉时从大宛国传入的。古代把麻视为五谷之一，如果专指大麻，意思就不确切了。我私下里

当哉？窃意《诗》《书》五谷之麻，或其种已灭，或即菽、粟之中别种，而渐讹其名号，皆未可知也。

想，《诗经》《尚书》中列入五谷的“麻”，可能已经灭绝了，或者是豆、粟中的某一种，而逐渐讹传为不同的名称，也是有可能的。

难点精讲

① 火麻：大麻，原产中国。胡麻：即芝麻，又称脂麻，相传来自西域，故称胡麻。

② 大宛（yuān）：古代中亚国名，在今乌兹别克斯坦费尔干纳盆地附近。胡麻传自大宛之说，见沈括《梦溪笔谈》卷二六。

原文

今胡麻味美而功高，即以冠百谷不为过。火麻子粒压油无多，皮为疏恶布，其值几何？胡麻数龠[③]充肠，移时不馁。粔饵、饴饧[④]得粘其粒，味高而品贵。其为油也，发得之而泽，腹得之而膏，腥膻得之而芳，毒厉得之而解。农家能广种，厚实可胜言哉！

译文

现在的芝麻美味又很有用处，列为百谷之冠也不为过。大麻子可压出来的油不多，麻皮能织成粗布，值几个钱呢？芝麻只要吃一点就能饱腹，时间长了也不饿。做糕点、麦芽糖的时候，粘上芝麻，味道和品质就更好了。榨成油，可以润发，可以充饥，可以去腥膻，可以解毒。农家能多种一些，好处实在是不少啊！

难点精讲

③ 龠（yuè）：古代量器名，后作为计量单位，据《说文》，相当于十分之一升。又据《汉书·律历志》，龠为半合（gě），十合为升，十升为斗，十斗为斛。

④ 粔（jù）饵：一种油炸食品，类似于麻花。饴饧（yí xíng）：泛指麦芽糖。

原文

种胡麻法，或治畦[⑤]圃，或垄[⑥]田亩。土碎草净之极，然后以地灰微湿，拌匀麻子而撒种之。早者三月种，迟者不出大暑前。早种者花实亦待中秋乃结。耨草之功唯锄是视。其色有黑、白、赤三者。其结角长寸许。有四棱者房小而子少，八棱者房大而子多。皆因肥瘠所致，非种性也。收子榨油，每石得四十斤余，其枯用以肥田。若饥荒之年，则留供人食。

译文

种植芝麻的方法，或者在田里整修畦圃，或者培好田垄。做好碎土、锄草的工作，然后把草木灰稍微润湿，拌匀芝麻种子而撒播下去。早的话三月种，晚的也得在大暑以前种。早种的话，也要到中秋才能开花结实。除草只靠锄头。芝麻的颜色有黑色、白色、红色三种。结出来的蒴果长一寸多。有四棱的，子房小而子少；有八棱的，子房大而子多。都是由土壤的肥瘠导致的，与品种的特性无关。收获了麻子可以榨油，每石可榨出四十来斤，剩下的枯饼可以当肥料。要是在饥荒之年，就留给人吃。

难点精讲

⑤ 畦（qí）：有土埂围着的排列整齐的田地。

⑥ 垄：在耕地上培成的一行行的土埂。

十三、菽

原文

凡菽种类之多，与稻、黍相等，播种收获之期，四季相承。果腹之功在人日用，盖与饮食相终始。一种大豆，有黑、黄两色，下种不出清明前后。黄者有五月黄、六月爆、冬黄三种。五月黄收粒少，而冬黄必倍之。黑者刻期[①]八月收。淮北长征骡马必食黑豆，筋力乃强。凡大豆视土地肥硗、耨草勤怠、雨露足悭，分收入多少。凡为豉、为酱、为腐，皆[②]大豆中取质焉。江南又有高脚黄，六月刈早稻方再种，九、十月收获。江西吉郡种法甚妙：其刈稻田竟不耕垦，每禾稿头中拈豆三四粒，以指扱[③]之，其稿凝露水以滋豆，豆性充

译文

豆的种类跟稻、黍一样多，一年四季都有可以播种、收获的。人们日常饮食离不开它们。一种是大豆，有黑色、黄色两种，播种主要在清明前后。黄色的有“五月黄”“六月爆”“冬黄”三种。“五月黄”收获的颗粒较少，而“冬黄”是它的两倍。黑色的要在八月准时收。淮北跑长途的骡马一定要吃黑豆，其筋力才强。大豆的收成取决于土地是否肥沃、锄草是否勤劳、雨水是否充足。做豆豉、豆酱、豆腐都以大豆为原料。江南又有一种“高脚黄”，在六月割完早稻后才种，九、十月收获。江西吉安郡的种法很妙：他们收割稻谷后不耕垦稻田，用手指在每个稻茬中插入三四粒豆种，利用稻秆凝聚的露水来滋养豆种，豆子发芽之后，再用浸烂的稻根滋养它。生苗以后，遇到干旱无雨，就打一升水浇灌它们。浇水之后，再锄去杂草，就能收获很多。大豆播种

发，复侵[4]烂稿根以滋。已生苗之后，遇无雨亢干，则汲水一升以灌之。一灌之后，再耨之余，收获甚多。凡大豆入土未出芽时，防鸠雀害，驱之惟人。

入土还没发芽时，要防止鸟雀啄食，只能靠人力驱赶。

难点精讲

① 刻期：在规定的期限内。

② 陶本“皆”字下多一“于”字。

③ 扱（chā）：同“插”。

④ 侵：菅本、陶本作“浸”，当据改。

原文

一种绿豆，圆小如珠。绿豆必小暑方种，未及小暑而种，则其苗蔓延数尺，结荚甚稀。若过期至于处暑，则随时开花结荚，颗粒亦少。豆种亦有二，一曰摘绿，荚先老者先摘，人逐日而取之。一曰拔绿，则至期老足，竟亩拔取也。凡绿豆磨澄[5]、晒干为粉，荡片搓索[6]，食家珍贵。做

译文

一种是绿豆，状貌圆小如珠。绿豆一定要小暑时才能播种，若不到小暑就播种，其秧苗会蔓延几尺长，但是结出的豆荚很少。如果晚到处暑才播种，就会随时开花结荚，颗粒也少。绿豆的豆种也有两种，一种名叫“摘绿”，豆荚先老的要先摘，农人需要每天摘取。一种名叫“拔绿”，可以等到都长成熟了，整亩田一起摘。绿豆要先磨成粉浆，澄去水分，晒干成豆粉，再做成粉皮，搓成粉条，就

粉溲浆，灌田甚肥。凡畜藏绿豆种子，或用地灰、石灰，或用马蓼[7]，或用黄土拌收，则四、五月间不愁空蛀。勤者逢晴频晒，亦免蛀。凡已刈稻田，夏秋种绿豆，必长接斧柄，击碎土块，发生乃多。凡种绿豆，一日之内遇大雨扳土[8]则不复生。既生之后，防雨水浸，疏沟浍以泄之。凡耕绿豆及大豆田地，耒耜欲浅，不宜深入。盖豆质根短而苗直，耕土既深，土块曲压，则不生者半矣。"深耕"二字不可施之菽类，此先农之所未发者。

成为受人们喜爱的食物。做豆粉剩下的溲浆用来给田施肥，效果很好。储藏绿豆种子时，或用草木灰、石灰，或用马蓼，或用黄土，混着种子拌起来，四、五月间就不用担心虫蛀。勤劳的人遇到晴天多晒晒种子，也能防止虫蛀。对于已经收割的稻田，如果夏、秋季再种绿豆，一定要用长柄斧击碎土块，才能让更多种子发芽。种绿豆时，要是当天下大雨而使土壤板结，种子就无法出苗了。出苗后，要防止雨水浸泡，需疏通沟渠以便排水。用来种绿豆和大豆的田地，耕地要浅，不能太深。因为豆类的特点是根短而苗直，若耕土太深，土块把苗压弯，半数就不能生长了。"深耕"二字不可用于豆类植物，这是先农没有总结的规律。

难点精讲

⑤ 澄（dèng）：使液体中的杂质沉淀。

⑥ 荡片搓索：做成粉皮，搓成粉条。

⑦ 马蓼：蓼科蓼属植物，可入药。

⑧ 扳土：使土板结。扳，陶本作"拔"，菅本注谓当作"拔"。

原文

一种豌豆，此豆有黑斑点，形圆同绿豆，而大则过之。其种十月下，来年五月收。凡树木叶迟者，其下亦可种。一种蚕豆，其荚似蚕形，豆粒大于大豆。八月下种，来年四月收。西浙桑树之下遍繁种之。盖凡物树叶遮露则不生，此豆与豌豆，树叶茂时彼已结荚而成实矣。襄、汉上流，此豆甚多而贱，果腹之功不啻黍稷也。一种小豆，赤小豆入药有奇功，白小豆（一名饭豆）当餐助嘉谷。夏至下种，九月收获，种盛江淮之间。一种穞（音吕）豆，此豆古者野生田间，今则北土盛种。成粉荡皮，可敌绿豆。燕京负贩者，终朝呼穞豆皮⑨，则其产必多矣。一种白藊豆，乃沿篱蔓生

译文

一种是豌豆，豌豆有黑斑点，像绿豆一样为圆形，但是比绿豆大。豌豆十月播种，来年五月收获。在晚落叶的树下也可以种豌豆。一种是蚕豆，其豆荚像蚕一样，豆粒比大豆大。八月播种，来年四月收获。浙江西部在桑树下大量种蚕豆。大凡农作物，被树叶遮住就长不好，但蚕豆和豌豆在树叶茂密时已经结荚而长出豆粒了，所以不受影响。襄水、汉水上流，蚕豆出产很多，价格也便宜，当粮食吃的功用不亚于黍稷。一种是小豆，赤小豆入药有奇效，白小豆（又名饭豆）可以混在其他粮食里当饭吃。夏至时播种，九月收获，江淮之间种得很多。一种是穞（音吕）豆，穞豆古代是田间野生的，现在北方多有种植。把它磨成粉做粉皮，和绿豆一样。北京的小贩们成天吆喝叫卖“穞豆皮”，可见出产一定很多。一种是白扁豆，沿着篱笆蔓延而生，又称为“蛾眉豆”。其他还有豇豆、虎斑豆、刀豆，以及大豆中的青皮、褐色等不

者，一名蛾眉豆。其他豇豆、虎斑豆、刀豆，与大豆中分青皮、褐色之类，间繁一方者，犹不能尽述。皆充蔬代谷以粒烝民者，博物者其可忽诸？

同种类，只在某一地区种植，这些就不能详细叙述了。它们都能充当蔬菜，也能代替粮食供民众食用，博学多闻的人怎么可以忽略它们呢？

难点精讲

⑨ 皮：陶本作“片”，菅本注亦谓当作“片”。

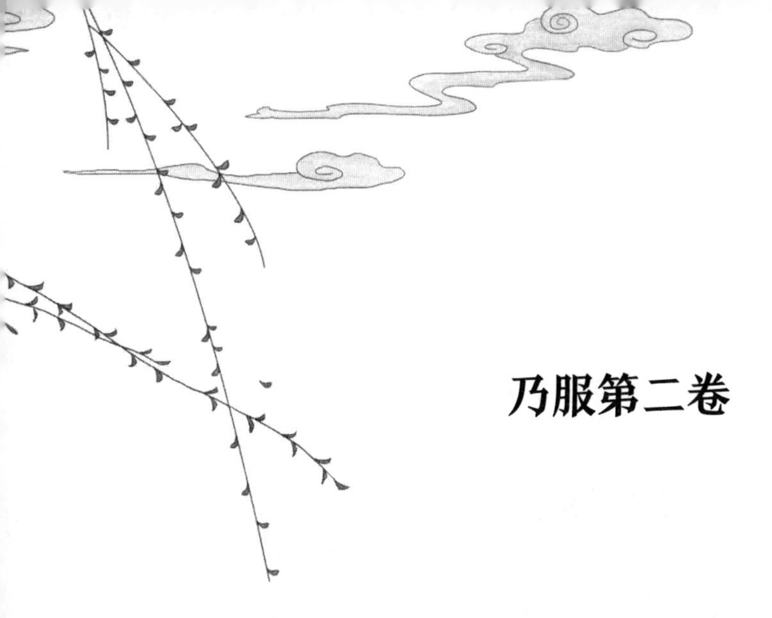

乃服第二卷

一、宋子曰

原文

人为万物之灵，五官百体，赅①而存焉。贵者垂衣裳，煌煌山龙②，以治天下。贱者裋褐枲裳③，冬以御寒，夏以蔽体，以自别于禽兽。是故其质则造物之所具也。属草木者为枲、麻、苘④、葛，属禽兽与昆虫者为裘、褐、丝、绵。各载其半，而裳服充焉矣。

译文

宋子说：人是万物之灵，各种器官、肢体都很完备。地位高的人穿着绣有山、龙形象的衣裳，治理天下。地位低的人穿着粗布麻衣，冬天御寒，夏天蔽体，以区别于禽兽。这些衣服的材料都来自大自然。属于草木一类的有枲、麻、苘、葛，属于禽兽、昆虫一类的有裘、褐、丝、绵。两类各占一半，制作衣裳的材料就充足了。

难点精讲

① 赅（gāi）：完备。菅本、陶本作“该”。

② 山龙：指绣在衣裳上的山、龙等图案。

③ 裋褐（shù hè）：粗陋布衣，为贫者所穿。陶本作“短褐”。枲（xǐ）裳：麻织的粗衣。枲，大麻的雄株。

④ 苘（qǐng）：苘麻，俗称青麻，纤维可用于编织。

原文

天孙机杼[⑤]，传巧人间。从本质而见花，因绣濯[⑥]而得锦。乃杼柚[⑦]遍天下，而得见花机[⑧]之巧者，能几人哉？“治乱”“经纶”字义，学者童而习之，而终身不见其形像，岂非缺憾也？先列饲蚕之法，以知丝源之所自。盖人物相丽[⑨]，贵贱有章，天实为之矣。

译文

织女般精巧的纺织技艺，世间已普及。用原材料织成带花纹的布，再通过刺绣、染色而得到锦缎。现在织布机遍布天下，可有几个人见过手工提花织机的精巧工艺呢？“治乱”“经纶”这些字眼，读书人从小就学，却终身没见过其形象，难道不是缺憾吗？这里先列举养蚕的方法，使读者了解丝线的来源。人与服饰相匹配，彰显其不同的身份地位，这是自然而然的。

难点精讲

⑤ 天孙：指织女，传说为天帝之孙女。机杼（zhù）：织机，梭机。

⑥ 濯：洗涤。

⑦ 杼柚：即杼轴（zhù zhóu），织布机上持纬的梭子和承经的筘，代指织机。

⑧ 花机：手工提花织机的简称。

⑨ 丽：匹配。

二、蚕种

原文

凡蛹变蚕蛾，旬日破茧而出，雌雄均等。雌者伏而不动，雄者两翅飞扑，遇雌即交，交一日、半日方解。解脱之后，雄者中枯而死，雌者即时生卵。承藉卵生者，或纸或布，随方所用。（嘉、湖[1]用桑皮厚纸，来年尚可再用。）一蛾计生卵二百余粒，自然粘于纸上，粒粒匀铺，天然无一堆积。蚕主收贮，以待来年。

译文

蚕蛹变成蚕蛾，十天就能破茧而出，雌蛾和雄蛾数目均等。雌蛾伏而不动，雄蛾两翅飞扑，遇到雌蛾就会交配，交配要经过半天到一天时间才结束。交配结束后，雄蛾就枯竭而死，雌蛾即时就可产卵。用纸还是用布承接这些卵，各地有所不同。（嘉兴、湖州用桑皮厚纸，来年还可以再用。）一只蚕蛾产卵二百余粒，自然地粘在纸上，一粒粒均匀地铺开，天然不会堆积起来。蚕主把它们收存起来，待来年孵化用。

难点精讲

① 嘉：今浙江省嘉兴市。湖：今浙江省湖州市。

三、蚕浴

原文

凡蚕用浴法[1]，唯嘉、湖两郡。湖多用天露、石

译文

嘉兴、湖州两地养蚕，用浸浴的方法处理。湖州多用天然的露水、石

灰[2]，嘉多用盐卤水[3]。每蚕纸一张，用盐仓走出卤水二升，参水浸于盂内，纸浮其面。（石灰仿此。）逢腊月十二即浸浴，至二十四日，计十二日，周即漉[4]起，用微火烝[5]干。从此珍重箱匣中，半点风湿不受，直待清明抱产[6]。其天露浴者，时日相同。以篾[7]盘盛纸，摊开屋上，四隅小石镇压，任从霜雪、风雨、雷电，满十二日方收。珍重待时如前法。盖低种经浴，则自死不出，不费叶故，且得丝亦多也。晚种不用浴。

灰水，嘉兴多用盐卤水。从盐仓中取两升卤水，再掺上水倒入盆中，把一张蚕纸浸泡在盆里，蚕纸会浮在上面。（石灰水与此法相仿。）一到腊月十二就开始浸泡，二十四日结束，一共十二天，到时候就捞起来滴干水，用微火烘干。此后珍藏在箱子里，不让其受半点风寒湿气，直到清明时孵化。用天然露水浸浴的，时间也一样。用竹盘盛蚕纸，摊开放在屋顶，四角用小石块压住，任由其经历霜雪、风雨、雷电，满十二天才收起。珍藏方式与时间同前法一样。品质低的蚕种，经过浸浴就自然淘汰掉了，不会孵化，不浪费桑叶，收获的蚕丝也比较多。一年孵化、饲养两次的晚蚕则不用浸浴法。

难点精讲

① 浴法：浴蚕，一种人工淘汰低劣蚕种的方法，也有消毒的作用。

② 天露：天然的露水。石灰：石灰水，呈碱性，有杀菌作用。

③ 盐卤水：食盐潮解后流出的卤水，有杀菌作用。

④ 漉：使干燥。

⑤ 烝（zhēng）：陶本作“烘”，可从。

⑥ 抱产：孵化。

⑦ 篾（miè）：劈成条的竹片。

四、种忌

原文

凡蚕纸用竹木四条为方架，高悬透风避日梁枋[①]之上，其下忌桐油、烟煤火气。冬月忌雪映[②]，一映即空。遇大雪下时，即忙收贮，明日雪过，依然悬挂，直待腊月浴藏。

译文

用四条竹木为框架，把蚕纸高挂在透风避日的房梁上，下面不要有桐油、烟煤的火气。冬天不要受低温刺激，一遇低温就会形成空卵。下大雪时，要赶快收起来存好，等第二天大雪过去，依然悬挂好，等到腊月浸浴后收藏。

难点精讲

① 枋（fāng）：方柱形的木材，是位于梁下的横木，走向与梁垂直。

② 雪映：指接触低温刺激。

五、种类

原文

凡蚕有早、晚二种。晚种每年先早种五六日出（川[①]中者不同），结茧亦在先，其茧较轻三分之一。若早蚕结茧时，彼已出蛾生卵，以便再养矣。（晚蛹戒不宜食。）凡三样浴种，皆谨视原记。如一错误，或

译文

蚕有早蚕、晚蚕两种。晚蚕每年比早蚕先五六日生出（四川的情况不同），结茧也在早蚕之前，其茧比早蚕轻三分之一。等早蚕结茧时，晚蚕已经出蛾生卵，可以再养了。（晚蚕的蚕蛹不可食用。）前面提到的三种浴种法，都要仔细看好，按原来的标记操作。一旦出现错误，如将本该用天露浸浴

将天露者投盐浴，则尽空不出矣。凡茧色唯黄、白二种。川、陕、晋、豫有黄无白，嘉、湖有白无黄。若将白雄配黄雌，则其嗣变成褐茧。黄丝以猪胰[2]漂洗，亦成白色，但终不可染漂白、桃红二色。

的浸入盐卤水，蚕卵就会全变成空壳无法孵化。茧的颜色只有黄色、白色两种。四川、陕西、山西、河南有黄色而没有白色的，嘉兴、湖州有白色而没有黄色的。如果将白茧蚕的雄蛾与黄茧蚕的雌蛾交配，其后代将结褐色茧。黄色的丝用猪胰皂漂洗，也能变成白色，但始终无法染成青白、桃红两种颜色。

难点精讲

① 川：营本、陶本误作“用”。

② 猪胰：当指用猪的胰脏制成的肥皂。据杨维增，其原理是利用胰酶分解丝胶而保存丝素，使黄茧丝变白。

原文

凡茧形亦有数种。晚茧结成亚腰葫卢[3]样，天露茧尖长如榧子[4]形，又或圆扁如核桃形。又一种不忌泥涂叶者，名为贱蚕，得丝偏多。凡蚕形亦有纯白、虎斑、纯黑、花纹数种，吐丝则同。今寒家有将早雄配晚雌者，幼[5]出嘉种，

译文

茧的形状也有多种。晚蚕的茧呈细腰葫芦形，经天露浸浴的蚕，茧尖长如榧子，或者圆扁如核桃。还有一种蚕，不怕吃沾泥的桑叶，称为“贱蚕”，产丝反而多。蚕从外形上说有纯白、虎斑、纯黑、花纹几种，吐出来的丝则相同。现在贫寒农家有的将雄性早蚕蛾和雌性晚蚕蛾交配，得到新的优良品种，这也是一件奇事。野

一异也。野蚕自为茧，出青州、沂水等地，树老即自生。其丝为衣，能御雨及垢污。其蛾出即能飞，不传种纸上。他处亦有，但稀少耳。

生的蚕自己结茧，出于青州、沂水等地，树叶枯黄时自己就生长出来了。其蚕丝用来做衣服，能防雨、耐脏。其蛾刚一出茧就能飞，不把卵产在纸上。其他地方也有，但是比较稀少。

难点精讲

③ 亚腰葫卢：中间细两头粗的葫芦。卢，杨素卿本（“杨本”）作“芦”，当据改。

④ 榧（fěi）子：红豆杉科榧树属植物榧的种子，可入药。

⑤ 幼：菅本、陶本作“幻”，当据改。

六、抱养

原文

凡清明逝三日，蚕妙[1]即不偎衣衾[2]暖气，自然生出。蚕室宜向东南，周围用纸糊风隙，上无棚板者宜顶格，值寒冷则用炭火于室内助暖。凡初乳蚕，将桑叶切为细条。切叶不[3]束稻麦稿为之，则不损刀。摘叶用瓮坛盛，不欲风吹枯悴。二眠以前，拳[4]筐方法皆用尖圆小竹快[5]提过。

译文

清明之后三日，不用衣被来保暖，幼蚕也会自然孵出。蚕室应该面向东南方，周围用纸把透风的缝隙糊好，房顶没有棚板的话需要加上顶棚，遇到寒冷天气就在室内烧起炭火来保暖。喂养幼蚕，要将桑叶切为细条。切叶子时，下面垫上捆好的稻麦秆，就不会损坏刀具。摘下来的桑叶用瓮坛盛放，不要让风给吹干了。蚕在二眠之前，誊筐的方法是用尖圆的小竹筷将蚕提过去。二眠之后就不用

二眠以后则不用箸，而手指可拈矣。凡誊筐勤苦，皆视人工。怠于誊者，厚叶与粪湿蒸，多致压死。凡眠齐[⑥]时，皆吐丝而后眠。若誊过，须将旧叶些微拣净。若粘带丝缠叶在中，眠起之时，恐其即食一口，则其病为胀死。三眠已过，若天气炎热，急宜搬出宽凉所，亦忌风吹。凡大眠[⑦]后，计上叶十二餐方誊，太勤则丝糙。

筷子了，用手指拈起即可。誊筐勤与不勤，全看人工。懒于誊筐的话，残留的桑叶与蚕粪堆得太多，又湿又热，往往会把蚕压死。蚕在入眠时，都会先吐丝而后入眠。此时誊筐，还得将残叶拣干净。如果有粘着蚕丝的残叶留下，蚕醒来时，怕是只吃上一口，就会害病而胀死。三眠之后，如果天气炎热，应该马上搬到宽敞凉爽的地方，但也要避免风吹。大眠之后，要喂上十二次桑叶再誊筐，誊得太勤了会使蚕丝粗糙。

难点精讲

① 蚢（miáo）：初生之蚕。

② 衣衾（qīn）：衣服与被子。

③ 不：陶本作“下”，当从。

④ 誊：陶本作“腾”。誊筐的目的是清除原筐中的残叶、粪便等。

⑤ 快：疑当作“筷”。

⑥ 眠齐：眠而不食。齐，通“斋”。

⑦ 大眠：蚕在发育过程中须经历蜕皮，大眠指第四次蜕皮。

七、养忌

原文

凡蚕畏香，复畏臭。若焚骨灰、淘毛圊[①]者，顺风吹来，多致触死。隔壁煎鲍鱼、宿脂[②]，亦或触死。灶烧煤炭，炉爇[③]沉、檀，亦触死。懒妇便器摇动气侵，亦有损伤。若风则偏忌西南，西南风太劲，则有合箔皆僵者。凡臭气触来，急烧残桑叶烟以抵之。

译文

蚕怕香气，也怕臭气。若是焚烧骨头、淘厕所的气味顺风飘来，蚕闻到了就容易死。隔壁煎咸鱼或者不新鲜的油脂，蚕闻到了也容易死。在灶上烧煤炭，在炉子上烧沉香、檀香，蚕闻到了也会死。懒惰的妇人摇动便桶而散发臭味，对蚕也有损伤。若刮风，则唯独怕西南风，西南风风力太劲，有时一筐的蚕都要僵死。臭气飘来时，要马上烧起残桑叶，用烟来挡臭气。

难点精讲

① 毛圊（qīng）：厕所。

② 鲍鱼：咸鱼。宿脂：不新鲜的油脂。

③ 爇（ruò）：烧。

八、叶料

原文

凡桑叶无土不生。嘉、湖用枝条垂压，今年视桑树傍生条，用竹钩挂卧，

译文

桑叶没有土就不能生长。嘉兴、湖州培植桑树的方法是压条，当年在桑树上找到侧生的枝条，用竹钩拉下

逐渐近地面，至冬月则抛土压之。来春每节生根，则剪开他栽。其树精华皆聚叶上，不复生葚与开花矣。欲叶便剪摘，则树至七八尺，即斩截当顶，叶则婆娑[1]可扳伐，不必乘梯缘木也。

来，使枝条逐渐接近地面，到冬天就用土压住。来年春天每节都会生根，这时就可将其与原树剪开，另行栽种。如此栽种，桑树的精华都聚集在树叶上，不会结桑葚和开花了。要桑叶方便剪摘，当树长到七八尺高时，就斩截其树顶，桑叶便茂盛地披散下来，可以扳枝摘取，不必登梯爬树了。

难点精讲

① 婆娑：茂盛、披散的样子。

原文

其他用子种者，立夏桑葚紫熟时，取来用黄泥水搓洗，并水浇于地面，本秋即长尺余。来春移栽，倘灌粪勤劳，亦易长茂。但间有生葚与开花者，则叶最薄少耳。又有花桑，叶薄不堪用者，其树接过，亦生厚叶也。又有柘[2]叶三种，以济桑叶之穷。柘叶浙中不经见，川中最多。寒家用浙种，桑叶穷时，仍啖[3]柘

译文

其他地方也有用种子种桑树的，立夏时桑葚熟透了，取来用黄泥水搓洗，连水一并浇在地上，当年秋天就能长出一尺多高。来年春天移栽，倘若勤劳施肥，也容易长得繁茂。不过其中有结桑葚或者开花的，桑叶产量则最少。又有一种花桑，桑叶很薄，无法使用，经过嫁接也能长出厚叶。又有三种柘叶，桑叶不足时可作为替代品。浙江很少有柘叶，四川分布最多。贫寒人家养浙江的蚕种，桑叶不够吃，就喂柘叶，道理是一样的。制

叶，则物理一也。凡琴弦、弓弦丝，用柘养蚕，名曰棘茧，谓最坚韧。

作琴弦、弓弦所需的丝，需用柘叶养蚕，结的茧称为“棘茧”，意思是其丝最为坚韧。

难点精讲

② 柘（zhè）：桑科柘属植物，嫩叶可以养幼蚕。

③ 啖（dàn）：吃。

原文

凡取叶必用剪，铁剪出嘉郡桐乡[④]者最犀利，他乡未得其利。剪枝之法，再生条次月叶愈茂，取资既多，人工复便。凡再生条叶，仲夏以养晚蚕，则止摘叶而不剪条。二叶摘后，秋来三叶复茂，浙人听其经霜自落，片片扫拾以饲绵羊，大获绒毡之利。

译文

取桑叶一定要用剪刀，出产于嘉兴府桐乡县的铁剪最锋利，其他地方的剪刀都比不过。用剪枝的方法，再次生长的枝条到第二月桑叶会更繁茂，收获又多，人工又方便。再生枝条的桑叶，仲夏时可用来养晚蚕，就只摘桑叶而不要剪断枝条了。第二茬桑叶摘下后，到秋天还能再长出第三茬，也很繁茂，浙江人任由它们经霜自落，一片片扫拾起来喂绵羊，可以获得很多羊毛绒毡的收益。

难点精讲

④ 桐乡：今浙江省桐乡市。宋应星之兄宋应昇曾于崇祯四年（1631）任桐乡县令。

九、食忌

原文

凡蚕大眠以后，径食[1]湿叶。雨天摘来者，任从铺地加餐。晴日摘来者，以水洒湿而饲之，则丝有光泽。未大眠时，雨天摘叶用绳悬挂透风檐下，时振其绳，待风吹干。若用手掌拍干，则叶焦而不滋润，他时丝亦枯色。凡食叶，眠前必令饱足而眠，眠起即迟半日[2]上叶无妨也。雾天湿叶甚坏蚕，其晨有雾，切勿摘叶。待雾收时，或晴或雨，方剪伐也。露珠水亦待旰[3]干而后剪摘。

译文

蚕大眠之后，可以直接喂湿叶子。雨天摘下的桑叶，可以随意铺开喂蚕。晴天摘下的桑叶，用水洒湿了再喂，丝就比较有光泽。蚕还没大眠时，雨天摘下来的桑叶要用绳子系起来悬挂在透风的房檐下，不时振动绳子，等风把桑叶吹干。如果用手掌拍干，叶子就会干焦而不滋润，蚕吃了以后吐出的丝也没有光泽。喂叶子方面，眠前一定让它吃饱，眠起则就算迟半天再喂叶子也无妨。雾天的湿叶子对蚕很不好，早晨有雾的话，千万不要摘桑叶。等到雾散了，或者晴天或者雨天才能剪摘。叶上有露水时也需要等太阳出来把露水晒干后才能剪摘。

难点精讲

① 食：通“饲”，喂养。

② 迟半日：蚕刚眠起时，大腭尚未硬化，消化功能也较差，因此可以迟半日再喂食。

③ 旰（xū）：太阳刚出来的样子。

十、病症

原文

凡蚕卵中受病，已详前款。出后湿热积压，妨忌在人。初眠耆时，用漆合[①]者不可盖掩，逼出气水。凡蚕将病，则脑上放光，通身黄色，头渐大而尾渐小。并及眠之时，游走不眠，食叶又不多者，皆病作也。急择而去之，勿使败群。凡蚕强美者必眠叶面，压在下者或力弱或性懒，作茧亦薄。其作茧不知收法，妄吐丝成阔窝者，乃蠢蚕，非懒蚕也。

译文

蚕在卵中易受的病害，前面已经说过了。孵化后遇到湿热和积压还会害病，要靠人工避免。蚕在初眠誊筐时，若是用漆盒装蚕，就不能盖上盖子，要让水汽散出去。蚕将要生病时，就会脑袋发亮，全身呈黄色，头渐大而尾渐小。该入眠的时候，也会游走而不眠，吃桑叶又不多，这都是发病的表现。要尽快把病蚕挑拣走，以免传染给其他蚕。那些强壮的蚕一定会在叶面上入眠，被压在下面的或者是力量不足，或者是懒惰，结的茧也很薄。有些蚕结茧时不知方法，胡乱吐丝而结成松散的窝，这是蠢蚕，不是懒蚕。

难点精讲

① 合：通“盒”。

十一、老足

原文

凡蚕食叶足候，只争时刻。自卵出虲，多在辰、巳[①]二时，故老足结茧亦多辰、巳二时。老足者，喉下两唊[②]通明。捉时嫩一分则丝少，过老一分，又吐去丝，茧壳必薄。捉者眼法高，一只不差方妙。黑色蚕不见身中透光，最难捉。

译文

蚕吃桑叶吃得足够多时，要抓紧时间捉蚕结茧。幼蚕孵化多在辰时、巳时，因此老熟而结茧也多在辰时、巳时。老熟的蚕，喉下的腺体会变得透明。捉蚕时差一分成熟，吐丝就少；过于成熟，则因为已经吐去一部分丝，结茧就会薄。捉蚕很考验人的眼光，总要一只不差才好。黑色的蚕因为看不出身体的透明，所以最难捉。

难点精讲

① 辰：上午七点至九点。巳：上午九点至十一点。

② 唊（qiǎn）：蚕胸部下边两旁的丝腺。

十二、结茧

原文

凡结茧必如嘉、湖，方尽其法。他国不知用火烘，听蚕结出，甚至丛秆之内，箱匣之中，火不经，风不透。故所为屯、漳[①]等绢，豫、蜀等绸，皆易朽

译文

结茧时，一定要像嘉兴、湖州那样做，才是好方法。其他地方因为不知道结茧时需要用火烘烤，就任由蚕自行结茧，甚至在丛秆、箱子里结茧，既不经烘烤也不透风。因此屯溪、漳州用这种丝织的绢，河南、四

烂。若嘉、湖产丝成衣，即入水浣濯[2]百余度，其质尚存。其法析竹编箔，其下横架料木约六尺高，地下摆列炭火（炭忌爆炸），方圆去四五尺，即列火一盆。初上山[3]时，火分两略轻少，引他成绪[4]，蚕恋火意，即时造茧，不复缘走[5]。茧绪既成，即每盆加火半斤，吐出丝来，随即干燥，所以经久不坏也。其茧室不宜楼板遮盖，下欲火而上欲风凉也。凡火顶上者不以为种，取种宁用火偏者。其箔上山，用麦稻稿斩齐，随手纠捩[6]成山，顿插箔上。做山之人，最宜手健。箔竹稀疏，用短稿略铺洒，妨蚕跌坠地下与火中也。

川的绸，都容易朽烂。若是嘉兴、湖州产的丝制成的衣服，就算在水里经过百余次洗涤，丝质仍完好。方法是劈开竹条，编成竹箔，下面用木料搭起六尺高的架子，地下摆列炭火（注意不要让炭爆炸），前后左右每四五尺，就摆列一个火盆。刚把蚕放上竹箔时，火力略小一点，引蚕吐丝，因为蚕喜欢温暖，在上面会马上结茧，不再四处爬。等茧结成后，每个火盆加入半斤炭，这样丝一吐出来就会马上干燥，这样才可以经久不坏。茧室不应有楼板遮盖，因为底下需要火烤，上面需要风吹。火盆顶上的茧不能用来取蚕种，取蚕种要取远离火盆的。竹箔上的蚕山，要用切整齐的麦稻秆随手拧成山形，插在竹箔上。制作蚕山的人，最好要手劲大。竹箔如果太稀疏，需要用短的麦稻秆稍微铺一下，以防蚕跌落地下或坠入火中。

难点精讲

① 屯：屯溪，今属安徽省黄山市。漳：今福建省漳州市。

② 浣濯（huàn zhuó）：洗涤。

③ 上山：意为将熟蚕放置在山箔上，使其结茧。箔为竹篾编成的承蚕用具，其

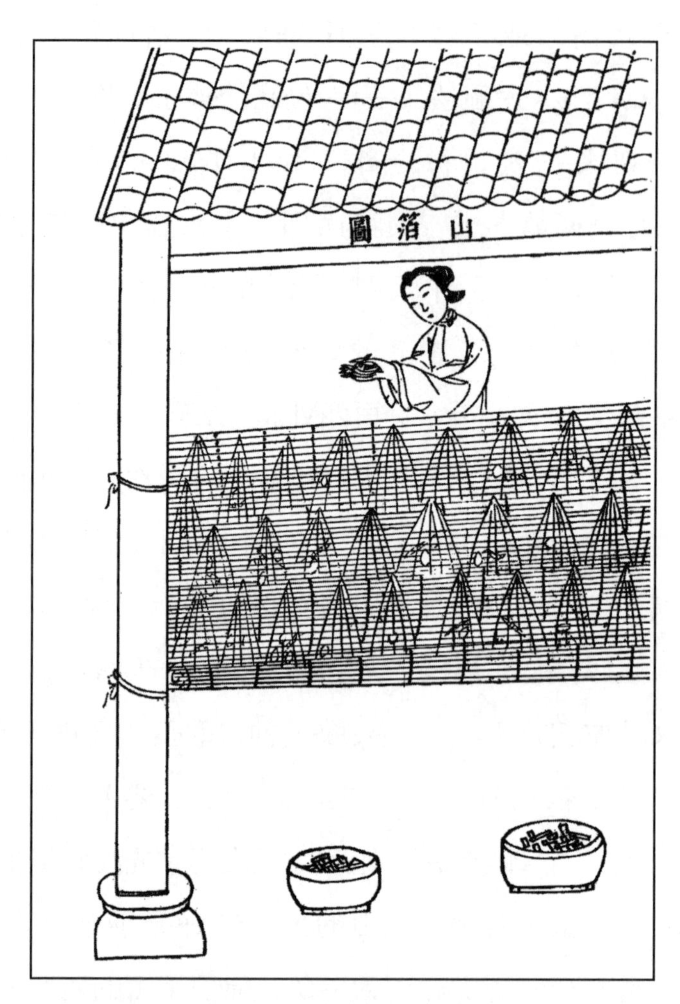

图 14　山箔（蚕在筛席上结茧）

上竖起若干“蚕山”，供蚕结茧。

④ 绪：丝的开头。

⑤ 缘走：到处爬行。

⑥ 纠捩（liè）：扭结。

十三、取茧

原文

凡茧造三日，则下箔而取之。其壳外浮丝，一名丝匡[①]者，湖郡老妇贱价买去（每斤百文），用铜钱坠打成线，织成湖绸。去浮之后，其茧必用大盘摊开架上，以听治丝、扩绵。若用厨[②]箱掩盖，则浥郁[③]而丝绪断绝矣。

译文

结茧三天之后，就从竹箔上取下。茧外壳上有一些浮丝，又称作“丝匡”，湖州的老妇人廉价买走（每斤百文），用铜钱坠在下面作纺锤拉成线，织成湖绸。去掉浮丝后，蚕茧必须用大盘摊开放在架子上，以待缫丝和制绵。如果装入橱柜或者箱子里，就会因为空气不流通、潮湿而导致断丝现象。

难点精讲

① 丝匡：蚕开始结茧时吐出的松散丝绪，起固定位置的作用。其丝细而脆，不宜缫丝。匡，杨本作“筐”。

② 厨：杨本作“橱”，当据改。

③ 浥郁：潮湿气闷。

十四、物害

原文

凡害蚕者，有雀、鼠、蚊三种。雀害不及茧，蚊害不及早蚕，鼠害则与之相终始。防驱之智，是不一法，唯人所行也。（雀屎粘叶，蚕食之，立刻死烂。）

译文

蚕的天敌有雀、鼠、蚊三种。结茧后就不怕雀了，早蚕时也不用担心蚊子，唯有鼠害自始至终都存在。防备的方法没有一定之规，每户根据实际情况处理。（蚕如果吃了粘有鸟雀粪便的桑叶，立刻就会死。）

十五、择茧

原文

凡取丝必用圆正独蚕茧，则绪不乱。若双茧，并四五蚕共为茧，择去取绵用。或以为丝，则粗甚。

译文

缫丝一定要用形状圆滑端正的单茧，丝绪就不会混乱。如果是双蚕茧，还有四五只蚕一起结的茧，要挑出来用于制绵。如果用来缫丝，丝会很粗。

十六、造绵

原文

凡双茧，并缫丝①锅底零余，并出种茧壳，皆绪断乱，不可为丝，用以取绵。用稻灰水煮过（不宜石

译文

双蚕茧以及缫丝时留在锅底的零碎断丝，以及取蚕种后的茧壳，这些丝料丝绪断乱而无法缫丝，可以拿来制造丝绵。把它们用稻灰水煮过（不

灰)，倾入清水盆内。手大指去甲净尽，指头顶开四个，四四数足，用拳顶开又四四十六拳数，然后上小竹弓。此《庄子》所谓“洴澼絖[②]”也。湖绵独白净清化者，总缘手法之妙。上弓之时，惟取快捷，带水扩开。若稍缓，水流去则结块不尽解，而色不纯白矣。其治丝余者名锅底绵，装绵衣衾内以御重寒，谓之挟纩[③]。凡取绵人工，难于取丝八倍，竟日只得四两余。用此绵坠打线织湖绸者，价颇重。以绵线登花机者，名曰花绵，价尤重。

宜用石灰)，倒入清水盆内。把大拇指的指甲修剪干净，用一手大拇指顶开四个蚕茧，逐一套叠在另一手并拢的四个手指上，取下后计一组，共计四组，四四一十六个，再用双拳将其一组组撑大，然后套在小竹弓上。这就是《庄子》所谓的“洴澼絖”。湖州的丝绵之所以洁白、纯净，是因为处理手法高妙。套上竹弓时，一定要快，顺着水流将丝绵扩开。如果稍微慢一点，水就流过去了，丝绵便会结块而解不开，颜色也就不是纯白的了。缫丝剩下的称为“锅底绵”，可以装入绵衣、绵被中，起御寒的作用，称为“挟纩”。取丝绵的人工要比缫丝费八倍，劳作一天只能得到四两多。用这种丝绵坠打成线，织成湖绸，价格颇贵。用这种绵线在花机上织出的丝织品称为“花绵”，尤其昂贵。

难点精讲

① 缫（sāo）丝：将蚕茧抽出蚕丝的工艺。

② 洴澼絖（píng pì kuàng）：在水上漂洗棉絮。典出《庄子·逍遥游》：“宋人有善为不龟手之药者，世世以洴澼絖为事。”絖，同纩。

③ 挟纩（jiā kuàng）：把丝绵装入衣衾内，制成绵衣、绵被。纩，丝绵。

十七、治丝

原文

凡治丝先制丝车，其尺寸器具，开载后图。锅煎极沸汤，丝粗细视投茧多寡。穷日之力，一人可取三十两。若包头[①]丝，则只取二十两，以其苗长也。凡绫罗丝，一起投茧二十枚，包头丝只投十余枚。凡茧滚沸时，以竹签拨动水面，丝绪自见。提绪入手，引入竹针眼[②]，先绕星丁头[③]（以竹棍做成，如香筒[④]样），然后由送丝干[⑤]勾挂，以登大关车。断绝之时，寻绪丢上，不必绕接。其丝排匀不堆积者，全在送丝干与磨不[⑥]之上。川蜀丝车制稍异，其法架横锅上，引四五绪而上，两人对寻锅中绪，然终不若湖制之尽善也。

译文

缫丝先要制作缫车，缫车的尺寸与部件，见附图所示。用锅把水烧到沸腾，丝的粗细看投入茧的多少。一个人一天可以取丝三十两。如果是包头巾的丝，则只能取二十两，因为这种丝比较细长。制绫罗的丝，一次可以投入二十枚茧，而包头巾的丝只能投十余枚。茧在沸水中，用竹签拨动水面，就能看到丝头了。用手提起丝头，引入竹针眼，先绕过星丁头（用竹棍做成，就像香筒一样），然后用送丝竿钩挂好，接到大关车上。遇到断丝的地方，只需找到下一个丝头搭上去，不必绕接原来的丝。要使丝线能够排布均匀而不相互堆积，关键是送丝竿和磨墩相互配合。四川的缫车形制稍有不同，他们的方法是把缫车架在锅上，引四五条丝头上车，两人面对面，寻找锅中的丝头，不过这种方法还是不如湖州的方法那样尽善尽美。

图 15　治丝（缫车缫丝）

难点精讲

① 包头：头巾，包头的布。

② 竹针眼：即“集绪眼”，古代缫车上集多个丝头成缕的部件。

③ 星丁头：引导丝线用的滑轮。

④ 香筒：古代用于点香的器具，一般为直筒状。

⑤ 送丝干：缫车的络交杆，可以使丝排布均匀。干，陶本作“竿”，当据改，下同。

⑥ 磨不（dūn）：磨墩，使送丝竿摆动的脚踏摇柄。不，陶本作“木”。

原文

凡供治丝薪，取极燥无烟湿者，则宝色不损。丝美之法有六字：一曰“出口干”，即结茧时用炭火烘。一曰“出水干”，则治丝登车时，用炭火四五两盆盛，去车关五寸许。运转如风，时[7]转转火意照干，是曰“出水干”也。（若晴光又风色，则不用火。）

译文

缫丝用的柴，要用非常干燥而没有烟的，丝的色泽才不会受损。保持丝质美好的窍门是六个字，一是“出口干”，就是结茧的时候用炭火烘烤。一是“出水干”，就是在缫丝上车时，火盆里装四五两炭火，放在离缫车大约五寸的位置。缫车飞快地转动，丝头在转动时就被炭火烘干了，这就是“出水干”。（如果是大晴天又有风，就不需要火烤了。）

难点精讲

⑦ 陶本“时”前多一“转”字。

十八、调丝

原文

凡丝议织时，最先用

译文

准备织丝时，先要绕丝。在光

调[1]。透光檐端宇下，以木架铺地，植竹四根于上，名曰络笃[2]。丝匡竹上，其傍倚柱高八尺处，钉具斜安小竹偃月[3]挂钩，悬搭丝于钩内，手中执篗[4]旋缠，以俟牵经织纬[5]之用。小竹坠石为活头[6]，接断之时，扳之即下。

线明亮的屋檐下或室内，把木架铺在地上，在架上插四根竹竿，称为“络笃”。丝套在竹竿上，旁边立柱上高八尺的位置，用钉子装上一根带有半月形挂钩的斜向的小竹竿，把丝线搭在挂钩上，手里拿着篗，边旋转边缠绕，供今后牵经织纬用。在小竹竿上坠一块石头作为活头，断丝、接丝的时候拉一下，挂钩就下来了。

难点精讲

① 调：调丝，即将绞装的丝线绕卷到篗上的工序。

② 络笃：缠绕丝线的工具。

③ 偃月：半月形。

④ 篗（yuè）：缠绕丝线的工具。

⑤ 牵经织纬：牵织经线和纬线。

⑥ 活头：活动的接头。

十九、纬络

原文

凡丝既篗之后，以就经纬。经质用少，而纬质用多，每丝十两，经四纬六，此大略也。凡供纬篗，以水沃[1]湿丝，摇车转铤[2]而纺于竹管之上（竹用小箭竹[3]）。

译文

丝线经过缠绕后，就可以制作经线、纬线了。经线用丝少，纬线用丝多，每十两丝，大概四两织经线，六两织纬线。供织纬线用的篗，要将丝用水浸湿，摇动纺车，将丝绕在竹管上（竹用小箭竹）。

难点精讲

① 沃：浸泡。其目的是增强丝的韧性。

② 铤：潘吉星、杨维增皆谓当作“锭”，意为纺车上绕线的部件，然各皆无异。

③ 箭竹：一种竹类植物，质地坚劲可制箭，故称为“箭竹”。

二十、经具

原文

凡丝既籰之后，牵经[①]就织。以直竹竿穿眼三十余，透过篾圈，名曰溜眼。竿横架柱上，丝从圈透过掌扇[②]，然后缠绕经耙[③]之上。度数既足，将印架捆卷。既捆，中以交竹[④]二度，一上一下间丝，然后扱于筘[⑤]内（此筘非织筘）。扱筘之后，以[⑥]的杠[⑦]与印架相望，登开五、七丈。或过糊者，就此过糊。或不过糊，就此卷于的杠，穿综[⑧]就织。

译文

丝线缠好后，就可以准备制作经线了。在一根直竹竿上钻三十几个小孔，孔内穿上竹片圈，称为“溜眼”。把这根竹竿横架在柱子上，让丝从圈内穿过，再经过掌扇，然后缠绕在经耙上。丝达到足够长时，就捆卷在印架上。卷好后，中间用两根交竹，一上一下把丝分开，插进梳筘里（这个梳筘不是织机上的织筘）。穿好以后，把的杠与印架相对，拉开五至七丈距离。如果需要给丝过浆的话，此时就可以过浆了。如果不需要，便把丝卷在的杠上，就可以穿综织造了。

难点精讲

① 牵经：指将已绕在籰上的丝线，按规格卷到经轴上去。

② 掌扇：即分丝筘，牵经的一种工具，用于将丝分层成绞。

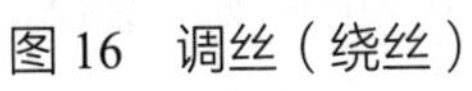

图 16　调丝（绕丝）

图 17　纺纬

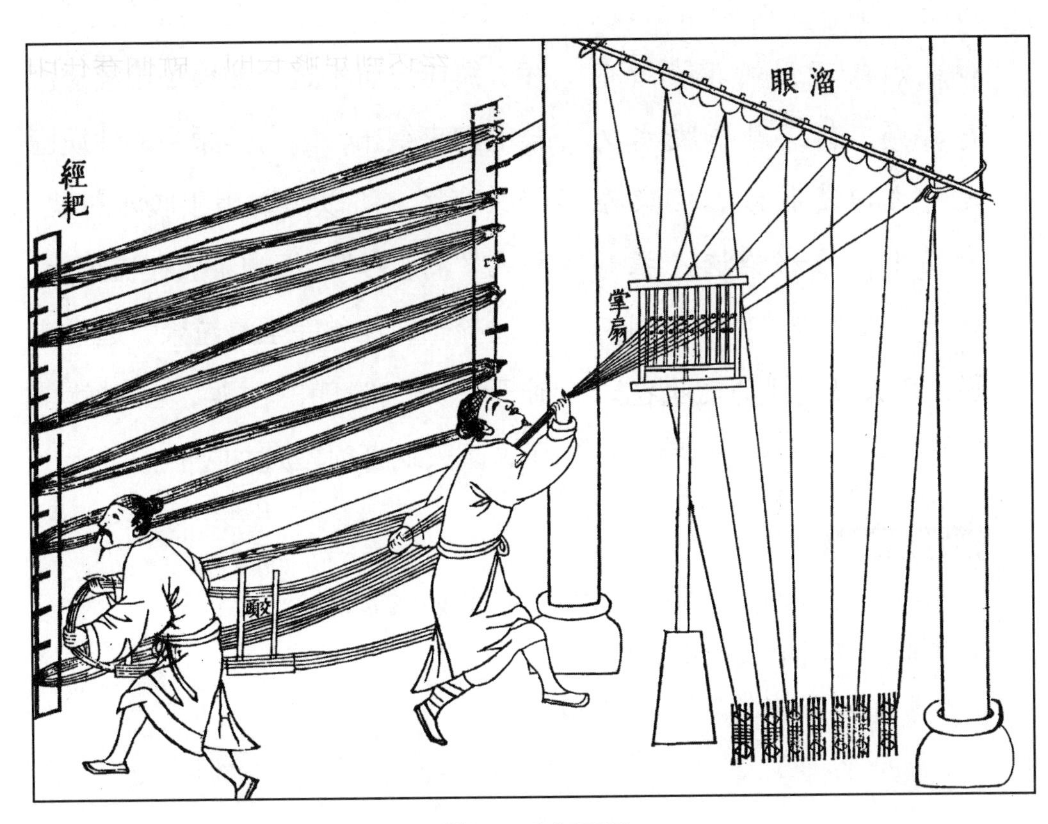

图 18　牵经工具

③ 经耙：牵经的一种工具，用于将丝理成所需长度。

④ 交竹：经线的分交棒，由两根竹棍构成，避免经线交错纠缠，使其上下分开。

⑤ 筘：呈梳子状，用于控制经线位置和密度。织机上也有筘，用于把纬线推向织口，并控制经线密度和幅宽。

⑥ 以：杨本作“然”。

⑦ 的杠：卷绕经线的经轴。

⑧ 穿综（zèng）：把经线穿到综框上，经线随综框而动，使经线、纬线能顺利交织。综，织布机上带着经线上下分开形成梭口的装置。

二十一、过糊

原文

凡糊用面筋内小粉[①]为质。纱、罗所必用，绫、绸或用或不用。其染纱不存素质[②]者，用牛胶水为之，名曰清胶纱。糊浆承于筘上，推移染透，推移就干。天气暗[③]明，顷刻而燥，阴天必借风力之吹也。

译文

给丝上浆要用做面筋剩下的小粉为原料。织纱、罗一定要给丝过浆，绫、绸可过可不过。如果是用经过漂染的丝来织布，因为丝原来的性质已经改变了，所以需要用牛胶水过浆，称为“清胶纱”。把糊浆放在梳筘上，移动梳筘，让丝完全浸过浆，边推边晾干。天气晴朗的时候，当时就能干，阴天就必须靠风力吹干。

难点精讲

① 小粉：小粉是制作面筋剩下的沉淀，主要成分是淀粉。

② 素质：这里指丝线本来的特性。

③ 暗：菅本、陶本作“晴”，当据改。

二十二、边维

原文

凡帛不论绫罗，皆别牵边。两傍各二十余缕，边缕必过糊，用筘推移梳干。凡绫罗必三十丈、五六十丈一穿，以省穿接繁苦。每匹应截画墨于边丝之上，即知其丈尺之足。边丝不登的杠，别绕机梁之上。

译文

凡是丝帛，不论厚的绫还是薄的罗，都需要织边。两边各二十几根经线，这些经线一定要过浆，用筘推移梳干。绫罗一定要三十丈，或者五六十丈穿一次筘，以免穿线、接线的繁苦。每织一匹（四丈）就在边经线上用墨画出记号，这样就知道它的长度了。织边的经线不绕在的杠上，而是另外绕在织机的横梁上。

二十三、经数

原文

凡织帛，罗、纱筘以八百齿为率[①]，绫、绢筘以一千二百齿为率。每筘齿中度经过糊者，四缕合为二缕。罗、纱经计三千二百缕，绫、绸经计五千、六千缕。古书八十缕为一升，今绫、绢厚者，古所谓六十升布也。凡织

译文

织帛时，织罗、纱的织机筘以八百齿为标准，织绫、绢的织机筘以一千二百齿为标准。将过了浆的丝从每个筘齿中穿过，四缕合为二缕。织罗、纱的经线需要三千二百缕，织绫、绸的经线需要五千、六千缕。古书上以八十缕为一升，现在那些厚一点的绫、绢，就是古书所谓的六十升布。织花纹一定要用嘉兴、湖州那些

花文必用嘉、湖出口、出水皆干丝为经，则任从提挈，不忧断接。他省者即勉强提花[2]，潦草而已。

结茧和缫丝时都经过烘干的丝为经线，这样就能任由织机提拉，不用担心断线。其他产地的丝，即便勉强用于提花，也只能潦草了事而已。

难点精讲

① 率：标注，模范。

② 提花：织花。因织花时需提起经线，所以称“提花”。

二十四、机式

原文

凡花机通身度长一丈六尺，隆起花楼[1]，中托衢盘[2]，下垂衢脚[3]（水磨竹棍为之，计一千八百根）。对花楼下堀[4]坑二尺许，以藏衢脚。（地气湿者，架棚二尺代之。）提花小厮坐立花楼架木上。机末以的杠卷丝，中用叠助木[5]两枝，直穿二木，约四尺长，其尖插于筘两头。叠助，织纱罗者，视织绫绢者减轻十余斤方妙。其素罗不起花

译文

提花机通身长一丈六尺，高高隆起的部分是花楼，中间托着衢盘，下面垂着衢脚（用加水磨光的竹棍打造，总计一千八百根）。正对着花楼下面，挖二尺多深的坑，用以容纳衢脚。（如果地下潮湿，就架二尺的棚来代替坑。）操作提花机的人坐立在花楼的木架上。提花机后部用的杠卷丝，中间用两根叠助木来穿接两根约四尺长的木棍，尖部直接插进织筘的两端。如果是织纱罗，那叠助木的重量要比织绫绢的轻十几斤才好。如果是素罗就不织花纹。只在软纱绫绢上踏织出浪、梅一

纹，与软纱绫绢踏成浪、梅小花者，视素罗只加桄[⑥]二扇，一人踏织自成，不用提花之人闲住花楼，亦不设衢盘与衢脚也。其机式两接，前一接平安，自花楼向[⑦]身一接，斜倚低下尺许，则叠助力雄。若织包头细软，则另为均平不斜之机。坐处斗[⑧]二脚[⑨]，以其丝微细，防遏叠助之力也。

类小花的话，相比于织素罗，只需增加两扇综框，一个人踏织就可以了，不需要另外配置提花的人待在花楼上，也不用设衢盘与衢脚。其织机分成两截，前一截平放，从花楼接向织工的一截朝下低斜一尺多，这样叠助木的冲力就比较大。如果是织包头巾等细软之物，就需要另外做一个水平而不倾斜的织机。在织工坐的位置装两个脚架，因为这种丝比较纤细，需要防止叠助木冲力过大。

难点精讲

① 花楼：提花机上控制经线起落的结构和部件。

② 衢盘：提花机上调整经线位置，形成开口的部件。

③ 衢脚：提花机上使经线回复原位的部件。

④ 堀：陶本全书“堀”皆作“掘”，当据改。

⑤ 叠助木：提花机上用于打筘的压木。

⑥ 桄（guàng）：综框，即绕线的工具。

⑦ 向：菅本作“何”，菅本注疑当作“倚”。

⑧ 斗：接合，拼合。

⑨ 脚：脚架。

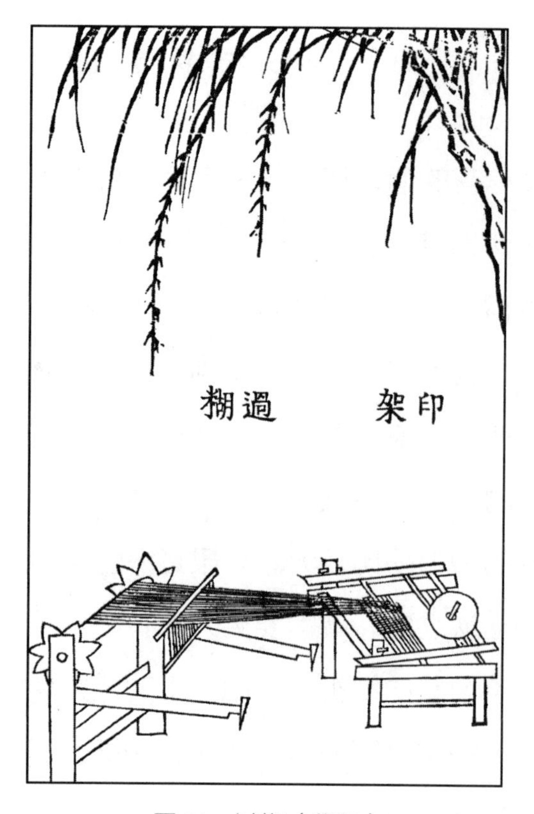

图 19　过糊（浆丝）

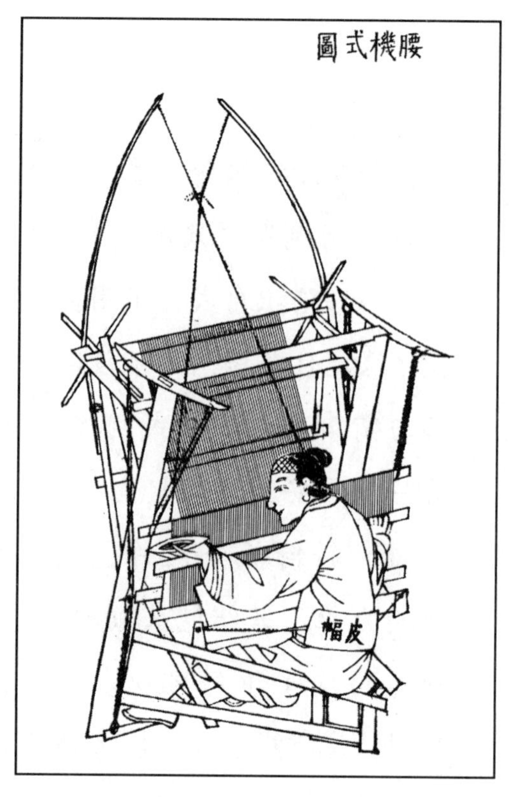

图 21　腰机

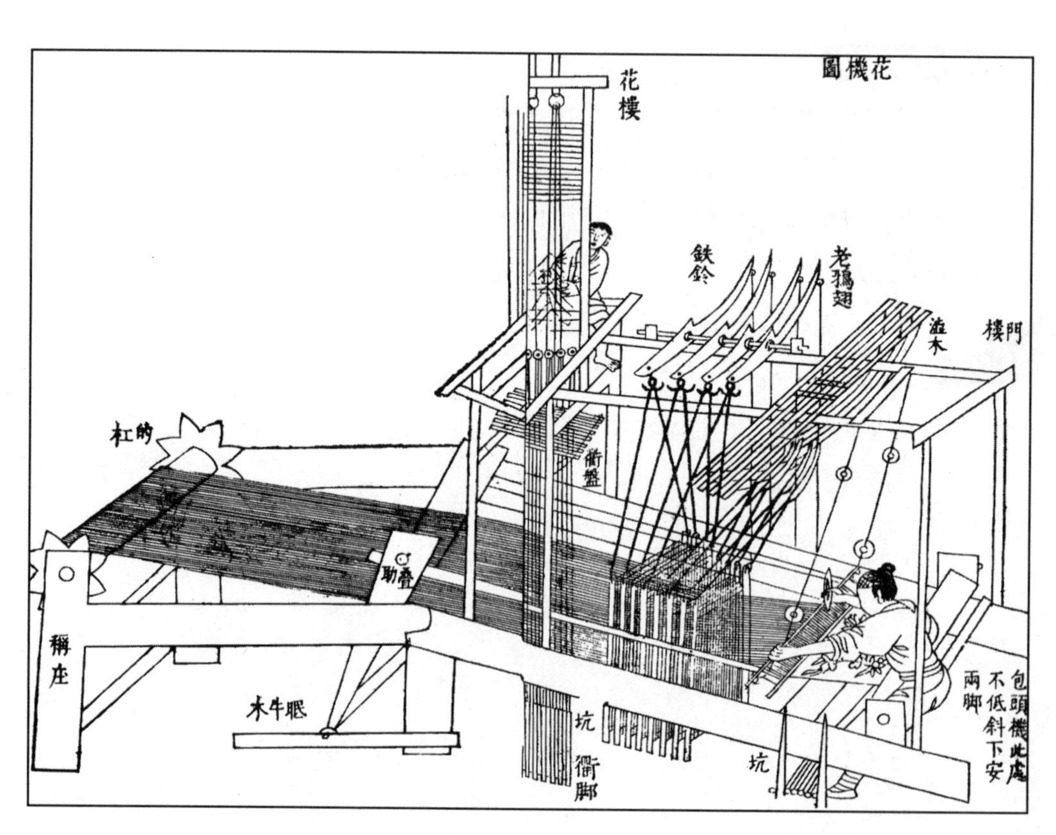

图 20　提花机

二十五、腰机式

原文

凡织杭西、罗地等绢，轻素等绸，银条、巾帽等纱，不必用花机，只用小机。织匠以熟皮一方置坐下，其力全在腰尻[1]之上，故名腰机。普天织葛、苎、棉布者，用此机法，布帛更整齐坚泽，惜今传之犹未广也。

译文

织“杭西”“罗地”等绢，“轻素”等绸，“银条”“巾帽”等纱，不必用提花机，只需要用小机。织匠用一块熟皮作靠背，全靠腰和臀部用力，所以叫作“腰机”。各地织葛、苎麻、棉布，如果用腰机，织出来的布更加整齐、结实而有光泽，可惜现在并没有广泛传开。

难点精讲

① 尻（kāo）：臀部。

二十六、花本

原文

凡工匠结花本[1]者，心计最精巧。画师先画何等花色于纸上，结本者以丝线随画量度，算计分寸杪忽[2]而结成之。张悬花楼之上，即织者不知成何花色。穿综带经，随其尺寸度

译文

设计织花图纸的工匠，心思最为精巧。画师先把要织的花色画在纸上，工匠用丝线随着画图度量，经过精密计算之后设计成织花图纸。把织花图纸悬挂在花楼上，即便是织工也不知道最后会织成什么花色。将经线穿过综孔，根据图纸规定的尺寸度

数，提起衢脚，梭过之后，居然花现。盖绫绢以浮经而见花，纱罗以纠纬而见花。绫绢一梭一提，纱罗来梭提，往梭不提。天孙机杼，人巧备矣。

数，提起衢脚，穿梭织造后，就能呈现出花纹来。绫绢是靠调整经线浮在织物表面而织花纹，而纱罗是通过调整纬线浮在织物表面来织花纹。织绫绢时投一梭一提经，织纱罗时来梭提经，回梭不提经。织女般精巧的纺织技艺，人间巧手已经完全具备了。

难点精讲

① 花本：织花的图纸。

② 杪（miǎo）忽：形容极微小。

二十七、穿经

原文

凡丝穿综度经，必用四人列坐。过筘之人，手执筘耙，先插以待丝至。丝过筘则两指执定，足五、七十筘，则绦结之。不乱之妙，消息①全在交竹。即接断，就丝一扯，即长数寸。打结之后，依还原度，此丝本质自具之妙也。

译文

将丝线穿过综框，再穿过织筘，一定要四人前后坐着操作。穿织筘的人，手持筘耙，先插好等待丝线穿过。丝穿过筘就用两个手指掐好，差不多有五十到七十筘以后，就把丝线系起来。丝线不乱的诀窍都在将丝线上下分开的交竹上。接断丝时，把丝线扯一下，就能拉长几寸。打结之后，还能缩回到原来的长度，这是丝天然具有的妙处。

难点精讲

① 消息：秘诀，诀窍。

二十八、分名

原文

凡罗，中空小路以透风凉，其消息全在软综[①]之中。衮头[②]两扇打综，一软一硬[③]。凡五梭、三梭（最厚者七梭）之后，踏起软综，自然纠转诸经，空路不粘。若平过不空路而仍稀者曰纱，消息亦在两扇衮头之上。直至织花绫绸，则去此两扇，而用桄综[④]八扇。凡左右手各用一梭交互织者，曰绉纱。凡单经[⑤]曰罗地，双经[⑥]曰绢地，五经[⑦]曰绫地。凡花分实地与绫地，绫地者光，实地者暗。先[⑧]染丝而后织者曰缎。（北土屯绢，亦先染丝。）就丝绸机上织时，两梭轻，一梭重，空出稀路者，名曰秋

译文

罗这样的织物，有中空小孔以便透风，诀窍在于使用了软综。用两扇衮头打综，一个是软综，一个是硬综。织过五梭、三梭（最厚的七梭）之后，踏起软综，自然就使经线转结形成网眼，不会黏滞在一起。一直这样平纹织下去，留出稀疏小孔的就称为纱，关键也在于两扇衮头。至于织花绫绸时，则要去掉这两扇衮头，而改用八扇桄综。左右手各用一梭，交互织成的称为“绉纱”。经纱单起单落织成的叫“罗地”，经纱双起双落织成的叫“绢地”，经纱隔四根提一根织成的叫“绫地”。提花织布，分实地与绫地两种，绫地有光泽，而实地较暗。先给丝染色，然后再织的叫作“缎”。（北方产的屯绢也是先给丝染色。）在织造时，向织口击打纬线，两次轻，一次重，在织物上形成稀疏小孔的，

罗，此法亦起近代。凡吴、越秋罗，闽、广怀素，皆利搢绅[9]当暑服，屯绢则为外官[10]、卑官逊别锦绣用也。

称为“秋罗”，这种方法也是最近才兴起的。江苏、浙江的秋罗和福建、广东的怀素，都用来给官员做夏季的衣服，屯绢则是给地方官、小官用作锦绣代替品的布料。

难点精讲

① 软综：用线绳做的综，又称绞综。

② 衮（gǔn）头：又称老鸦翅，提综的杠杆。

③ 一软一硬：软综用于织平纹或素纹，硬综用于织纠纹或网纹。

④ 桄综：织机上的部件。综片下连辘踏板，通过踩踏使综片带动经线上下起伏，形成织口，使纬线穿过。

⑤ 单经：经线单起单落而织成的织物。

⑥ 双经：经线双起双落而织成的织物。

⑦ 五经：经线隔四根提一根而织成的织物。

⑧ 先：杨本误作“光”。

⑨ 搢绅：古代有官职的人，亦作“缙绅”。

⑩ 外官：地方官。

二十九、熟练

原文

凡帛织就，犹是生丝，煮练[1]方熟。练用稻稿灰入水煮。以猪胰脂[2]陈宿一晚，入汤浣[3]之，宝色烨然[4]。或用乌梅[5]者，宝色

译文

丝帛织好后，还只是生丝，要煮过后才是熟丝。煮练时用稻稿灰掺入水里煮。再加上猪胰脂放上一夜，然后在热水中洗涤，色泽就非常鲜亮。也有用乌梅的，色泽稍减。用早丝为

略减。凡早丝为经、晚丝为纬者，练熟之时，每十两轻去三两。经、纬皆美好早丝，轻化只二两。练后日干张急[⑥]，以大蚌壳磨使乖钝，通身极力刮过，以成宝色。

经线、晚丝为纬线的，煮练之后，每十两会减轻三两。若经线、纬线都是上好的早丝，就只会减轻二两。煮练以后晒干绷紧，用打磨光滑的大蚌壳在织物上用力刮擦一遍，使其显出光泽。

难点精讲

① 煮练：用煮洗法从生丝上去除丝胶，可增加丝的光泽和柔软性。生丝约含20%—30% 的丝胶。

② 胰脂：内含胰酶，在碱性介质中只分解丝胶而不分解丝素。

③ 浣：洗涤。

④ 烨然：光彩鲜明貌。

⑤ 乌梅：乌梅水有酸性，洗后可使丝发亮。按杨维增说，酸洗与煮练应是不同的工序。

⑥ 张急：绷紧。

三十、龙袍

原文

凡上供龙袍，我朝[①]局在苏、杭。其花楼高一丈五尺，能手两人，扳提[②]花本，织过数寸，即换龙形。各房斗合，不出一手。赭[③]黄亦先染丝，工器原无殊

译文

本朝在苏州、杭州设织造局，制作供皇帝穿的龙袍。织龙袍的花楼高一丈五尺，两位纺织能手拿着设计好的花纹图纸，织过几寸后，就变换龙形图案的其他部分。龙袍由不同织机分工织成再拼合，并非出自一人之

异，但人工慎重与资本皆数十倍，以效忠敬之谊。其中节目微细，不可得而详考云。

手。丝线也要先染上赭黄等颜色，工艺、器具本来也没什么特别的，但是织工要特别小心谨慎，成本也增加数十倍，这是为了显示忠诚、恭敬之意。其中有很多细节讲究，但是没办法详细考证了。

难点精讲

① 我朝：杨本作“大明朝”。

② 提：杨本作“是”。

③ 赭（zhě）：红褐色。

三十一、倭缎

原文

凡倭缎[1]，制起东夷[2]，漳、泉海滨效法为之。丝质来自川蜀，商人万里贩来，以易胡椒归里。其织法亦自夷国传来。盖质已先染，而斫绵[3]夹藏经面，织过数寸即刮成黑光。北虏互市者见而悦之。但其帛最易朽污。冠弁[4]之上，顷刻集灰；衣领之间，移日損[5]坏。今华夷皆贱

译文

倭缎兴起于日本，漳州、泉州等海边人家效法织造。用的丝来自四川，由商人途经万里运来出售，又购入胡椒运回去。织造的方法也是从日本传来的。大概是先把丝线染色，把削成丝的金属线夹织入纬线中，织成绒圈，经面织好后，割断绒圈形成绒，织过几寸，刮擦后就有黑色光泽。东北少数民族地区的商人见到就很喜欢。但是这种织物最容易破损脏污。做成帽冠，很快就落满了灰；衣

之，将来为弃物，织法可不传云。

服的领子，没过几天就损坏了。现在中原人与少数民族的人都看不上它，将来它会成为没人要的东西，其织法也可能会失传。

难点精讲

① 倭缎：潘吉星认为是带有金属线的天鹅绒。

② 东夷：这里指日本。

③ 斫（zhuó）绵：潘吉星谓“绵”当作“线”，当从。指将金属线削成丝，夹织入纬线中。织造时，将纬线先织成绒圈，然后割断绒圈，就形成了绒。斫，即砍。

④ 弁（biàn）：古代男子戴的帽子。

⑤ 捐：杨本、陶本作“损”，当据改。

三十二、布衣

原文

凡棉布御寒，贵贱同之。棉花古书名枲麻[①]，种遍天下。种有木棉、草棉两者，花有白、紫二色。种者白居十九，紫居十一。凡棉，春种秋花，花先绽者逐日摘取，取不一时。其花粘子于腹，登赶车[②]而分之，去子取花，悬弓弹化[③]。（为挟纩温衾、袄[④]者，

译文

世人不论贵贱，皆以棉布御寒。棉花在古书上称为“枲麻”，各地都有种植。有木棉、草棉两种，花有白色、紫色两种。种白色的占九成，紫色的占一成。棉花在春天播种，秋天开花，先开裂的要随时摘取，不是同时摘。棉花的种子混在棉花絮中，需要用赶棉车等工具将其分开，去掉种子，只取棉花，再用弹弓弹松。（制作棉被、棉衣所用的棉花，加工到这一步就可

就此止功。）弹后以木板擦成长条，以登纺车，引绪纠成纱缕，然后绕籰牵经就织。凡纺工能者一手握三管[⑤]纺于铤[⑥]上。（捷则不坚。）凡棉布，寸土皆有，而织造尚淞江，浆染尚芜湖。凡布缕紧则坚，缓则脆。碾石取江北性冷质腻者（每块佳者值十余金），石不发烧，则缕紧不松泛。芜湖巨店首尚佳石。广南为布薮[⑦]而偏取远产，必有所试矣。为衣敝浣，犹尚寒砧[⑧]捣声，其义亦犹是也。外国朝鲜造法相同，惟西洋则未核其质，并不得其机织之妙。凡织布有云花、斜文、象眼等，皆仿花机而生义。然既曰布衣，太素足矣。织机十室必有，不必具图。

以了。）棉花弹好后，用木板将其搓成长条，再在纺车上纺成棉纱，然后绕在籰上，就可以牵经开始织了。技艺高超的纺工能一手握住三个棉管，将棉纱纺在锭子上。（太快了就容易松散。）各地都出产棉布，而织造技术以淞江为最好，浆染技术则是芜湖最好。棉纱紧致布就结实，棉纱松散布就不结实。浆染时使用的碾石要用江北所产的性冷而质地细腻的石料（一块优质的碾石能值十余两银子），这种石头不容易发烫，棉线就紧致而不松散。芜湖的大染店最重视使用优质碾石。广东南部是棉布的集中之地，却偏要从远处取碾石料，必定是经过试验的。衣服穿旧了要浆洗时，也往往在寒秋时捣衣，道理是相同的。至于其他国家的情况，朝鲜工艺与我们一样，西洋的方法则没有核实过，不了解他们的纺织技术。棉布也有云花、斜纹、象眼等织花工艺，仿的是提花机的原理。不过既然称作“布衣”，平纹的就足够了。十户人家中必有一台织机，这里就不附图说明了。

图 22　赶棉车（轧花车）

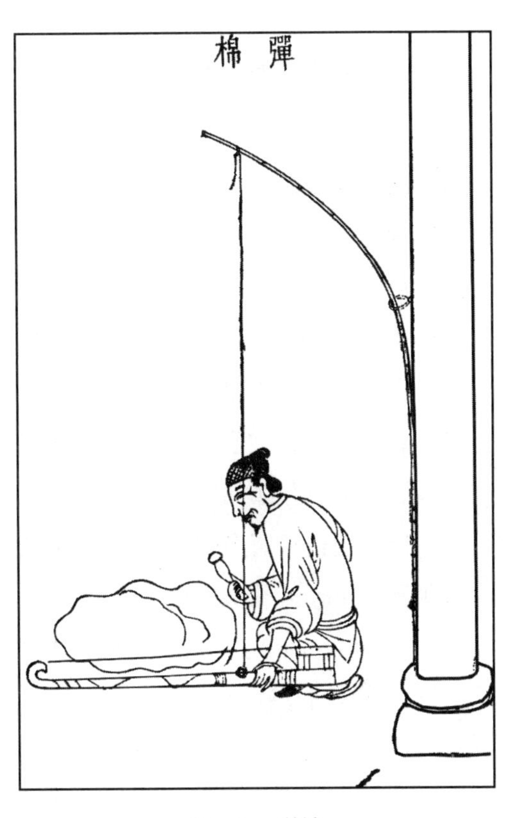

图 23　弹棉

图 24　擦条（搓棉条）

图 25　纺缕（纺棉纱）

难点精讲

① 枲（xǐ）麻：主要指大麻的雄株，并非指棉花。

② 赶车：去掉棉籽的机械。

③ 弹化：弹棉花的目的是使棉纤维松散，便于纺纱，同时清除混在棉花中的杂质，使其更洁白。

④ 衾（qīn）：被子。袄（ǎo）：棉衣。

⑤ 管：棉管，即棉条绕成的筒。

⑥ 铤：潘吉星谓当作“锭”，已见前注。

⑦ 薮（sǒu）：聚集之处。

⑧ 寒砧（zhēn）：寒秋中的捣衣声。捣衣：将衣服铺在砧板上，用木棒锤打，使其松软平整。

三十三、枲著

原文

凡衣衾挟纩御寒，百人之中，止一人用茧绵，余皆枲著。古缊袍[1]，今俗名胖袄。棉花既弹化，相衣衾格式而入装之。新装者附体轻暖，经年板紧，暖气渐无，取出弹化而重装之，其暖如故。

译文

将棉花装入棉衣、棉被御寒，只有百分之一的人用蚕丝绵，其余都用棉花。古代的缊袍，现在俗名叫作“胖袄”。根据衣被的样式，装入弹松后的棉花。新制的棉衣棉被贴身轻便温暖，久了就会板紧，保暖效果越来越差，需要把棉花取出，弹松后重新装入，就温暖如故了。

难点精讲

① 缊（yùn）袍：古代贫寒人家用乱麻为絮制成的袍子。

三十四、夏服

原文

凡苎麻[1]无土不生。其种植有撒子、分头[2]两法。（池郡[3]每岁以草粪压头，其根随土而高。广南青麻撒子种田茂甚。）色有青、黄两样。每岁有两刈者，有三刈者，绩[4]为当暑衣裳、帷帐。凡苎皮剥[5]取后，喜日燥干，见水即烂。破析[6]时则以水浸之，然只耐二十刻[7]，久而不析则亦烂。苎质本淡黄，漂工化成至白色。（先用稻灰、石灰水煮过，入长流水再漂，再晒，以成至白。）

译文

各地都长有苎麻。种植方法有播种、分蔸两种。（池州的种法是每年用草粪压在其根部，麻根随着压土而长高。广东南部种青麻是用播种的方法，长得也很茂盛。）其颜色有青色、黄色两种。有每年收割两次的，也有每年收割三次的，可以织成夏天穿的衣裳和帷帐。苎麻剥皮后，最好放到太阳下晒干，遇到水就会腐烂。而剥下麻皮时则需要用水浸泡，但也只能泡五个小时左右，泡的时间长了还不剥，也会腐烂。苎麻本来是淡黄色的，经过漂洗才变成纯白色。（先用稻灰、石灰水煮过，放入流水中再漂，再晒干，就成纯白色。）

难点精讲

① 苎麻：荨麻科苎麻属植物，根、叶可入药，子可榨油。

② 分头：利用苎麻的地下茎来无性繁殖，又称分蔸（dōu）、分株。

③ 池郡：今安徽省池州市。

④ 绩：把麻或其他纤维搓成线。

⑤ 剥：杨本作“则”。

⑥ 破析：剖析。

⑦ 刻：古代把一昼夜分为一百刻，一刻相当于十四分二十四秒。

原文

纺苎纱，能者用脚车，一女工并敌三工。惟破析时，穷日之力只得三五铢[8]重。织苎机具与织棉者同。凡布衣缝线、革履串绳，其质必用苎纠合。凡葛蔓生，质长于苎数尺。破析至细者，成布贵重。又有苘麻[9]一种，成布甚粗，最粗者以充丧服。即苎布有极粗者，漆家以盛布灰[10]，大内以充火炬。又有蕉纱，乃闽中取芭蕉皮析缉为之，轻细之甚，值贱而质枵[11]，不可为衣也。

译文

纺苎纱时，能干的工人用脚踏纺车，一个女工可以顶得上三个人工。只有剥皮时，花一天的时间只能得到三、五铢重的纤维。织苎麻的织机、工具与织棉相同。缝布衣的线和做皮鞋用的串绳，都需要用苎麻搓成。葛是蔓生的，其纤维比苎麻长几尺。剥得很细致的葛纤维，做成布是很贵重的。还有一种苘麻，织成布非常粗糙，最粗的用来做丧服。苎麻布中也有极粗糙的，漆工用来盛放布灰，宫廷里则用来制成火炬。还有一种蕉纱，是福建一带用芭蕉皮破析纺织而成的，非常轻细，不值钱也不结实，不能做衣裳。

难点精讲

⑧ 铢：古代重量单位，二十四铢为一两。

⑨ 苘（qǐng）麻：锦葵科苘麻属植物，种子可入药。

⑩ 布灰：布烧成的灰，可用作油漆的腻子。

⑪ 枵（xiāo）：指纺织品稀而薄。

三十五、裘

原文

凡取兽皮制服，统名曰裘。贵至貂[①]、狐，贱至羊、麂[②]，值分百等。貂产辽东外徼建州[③]地，及朝鲜国。其鼠好食松子，夷人夜伺树下，屏息悄声而射取之。一貂之皮，方不盈尺，积六十余貂，仅成一裘。服貂裘者，立风雪中，更暖于宇下。眯入目中，拭之即出，所以贵也。色有三种，一白者曰[④]银貂，一纯黑，一黯黄。（黑而毛长者，近值一帽套已五十金。）凡狐、貉亦产燕、齐、辽、汴诸道。纯白狐腋裘价与貂相仿，黄褐狐裘值貂五分之一，御寒温体，功用次于貂。凡关外狐取毛见底青黑，中国者吹开见白色，以此分优劣。

译文

取兽皮制成的衣服，统称作“裘”。贵的如貂、狐，便宜的如羊、麂，价格有很大不同。貂产自辽东界外建州地区以及朝鲜国。貂喜欢吃松子，满族猎人夜间埋伏在松树下，屏住呼吸，悄悄射猎获取。一只貂的皮还不到一尺见方，积累六十多只貂，才能制成一件皮衣。穿貂皮衣的人站在风雪中，比在室内还暖和。风沙入眼时，用貂皮擦一下就能擦出来，所以很珍贵。其颜色有三种，一种白色的叫银貂，一种纯黑的，一种暗黄的。（一个黑色长毛的帽套，近来已经值五十两银子了。）狐、貉也产于河北、山东、辽宁、河南等地。纯白狐腋皮衣的价格与貂皮的相仿，黄褐狐皮衣的价格只有貂皮的五分之一，御寒保温的功能比貂皮衣差。山海关以外的狐，拨开毛见到的皮质是青黑色的，中原的狐吹开毛是白色的，以此区分优劣。

难点精讲

① 貂（diāo）：鼬科貂属哺乳动物，紫貂等多个种均为国家重点保护野生动物。
② 麂（jǐ）：鹿科麂属哺乳动物，黑麂等多个种均为国家重点保护野生动物。
③ 徼（jiào）：边界。建州：建州卫，即赫图阿拉，在今辽宁省抚顺市。
④ 曰：杨本作“白”。

原文

羊皮裘，母贱子贵。在腹者名曰胞羔（毛文略具），初生者名曰乳羔（皮上毛似耳环脚），三月者曰跑羔，七月者曰走羔（毛文渐直），胞羔、乳羔为裘不膻。古者羔裘为大夫之服，今西北搢绅亦贵重之。其老大羊皮，硝熟[⑤]为裘，裘质痴重，则贱者之服耳，然此皆绵羊所为。若南方短毛革，硝其鞟[⑥]如纸薄，止供画灯之用而已。服羊裘者，腥膻之气，习久而俱化，南方不习者不堪也。然寒凉渐杀，亦无所用之。麂皮去毛，硝熟为袄、裤，御风便体，袜、靴更佳。

译文

就羊皮衣而言，越年幼的皮越值钱。还在腹中未产下的称为“胞羔”（刚长出一点毛），刚出生的称为“乳羔”（皮上的毛像耳环钩一样弯），三个月大的称为“跑羔”，七个月大的称为“走羔”（毛逐渐变直），胞羔、乳羔皮制的皮衣没有腥膻味。羔皮衣是古代大夫的衣服，现在西北地区官员也很看重。老羊皮用芒硝鞣制后做成皮衣，穿起来很笨重，是穷人家的衣服，不过这些都是用绵羊皮制成的。至于南方的短毛羊皮，鞣制以后就像纸一样薄，只能用来做画灯而已。穿羊皮衣的人，时间长了就能习惯腥膻之气，南方人不习惯就受不了。但是越往南寒气越弱，羊皮衣的用处也不大。将麂皮去毛，鞣制后做成袄、裤，穿来能抵御风寒，制成袜、靴更佳。这种

此物广南繁生外，中土则积集聚楚中，望华山为市皮之所。麂皮且御蝎患，北人制衣而外，割条以缘衾边，则蝎自远去。

动物广泛分布在广东南部，在中原地区则聚集在湖南、湖北，商人们在望华山交易皮毛。麂皮可以抵御蝎子，北方人除了用其做成衣服，还会将其割成长条镶在被子边上，这样蝎子就不会靠近了。

难点精讲

⑤ 硝熟：用芒硝（$Na_2SO_4 \cdot 10H_2O$）等鞣制动物皮革，使之变软。

⑥ 鞟（kuò）：去毛的兽皮。

原文

虎豹至文，将军用以彰身；犬豕至贱，役夫用以适足。西戎尚獭[7]皮，以为毳衣[8]领饰。襄黄[9]之人，穷山越国，射取而远货，得重价焉。殊方异物如金丝猿[10]，上用为帽套；扯里狲[11]，御服以为袍，皆非中华物也。兽皮衣人，此其大略，方物则不可殚述。飞禽之中有取鹰腹、雁胁[12]毳毛，杀生盈万，乃得一裘，名天鹅绒者，将焉用之？

译文

虎豹皮的纹理最美，将军用来作装饰；猪狗皮最便宜，服劳役者用来做鞋。西北少数民族喜欢水獭皮，用来装饰细毛皮衣的领子。襄黄一带的人翻山越岭猎取水獭后卖到远方，能得到很高的报酬。至于远方的珍奇之物，比如金丝猴皮毛用来制作皇帝的帽套，猞猁皮毛用来制作皇帝的御袍，这些都不是中原地区出产的。用兽皮制作衣服，大概情况就是这些了，各地的特产则无法尽述。飞禽之中还有取鹰腹、雁腋的细毛制衣的，杀生过万才能制得一皮衣，称为“天鹅绒”，怎么忍心穿呢？

难点精讲

⑦ 獭（tǎ）：指水獭，鼬科水獭属哺乳动物，为国家重点保护野生动物。

⑧ 毳（cuì）衣：毛皮所制的衣服。毳，鸟兽的细毛。

⑨ 襄黄：潘吉星认为指满洲镶黄旗。杨维增则认为指襄阳府（今湖北省襄阳市）、黄州府（今湖北省黄冈市）。

⑩ 金丝猿：即金丝猴，猴科仰鼻猴属哺乳动物，滇金丝猴、川金丝猴等多个种均为国家重点保护野生动物。

⑪ 扯里狲：即猞猁，猫科猞猁属哺乳动物，为国家重点保护野生动物。

⑫ 慅：陶本作“胁”，当据改。

三十六、褐毡

原文

凡绵羊有二种。一曰蓑衣羊，剪其毳为毡，为绒片，帽、袜遍天下，胥此出焉。古者西域羊未入中国，作褐[①]为贱者服，亦以其毛为之。褐有粗而无精，今日粗褐亦间出此羊之身。此种自徐、淮以北州郡，无不繁生。南方唯湖郡饲畜绵羊，一岁三剪毛。（夏季希革[②]不生。）每羊一只，岁得绒袜料三双。生羔，牝牡[③]合数得二羔，

译文

绵羊有两种。一种叫蓑衣羊，将其细毛剪下，可以制作毛毡、绒片，遍天下的帽子、袜子都以此为原料。古时西域羊尚未传入中原，下层民众穿的粗毛布衣也是用这种羊毛制作的。这种毛布只有粗布而没有细布，现在的粗毛布衣也有用这种羊毛为原料的。徐州、淮河以北的州郡，都大量畜养这种蓑衣羊。南方则只有湖州饲养绵羊，一年可以剪三次毛。（夏天羊毛稀少，不长新毛。）每只羊一年剪的毛能织三双绒袜。能产羊羔的一对公母羊交配可以产下两只小羊，因此一户北方人

故北方家畜绵羊百只，则岁入计百金云。

家养一百只绵羊，一年就能收入百两银子。

难点精讲

① 褐：粗布或粗布衣服。

② 希革：鸟兽毛羽稀少。希，陶本作“稀”。

③ 牝牡（pìn mǔ）：这里指母羊和公羊。

原文

一种矞艻[4]羊（番语），唐末始自西域传来，外毛不甚蓑长，内毳细软，取织绒褐，秦人名曰山羊，以别于绵羊。此种先自西域传入临洮，今兰州独盛，故褐之细者，皆出兰州。一曰兰绒，番语谓之孤古绒，从其初号也。山羊毳绒，亦分两等，一曰搊绒，用梳栉搊[5]下，打线织帛，曰褐子、把子诸名色。一曰拔绒，乃毳毛精细者，以两指甲逐茎挦[6]下，打线织绒褐。此褐织成，揩面如丝帛滑腻。每人穷日之

译文

还有一种叫矞艻羊（少数民族语言），唐末才开始从西域传入，外毛披散得不是很长，而内毛又细又软，可以用来织绒毛布，陕西人称其作“山羊”，用来与绵羊区别。这一品种先从西域传入临洮，现在只有兰州养得多，因此毛布中的细毛布都出自兰州，又名“兰绒”，少数民族称其为“孤古绒”，是根据早期的叫法。山羊的细毛绒也分为两等，一种是“梳绒”，用梳子从羊身上梳下羊毛，然后打线织成毛布，有“褐子”“把子”等名字。一种叫“拔绒”，是精细的细羊毛，需要用两指指甲逐根从羊身上拔下来，打成线，织成绒布。这种绒布织成后，其表面摸起来就像丝帛一样顺滑。每

力打线，只得一钱[⑦]重，费半载工夫，方成匹帛之料。若搊绒打线，日多拔绒数倍。凡打褐绒线，冶[⑧]铅为锤，坠于绪端，两手宛转搓成。

人用一天的工夫拔的羊毛，只能打出一钱重的线，要花半年的工夫才能获得织一匹绒布所需的毛料。如果是梳绒打线，每天产量是拔绒的数倍。制作毛布用的绒线，要做一个铅锤，坠在线头上，然后两手转动，搓成绒线。

难点精讲

④ 莤艻（yù tiáo）：据潘吉星注，当为“莤艻（lè）”，见《本草纲目》卷五十。

⑤ 梳栉（shū zhì）：比喻梳理、整理。搊（chōu）：梳，用手或梳齿等划过。

⑥ 挦（xián）：拔。

⑦ 钱：明代以十钱为一两。

⑧ 冶：熔炼金属。

原文

凡织绒褐机，大于布机，用综八扇，穿经度缕，下施四踏轮，踏起经，隔二抛纬，故织出文成斜现。其梭长一尺二寸。机织、羊种，皆彼时归夷[⑨]传来（名姓再详），故至今织工，皆其族类，中国无与也。凡绵羊剪毳，粗者为毡，细者为绒。毡皆煎烧沸汤，投于其中搓洗，俟

译文

织绒毛布的织机比一般织布机要大，用八扇综，让经线穿过，下面配置四个踏轮，每隔两根经线过一次纬线，因此织出来的布自然呈现出斜纹。梭子长一尺二寸。这种织机和羊种，都是当时从归附中原的少数民族人民那里传来的（姓名待考），因此至今的织工，都还是他们的族人，中原人不会织。绵羊剪下来的毛，粗的做毛毡，细的做毛绒。制作毛毡时，把水烧开，把羊毛投进去搓洗，等到其

其粘合，以木板定物式，铺绒其上，运轴赶成。凡毡绒白黑为本色，其余皆染色。其氍俞、氆鲁[⑩]等名称，皆华夷各方语所命。若最粗而为毯者，则驽马[⑪]诸料杂错而成，非专取料于羊也。

相互粘在一起后，将其铺在一定大小的木板上，用转轴擀压而成。毡绒以白色和黑色为本色，其余都是染色的。各地方言不同，有“氍毹”“氆氇”等名称。用于织毛毯的最粗的毛料，则是掺杂了劣马的毛等材料，并不是只有羊毛了。

难点精讲

⑨ 归夷：归附的少数民族。

⑩ 氍俞：即氍毹（qú shū），毛织的地毯。氆鲁：即氆氇（pǔ lu），一种羊毛织品。

⑪ 驽（nú）马：资质较差的劣马。

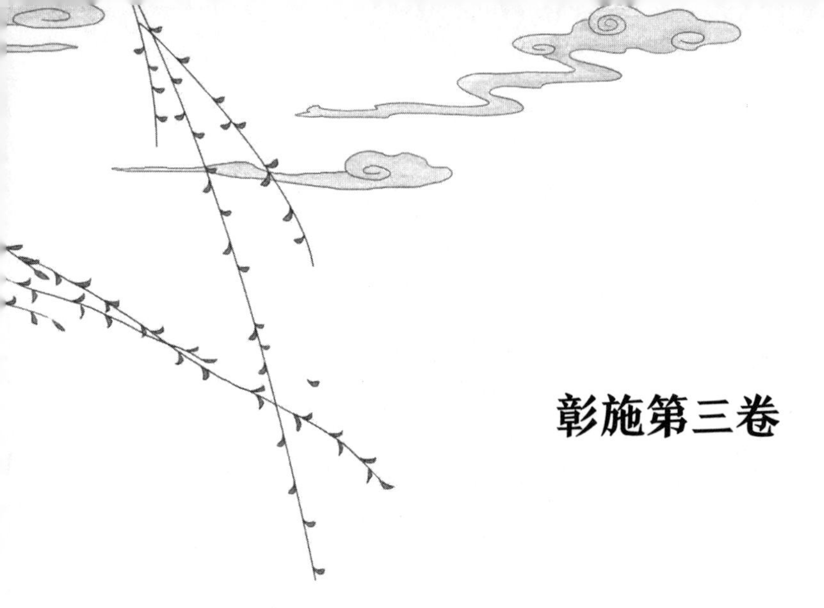

彰施第三卷

一、宋子曰

原文

霄汉之间，云霞异色；阎浮[1]之内，花叶殊形。天垂象而圣人则之[2]，以五采彰施于五色[3]，有虞氏[4]岂无所用其心哉？飞禽众而凤则丹，走兽盈而麟则碧。夫林林青衣[5]，望阙[6]而拜黄朱也，其义亦犹是矣。老子曰：“甘受和，白受采。”[7]世间丝、麻、裘、褐，皆具[8]素质，而使殊颜异色得以尚焉。谓造物不劳心者，吾不信也。

译文

宋子说：天上的云霞色彩万千，人间的花叶形态各异。自然呈现出各种景象，圣人以此为标准，用染料将衣服染成五色，虞舜难道不是有意这样做的吗？飞禽那么多，只有凤凰是丹红色的，走兽那么多，只有麒麟是青碧色的。芸芸众生身着青黑衣，遥望皇宫而朝拜身着黄、红色服饰的达官贵人，道理也是一样的。老子说：“甜味可以调和众味，白色可以染成各色。”世间的丝、麻、皮、布都有素色的质地，从而得以染上各种颜色，受人喜爱。我相信这是大自然的用心安排。

难点精讲

① 阎浮：佛教的四大部洲之一，这里泛指人间世界。

② “天垂象”句：典出《周易·系辞上》：“天垂象，见吉凶，圣人象之。河出图，洛出书，圣人则之。”垂，呈现。

③ “以五采”句：典出《尚书·益稷》：“以五采彰施于五色作服。”五彩指青、黄、赤、白、黑。中国古代五色概念又与五方、四季结合起来，朱雀的红色代表南方、夏天，玄武的黑色代表北方、冬季，青龙的青色代表东方、春季，白虎的白色代表西方、秋季。黄色则居于中央。

④ 有虞氏：上古部落名，居虞地（今属河南商丘），首领为舜。

⑤ 林林：形容密集。青衣：青色或黑色的衣服，多为地位低下者所服。

⑥ 阙：皇宫。

⑦ “老子曰”句：今本《道德经》无此句，见《礼记·礼器》，故潘吉星改作“君子曰”。

⑧ 具：杨本作“其”。

二、诸色质料

原文

大红色：其质红花[①]饼一味，用乌梅水煎出，又用碱水澄数次[②]，或稻稿灰代碱，功用亦同。澄得多次，色则鲜甚。染房讨便宜者，先染芦木[③]打脚。凡红花最忌沉、麝[④]，袍服与衣香共收，旬月之间其色即毁。凡红花染帛之后，

译文

染大红色：原料是红花饼，用乌梅水煎出，再用碱水澄清几次，或者用稻秆灰代替碱水，效果也是一样的。多次澄洗，色彩就更鲜艳了。染坊图方便，就先用栌木煎水打底。红花最怕沉香、麝香，若是将染了色的衣服与这些熏衣的香料收在一起，一个月的时间颜色就毁了。红花染布之后，如果想使之褪色，只需浸湿

若欲退转，但浸湿所染帛，以碱水、稻灰水滴上数十点，其红一毫收转，仍还原质。所收之水藏于绿豆粉内，放出染红，半滴不耗。染家以为秘诀，不以告人。**莲红、桃红色、银红、水红色**：以上质亦红花饼一味，浅深分两加减而成。是四色皆非黄茧丝所可为，必用白丝方现。**木红色**：用苏木[⑤]煎水，入明矾[⑥]、棓子[⑦]。**紫色**：苏木为地，青矾[⑧]尚之。**赭黄色**：制未详。**鹅黄色**：黄蘖[⑨]煎水染，靛[⑩]水盖上。**金黄色**：芦木煎水染，复用麻稿灰淋，碱水漂。**茶褐色**：莲子壳煎水染，复用青矾水盖。**大红官绿色**：槐花煎水染，蓝淀盖，浅深皆用明矾。**豆绿色**：黄蘖水染，靛水盖。今用小叶苋蓝煎水盖者，名草豆

布料，用碱水、稻灰水滴上数十滴，红色就全没了，仍还原为本来的颜色。洗下来的红水可以倒进绿豆粉中收藏，再取出来染红，一点也不会损失。染坊把这视为不可告人的秘方。**染莲红、桃红色、银红、水红色**：染以上几种颜色的原料也是红花饼，颜色的深浅视染料的用量而定。这四种颜色都不能用黄茧丝来染，必须用白丝才能染出来。**染木红色**：用苏木煎水，加入明矾、棓子。**染紫色**：用苏木水打底，再用青矾水媒染。**染赭黄色**：制作工艺不详。**染鹅黄色**：用黄蘗煎水染色，再用靛水套染。**染金黄色**：用栌木煎水染色，再用麻秆灰浇，用碱水漂洗。**染茶褐色**：用莲子壳煎水染色，再用青矾水媒染。**染大红官绿色**：用槐花煎水染色，再用蓝靛套染，无论深浅都要加明矾。**染豆绿色**：用黄蘗水染色，再用靛水套染。现在会用小叶苋蓝煎水套染，称为“草豆绿”，色彩非常鲜艳。**染油绿色**：用槐花水薄染，再用青矾水媒染。**染天青色**：放入靛缸中染成浅蓝色，再用

绿，色甚鲜。**油绿色**：槐花薄染，青矾盖。**天青色**：入靛缸[11]浅染，苏木水盖。**蒲萄青色**：入靛缸深染，苏木水深盖。**蛋青色**：黄蘗水染，然后入靛缸。**翠蓝、天蓝**：二色俱靛水分深浅。**玄色**：靛水染深青，芦木、杨梅皮[12]等分煎水盖。又一法，将蓝芽叶水浸，然后下青矾、棓子同浸，令布帛易朽。**月白、草白二色**：俱靛水微染。今法用苋蓝煎水，半生半熟染。**象牙色**：芦木煎水薄染，或用黄土。**藕褐色**：苏木水薄染，入莲子壳，青矾水薄盖。**附染包头青色**：此黑不出蓝靛，用栗壳或莲子壳煎煮一日，漉[13]起，然后入铁砂、皂矾锅内，再煮一宵，即成深黑色。**附染毛青布色法**：布青初尚芜湖，千百年矣。

苏木水套染。**葡萄青色**：放入靛缸中染成深蓝色，再用苏木水套染。**染蛋青色**：用黄檗水染色，然后放入靛缸中染。**染翠蓝、天蓝色**：两种颜色都用蓝靛水染成，深浅有别。**染玄色**：用靛水染成深青色，再用栌木、杨梅皮等煎水套染。还有一种方法是用蓝芽叶水浸染，然后加入青矾、棓子一起浸染，但这种方法容易使布料朽烂。**染月白、草白两种颜色**：都用靛水稍微染一下。现在的方法是用苋蓝煎水，煮到半生半熟时染。**染象牙色**：用栌木煎水微染，或者用黄土染。**染藕褐色**：用苏木水微染，加入莲子壳，再用青矾水稍微套染一下。**附染包头巾用的青色**：这种黑色不是用蓝靛染成，而是用栗壳或莲子壳煎煮一日，过滤之后，放到盛有铁砂、皂矾的锅中，再煮一夜，就能染成深黑色。**附染毛青布色法**：布青色最初在芜湖盛行，已经有千百年了。因为它经过浆碾的工序后会发出青光，所以边远地方和外国的人都珍视它。但时间长了会生厌，这是人之常情。毛青色是

以其浆碾成青光，边方外国皆贵重之。人情久则生厌。毛青乃出近代，其法取淞江美布染成深青，不复浆碾，吹干，用胶水参豆浆水一过[14]。先蓄好靛，名曰标缸。入内薄染即起，红焰之色隐然。此布一时重用。

近些年才有的，染制方法是取淞江的上好布料染成深青色，不经过浆碾，吹干后用胶水掺上豆浆水过一下。在染缸里先准备好蓝靛，称为“标缸”。把布放进去微染一下就取出，隐约可见红光。这种布料一度非常受欢迎。

难点精讲

① 红花：菊科红花属植物，可入药，亦可作染料。

② 据杨维增说，这里的顺序有误。因为红花所含红色素为红花甙，溶于碱而不溶于酸，因此需先用碱水浸提，然后加酸性的乌梅水澄洗，使其中和析出，得到红色染料。此外，红花甙溶于热水，因此也不能用乌梅水“煎”。

③ 芦木：据潘吉星、杨维增注，当作“栌木”，漆树科黄栌属落叶灌木，根、茎、叶皆可入药，木可作黄色染料。

④ 沉、麝：沉香与麝香。沉香，含有树脂的木材，为瑞香科沉香属植物。麝香，麝科麝属动物林麝、马麝或原麝等的雄体腹下香腺和香囊中的干燥分泌物。

⑤ 苏木：豆科云实属木本植物，可入药，亦可作染料。

⑥ 明矾：又称白矾，即十二水硫酸铝钾［$KAl(SO_4)_2 \cdot 12H_2O$］，可作为染色时的媒染剂。

⑦ 棓（bèi）子：即五倍子，为同翅目蚜虫科的角倍蚜或倍蛋蚜雌虫寄生于漆树科植物盐肤木的嫩叶或叶柄而生成的囊状虫瘿，经烘焙干燥后所得，可入药，也可作为媒染剂。

⑧ 青矾：又称绿矾、皂矾，即七水硫酸亚铁（$FeSO_4 \cdot 7H_2O$），蓝绿色，可与苏木的红色混合为紫色，亦可作为媒染剂。

⑨ 黄蘗（niè）：当为“黄檗（bò）”，芸香科黄檗属落叶乔木，树皮可入药，亦可作染料。

⑩ 靛（diàn）：蓝色染料。

⑪ 靛缸：用靛青染布的染缸。

⑫ 杨梅皮：可以起固色和配色的作用。

⑬ 漉：过滤。

⑭ 用胶水参豆浆水一过：据杨维增说，目的是降低纤维与蓝靛之间的亲和力，而起到缓染的作用。

三、蓝淀

原文

凡蓝五种，皆可为淀[1]。茶蓝即菘蓝[2]，插根活；蓼蓝[3]、马蓝[4]、吴蓝[5]等皆撒子生。近又出蓼蓝小叶者，俗名苋蓝，种更佳。凡种茶蓝法，冬月割获，将叶片片削下，入窖造淀。其身斩去上下，近根留数寸。薰干，埋藏土内。春月烧净山土，使极肥松，然后用锥锄（其锄勾末向身，长八寸许）刺土打斜眼，插入于内，自然活根生叶。其余蓝，皆收子撒种畦

译文

蓝有五种，都可以用于制作蓝靛。茶蓝就是菘蓝，只要插下根就能活；蓼蓝、马蓝、吴蓝等都用播撒种子种植。最近又出现一种小叶蓼蓝，俗称“苋蓝”，品种更好。种茶蓝要在立冬之月（农历十月）收割，将叶子一片片削下，放入窖中制作蓝靛。收割后的枝干都要砍去，只留靠近根部的几寸茎，将其熏干，埋入土中收藏。到春天时，烧净山上的杂草，让土壤肥沃、疏松，然后用锥锄（锄头钩尖向内弯，有八寸多长）插入土中，打成斜向的空洞，把保存的茶蓝茎段插进去，自然就能生根长叶。其余的

圃中。暮春生苗，六月采实，七月刈身造淀。

蓝草，都是收子为种，撒在畦圃中。春末时出苗，六月采收果实，七月收割，就可以制作蓝靛了。

难点精讲

① 淀：蓝靛，蓝色植物染料。据杨维增，蓝靛是从植物提取靛甙，经发酵、水解得到游离的吲哚酚，再经空气氧化缩合而成。

② 菘（sōng）蓝：十字花科菘蓝属草本植物，其根、叶可入药，叶亦可作染料。

③ 蓼蓝：蓼科蓼属草本植物，叶可入药，亦可作染料。

④ 马蓝：即板蓝，爵床科板蓝属草本植物，其根、叶可入药，叶亦可作染料。

⑤ 吴蓝：豆科木蓝属植物，叶可入药，亦可作染料。

原文

凡造淀，叶与茎多者入窖，少者入桶与缸。水浸七日，其汁自来。每水浆一石下石灰五升，搅冲数十下，淀信即结。水性定时，淀澄[⑥]于底。近来出产，闽人种山皆茶蓝，其数倍于诸蓝。山中结箬篓[⑦]，输入舟航。其掠出浮沫晒干者曰靛花。凡靛入缸，必用稻灰水先和，每日手执竹棍搅动[⑧]，不可计数，其最佳者曰标缸。

译文

造蓝靛时，如果叶与茎比较多，就放入地窖，如果较少就放入桶与缸中。用水泡七天，汁液自然流出。每一石浆汁放入五升石灰，经过几十下搅拌，蓝靛就会凝结。静放一段时间，蓝靛会沉淀在底部。近来出产的蓝靛，多是用福建人在山上种的茶蓝，产量是其他蓝草的几倍。他们在山上将蓝草放入竹篓，再用船运出来。制作蓝靛时，把水面的浮沫撇出晒干，称为“靛花”。蓝靛放入缸中，一定要先用稻灰水和匀，每天要手持竹棍多次搅动，质量最好的称为“标缸”。

难点精讲

⑥ 澄：陶本作“沉”，当据改。

⑦ 箬篓（ruò lǒu）：用箬竹编的篓。

⑧ 搅动：据杨维增，天然靛蓝中杂有少量靛红，搅拌可以防止局部过热，以减少靛红的生成量，以免蓝中带红。同时，搅拌可保证靛白不断与空气接触而氧化缩合成靛蓝。

四、红花

原文

红花场圃撒子种，二月初下种。若太早种者，苗高尺许即生虫[①]如黑蚁，食根立毙。凡种地肥者，苗高二三尺。每路打橛[②]，缚绳横阑，以备狂风拗折。若瘦地尺五以下者，不必为之。红花入夏即放绽，花下作梂汇[③]多刺，花出梂上。采花者必侵晨[④]带露摘取。若日高露旰[⑤]，其花即已结闭成实，不可采矣。其朝阴雨无露，放花较少，旰摘无防，以无日色故也。红花逐日放绽，经月乃尽。

译文

红花在园圃中播种种植，二月初下种。如果种得太早，苗长到一尺多就要生虫，是像黑蚂蚁那样的虫子，被它啃食了根部，苗立刻就会死掉。土地要是够肥沃，苗能长到两三尺高。此时每行都要打下小木桩，在苗与苗之间横向绑上绳子拦起来，以防被狂风刮断。如果土地不够肥沃，苗不到一尺五高，就不必这么做了。红花一入夏就会绽放，花长在聚集的总苞上，苞片有很多刺。采花人一定要在凌晨有露水时摘取。如果太阳升高、露水晒干，花就闭合起来，无法采摘了。如果赶上早晨阴雨，没有露水，花开得较少，晚一点摘也无妨，

入药用者，不必制饼。若入染家用者，必以法成饼然后用，则黄汁净尽，而真红乃现也。其子煎压出油，或以银箔贴扇面，用此油一刷，火上照干，立成金色。

因为没有被太阳晒到。红花逐日绽放，经过一个月才结束。如果用于入药，就不必制成红花饼。如果用作染料，则必须按一定方法做成红花饼才能用，这样黄汁去尽，真正的红色才会显现出来。红花的种子可以煎压出油，有人把银箔贴在扇面上，用这油一刷，放在火上烤干，立刻就能呈现出金色。

难点精讲

① 虫：杨维增认为是红花蚜虫，头黑色，体褐色，有翅，雄蚜背部有黑色斑纹。
② 橛（jué）：小木桩。
③ 梂（qiú）汇：据杨维增，指头状花序的苞片聚集的总苞（变态叶）。
④ 侵晨：天快亮的时候。
⑤ 旰（gàn）：晚。

五、造红花饼法

原文

带露摘红花，捣熟，以水淘，布袋绞去黄汁[①]。又捣，以酸粟或米泔[②]清，又淘，又绞袋去汁。以青蒿[③]覆一宿，捏成薄饼，阴干收贮。染家得法，我朱

译文

把带着露水采摘的红花捣烂，放入布袋中用水淘洗，拧去黄色汁液。再捣，然后放入发酸的淘米水，再次淘洗，再拧袋去除汁液。将青蒿铺在上面盖一夜，捏成薄饼，晾干收藏起来。染法得当，就能染出鲜红色，也

孔扬[4]，所谓猩红也。（染纸吉礼用，亦必用制饼，不然全无色。）

就是所谓的猩红色。（染贺礼用的红纸，也必须用红花饼，不然就无法染出。）

难点精讲

① 绞去黄汁：红花中的黄色素可溶于水或酸性溶液，红色素则溶于碱性溶液，故可以利用这种性质去除黄色素。

② 泔：淘米水。淘米水有酸性，可溶解红花中的黄色素。

③ 青蒿：菊科蒿属草本植物，可入药。

④ 我朱孔扬：典出《诗经·豳风·七月》："我朱孔阳，为公子裳。"意为我用鲜红的染料，为公子做衣裳。孔，很。阳，鲜艳。

六、附：燕脂

原文

燕脂[1]古造法以紫矿[2]染绵者为上，红花汁及山榴[3]花汁者次之。近济宁路[4]但取染残红花滓为之，值甚贱。其滓干者名曰紫粉，丹青家或收用，染家则糟粕弃也。

译文

古法制造燕脂，以染丝绵的紫矿做的为最佳，用红花汁或山榴花汁做的次一等。近年来济宁路只取染色剩下的红花渣滓制作，价格很便宜。干的红花渣滓称为"紫粉"，有的画家会收集起来使用，而染坊会将其视为废品而扔掉。

难点精讲

① 燕脂：又名胭脂，一种红色化妆品，亦可作为颜料。

② 紫矿：豆科紫矿属植物。树皮、花可作染料。潘吉星认为是寄生于该植物上的紫胶虫的分泌物。矿，陶本作"饼"。

③ 山榴：杜鹃花的别称。

④ 济宁路：治所在今山东省济宁市任城区。

七、槐花

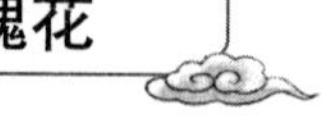

原文

凡槐树十余年后方生花实。花初试未开者曰槐蕊，绿衣所需，犹红花之成红也。取者张度与[1]稠[2]其下而承之。以水煮一沸，漉干捏成饼，入染家用。既放之花，色渐入黄，收用者以石灰少许，晒拌而藏之。

译文

槐树要长十几年才开花结果。未绽放的花苞称为“槐蕊”，染绿色衣服需要它，就像染红色需要红花一样。采槐花时用竹筐密布在树下接着。用水将花煮沸，滤干捏成饼，就可以作染料用了。已经开了的槐花，颜色逐渐变黄，摘来用的话需要混入少许石灰，搅拌晒干后收存。

难点精讲

① 与：菅本、陶本作“簍”，当据改。簍（yú），圆竹筐。

② 稠：密。

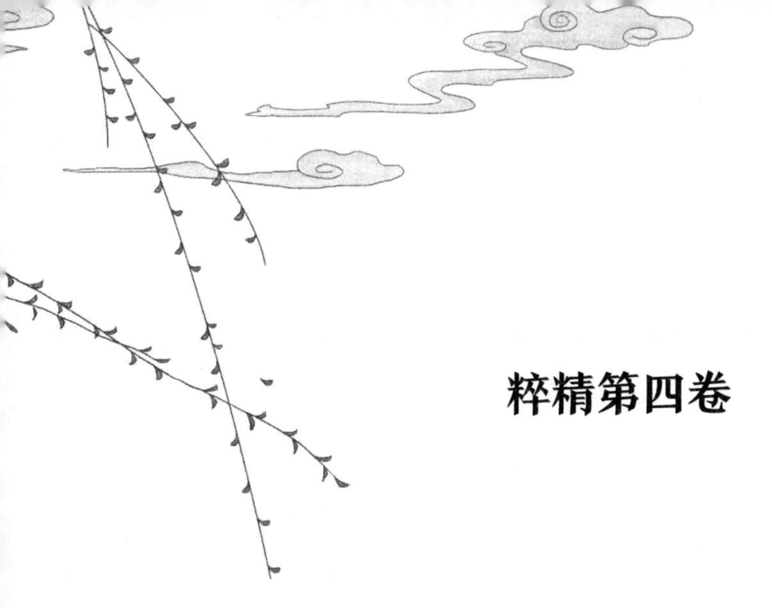

粹精第四卷

一、宋子曰

原文

天生五谷以育民，美在其中，有黄裳之意①焉。稻以糠为甲，麦以麸为衣，粟、粱、黍、稷毛羽隐然。播②精而择粹，其道宁终秘也。饮食而知味者，食不厌精③。杵臼④之利，万民以济，盖取诸小过⑤。为此者岂非人貌而天⑥者哉？

译文

宋子说：天生五谷养育百姓，谷粒包于黄色谷壳中，有黄裳一样的吉祥之意。稻谷包在糠秕里，麦粒包在麸子里，粟、粱、黍、稷的子实也包在毛羽之间。要簸扬掉糠麸，而择取精粹食用，这个道理终究被人发现了。讲究饮食味道的人，食不厌精。杵臼的使用，造福万民，大概是受到了“小过”卦的启示。发明这些技术的人，难道不是从天上降临的吗？

难点精讲

① 黄裳之意：典出《周易·坤卦》：“六五：黄裳，元吉。”周人以黄色衣裳为吉祥之物。

② 播：通“簸”，摇动，簸扬。

③ 食不厌精：典出《论语·乡党》：“食不厌精，脍不厌细。”意为粮食舂得越精越好，肉切得越细越好。

④ 杵臼：舂捣粮食的工具。

⑤ 小过：典出《周易·系辞下》："断木为杵，掘地为臼，杵臼之利，万民以济，盖取诸小过。"小过为《周易》第六十二卦，下艮上震，或谓此象上动下静，类似杵在上动而臼在下静。

⑥ 人貌而天：典出《庄子·田子方》："其为人也真，人貌而天，虚缘而葆真，清而容物。"这里只是袭用词句而已。

二、攻稻

原文

凡稻刈获之后，离稿取粒。束稿于手，而击取者半，聚稿于场[1]，而曳牛滚石以取者半。凡束手而击者，受击之物，或用木桶，或用石板。收获之时，雨多霁少，田稻交湿，不可登场者，以木桶就田击取。晴霁稻干，则用石板甚便也。凡服[2]牛曳石，滚压场中，视人手击取者力省三倍。但作种之谷，恐磨去壳尖，减削生机。故南方多种之家，场禾多借牛力，而来年作种者，则宁向石板击取也。凡稻最

译文

水稻割下之后，要脱去稻秆、获取稻粒。一部分人手持一束稻秆，用摔打的方式脱粒，另一部分人把稻秆聚集在晒场中，用牛拉着石碾滚压来脱粒。手工脱粒的话，或者在木桶上摔打，或者在石板上摔打。收获时如果雨天多而晴天少，田与稻都很湿，不能在晒场上脱粒，就把木桶放在田里，用在木桶上摔打的方式脱粒。如果是晴天，稻谷干燥，那么用石板脱粒更方便。用牛拉着石碾在晒场中滚压，比用人手摔打要省三倍力气。但是用作种子的稻谷，如果磨去壳尖，就有可能会减弱生命力。因此南方种稻多的人家，在晒场上脱粒多借助牛的力量，而留着来年作种子的，则宁

图 26　湿稻田里击稻

图 27　稻场上击稻

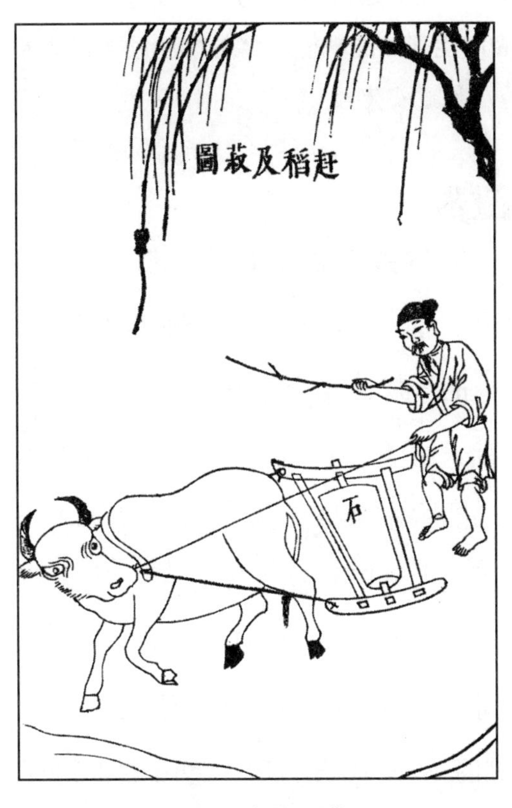

图 28　赶稻及菽

图 29　木砻

佳者，九穰一秕[3]。倘风雨不时，耘耔失节，则六穰四秕者容有之。凡去秕，南方尽用风车[4]扇去；北方稻少，用扬法，即以扬麦、黍者扬稻，盖不若风车之便也。

可用在石板上摔打的方式脱粒。最好的稻谷，十有九成颗粒饱满。假如风不调、雨不顺，壅根、拔草不及时，六成饱满、四成不满也是有的。扬去秕谷时，南方都用风车扇；北方种稻较少，就将谷物向上抛起，借风力去除秕谷，和扬麦、扬黍一样，总不如用风车方便。

难点精讲

① 场：农家翻晒粮食及脱粒的地方。

② 服：用。

③ 穰（ráng）：饱满的稻粒。秕（bǐ）：中空或不饱满的谷粒。

④ 风车：一种通过手摇曲柄，在风道中产生气流的机械。将谷物通过斗阀倒入风道，谷粒较重者落下，糠秕等较轻，会随风吹出。

原文

凡稻去壳用砻[5]，去膜用舂、用碾。然水碓[6]主舂，则兼并砻功。燥干之谷入碾，亦省砻也。凡砻有二种：一用木为之，截木尺许（质多用松），斫[7]合成大磨形，两扇皆凿纵斜齿，下合植笋[8]，穿贯上合，空中受谷。木砻攻米

译文

稻谷去壳要用砻，去糠皮用舂、用碾。但用水碓舂，也兼有砻的功用。把干燥的稻谷放入碾中加工，也可省去用砻。砻有两种：一种是木制的，把原木截成一尺多长（多用松木），加工成大磨的形状，两扇都凿出纵斜齿，下扇用榫与上扇贯穿接合，上扇中间是空的，用来装谷子进去。用木砻加工两千余石的米，砻就磨损得无

二千余石，其身乃尽。凡木砻，谷不甚燥者入砻亦不碎，故入贡军国，漕储千万，皆出此中也。一土砻，析竹匡围成圈，实洁净黄土于内，上下两面，各嵌竹齿。上合篘[9]空受谷，其量倍于木砻。谷稍滋湿者入其中即碎断。土砻攻米二百石，其身乃朽。凡木砻必用健夫，土砻即孱妇弱子可胜其任。庶民饔飧，皆出此中也。

法使用了。不太干燥的谷子放入木砻，加工后也不会磨碎，因此那些上缴的军粮、官粮，或者通过漕运运走，或者存储起来，数以千万计，都用木砻加工。另一种是土砻，把竹子剖开，编成圆筐，在里面填上洁净的黄土，上下两扇分别镶嵌竹齿。上扇装有漏斗，用以放入谷子，装谷量是木砻的两倍。稍湿一点的谷子放入其中，就会磨碎。用土砻加工两百余石的米，砻就磨损得无法使用了。木砻必须是健壮的男人才能操作，土砻则力弱的妇女儿童都可操作。百姓的粮食，都是这么加工的。

难点精讲

⑤ 砻（lóng）：去掉稻壳的农具，形状略像磨。

⑥ 水碓（duì）：利用水流的力量使杵起落，以自动舂米的农具。

⑦ 斫（zhuó）：用刀斧等砍，这里指加工。

⑧ 笋：同“榫”，用凹凸相入的方式接合两件材料。

⑨ 篘（chōu）：用竹编成的过滤器具。

原文

凡既砻，则风扇以去糠秕，倾入筛中团转。谷未剖破者浮出筛面，重复

译文

用砻磨去谷壳后，用风车吹去糠秕，再倒入筛中团团筛过。没有破壳的稻谷浮出筛面，将其再倒入砻

入砻。凡筛大者围五尺，小者半之。大者其中心偃隆而起，健夫利用。小者弦高二寸，其中平窐[⑩]，妇子所需也。凡稻米既筛之后，入臼而舂。臼亦两种。八口以上之家，堀地藏石臼其上。臼量大者容五斗，小者半之。横木穿插碓头（碓嘴冶铁为之，用醋滓[⑪]合上），足踏其末而舂之。不及则粗，太过则粉。精粮从此出焉。晨炊无多者，断木为手杵，其臼或木或石，以受舂也。既舂以后，皮膜成粉，名曰细糠，以供犬豕之豢[⑫]。荒歉之岁，人亦可食也。细糠随风扇播扬分去，则膜尘净尽而粹精见矣。

中。大号的筛子周长五尺，小号二尺半。大号的中心隆起，是健壮的男人用的。小号的边高两寸，中间凹下，是妇女儿童使用的。稻米筛过之后，放入臼中舂。臼也有两种。八口以上之家，在地上挖坑，埋入石臼。大的臼容量可达五斗，小的容量只有一半。拿一根横木，前端插入碓头（碓嘴用冶铁制成，用醋渣粘上去），脚踏横木的末端，控制碓头翘起与落下，舂打谷米。舂得不够米就粗，太过就舂成粉了。精粮就是这样制成的。做饭不多的人家，把木头截断制成手杵，用木头或石头做臼来舂打。舂过以后的稻谷皮膜都化成粉，称为“细糠”，可用作猪狗的饲料。赶上荒年，人也可以吃。细糠随风车吹扬而去，皮膜、尘土都吹干净了，剩下的就是精粮了。

难点精讲

⑩ 窐（wā）：低洼，低陷。

⑪ 醋滓：醋渣本身具有黏性。同时，醋酸可以与铁碓头表面发生化学反应，生成醋酸铁，水解缩聚成胶状氢氧化铁，使黏结更牢。

⑫ 豢：饲养牲畜。

图 30　土砻

图 31　风扇车

图 32　踏碓、杵臼

原文

凡水碓，山国之人居河滨者之所为也。攻稻之法，省人力十倍，人乐为之。引水成功，即筒车灌田同一制度也。设臼多寡不一。值流水少而地窄者，或两三臼；流水洪而地室宽者，即并列十臼无忧也。江南信郡⑬水碓之法巧绝。盖水碓所愁者，埋臼之地卑则洪潦为患，高则承流不及。信郡造法，即以一舟为地，橛⑭椿⑮维之。筑土舟中，陷臼于其上。中流微堰石梁，而碓已造成，不烦椓木⑯壅坡之力也。

译文

水碓是山区里住在河边的人们使用的工具。用来加工稻谷，能省十倍人力，所以人们喜欢使用。引水带动水碓的原理和用筒车灌田一样。水碓上安置的臼的数量没有一定之规。赶上水流小，空间狭窄，就用两三个臼；要是水流大，空间宽敞，就是并列十个臼也没问题。上饶一带使用的水碓最为巧妙。用水碓最怕地势不好，臼埋得低了，就怕被洪水淹了，埋得高了又怕水流冲不到。上饶一带的做法是用一条船当作土地，打桩将船固定好。在船上填土，把臼埋在上面。要是在水流中间用石头筑起围堰，那就不用打桩围堤了。

难点精讲

⑬ 信郡：广信府，在今江西省上饶市一带。

⑭ 橛：小木桩。

⑮ 椿：楝科香椿属乔木，叶有特殊气味，嫩芽可食用，木材通直，是造船、建筑材料，种子可榨油，根、皮、果可入药。

⑯ 椓木：打桩。

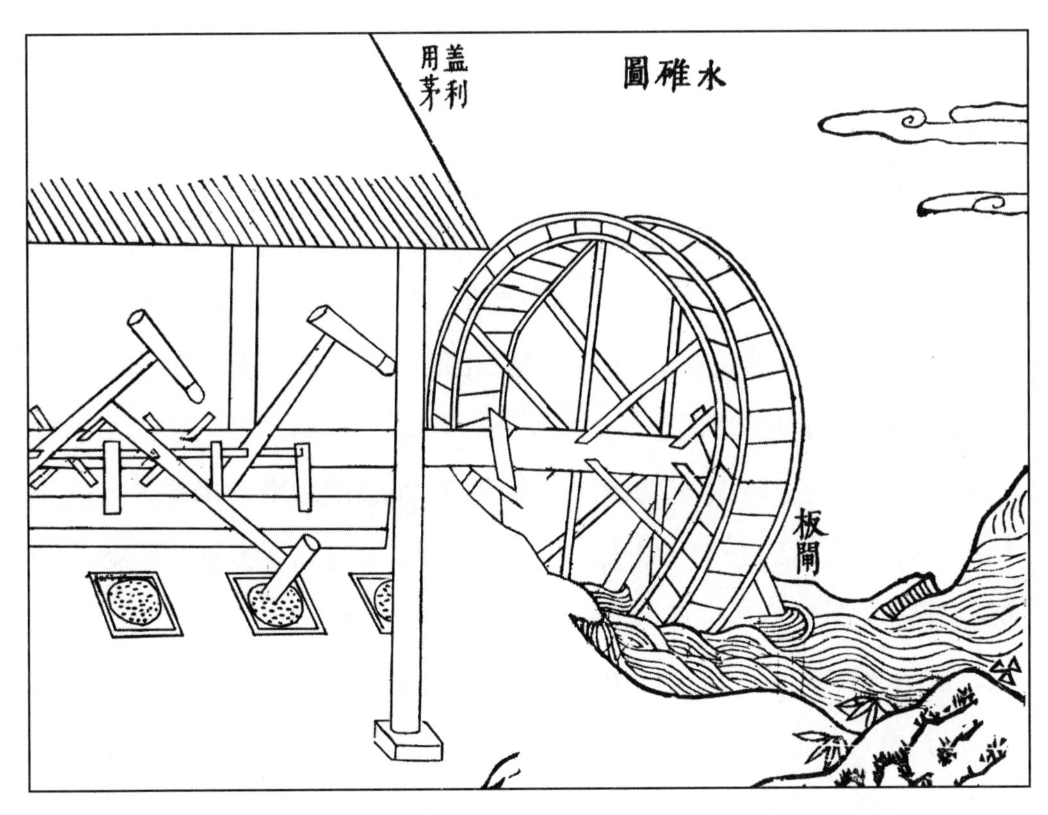

图 33　水碓

图 34　牛碾

原文

又有一举而三用者，激水转轮头，一节转磨成面，二节运碓成米，三节引水灌于稻田，此心计无遗者之所为也。凡河滨水碓之国，有老死不见砻者，去糠去膜皆以臼相终始，惟风筛之法则无不同也。凡硙[17]砌石为之，承藉[18]、转轮皆用石。牛犊、马驹惟人所使，盖一牛之力，日可得五人。但入其中者，必极燥之谷，稍润则碎断也。

译文

还有的水碓能一举三用，水流激荡转动水轮，第一节转磨成面，第二节带动水碓舂米，第三节引水灌溉稻田，这是心思缜密的人想出来的办法。住在河边用水碓舂米的人，甚至一辈子都没见过砻，去糠去膜都用臼就行了，只有用风车和过筛的做法没有什么不同。石磨都是用石砌成的，磨盘和转轮也都用石制成。用牛还是用马拉磨，就凭人决定了，一头牛的力气，一天可以抵得上五个人。但是放进去的必须是非常干燥的稻谷，稍微潮湿一点的就会被磨碎。

难点精讲

⑰ 硙（wèi）：石碾。

⑱ 承藉：这里指碾槽盘。

三、攻麦

原文

凡小麦其质为面。盖精之至者，稻中再舂之米；粹之至者，麦中重罗[1]之面也。小麦收获时，束稿

译文

小麦是制作面粉的原料。舂过两次的米是最精的米，而重复筛过的面粉是最精的面粉。小麦收获时，手握着一束麦秆摔打脱粒，与摔打稻秆

击取，如击稻法。其去秕法，北土用扬，盖风扇流传未遍率土也。凡扬不在宇下，必待风至而后为之。风不至，雨不收，皆不可为也。凡小麦既扬之后，以水淘洗尘垢净尽，又复晒干，然后入磨。凡小麦有紫、黄二种，紫胜于黄。凡佳者每石得面一百二十斤，劣者损三分之一也。

脱粒的方法相同。因为风车没有遍布全国各地，所以北方用扬场的方法去除麦秕。不能在屋檐下扬麦子，而且一定要等有风吹来时才可以扬。风不吹、雨不停，都不能扬麦子。小麦经过扬场之后，用水把尘垢都洗干净，再晒干，然后放入磨中加工。小麦有紫、黄两种，紫麦比黄麦好。上乘的小麦，每石可得面粉一百二十斤，差的就只有八十斤。

难点精讲

① 罗：过滤液体或筛细粉末用的器具，这里作动词，用罗筛东西。

原文

凡磨大小无定形，大者用肥犍[2]力牛曳转。其牛曳磨时用桐壳掩眸，不然则眩晕。其腹系桶以盛遗，不然则秽也。次者用驴磨，斤两稍轻。又次小磨，则止用人推挨者。凡力牛一日攻麦二石，驴半之。人则强者攻三斗，弱者半

译文

磨的大小没有固定形制，大磨用健壮的阉牛牵拽转动。牛拉磨时要用桐壳遮住牛眼睛，不然牛会眩晕。在牛的腹部拴个桶装粪便，不然会把面粉弄脏。小一些的磨就用驴拉，稍微轻一些。再小一些的磨，只用人力推动。壮牛一天可以加工两石麦子，驴则减半。人的话，强壮者可以加工三斗，弱者又减半。如果用水磨，方法

之。若水磨之法，其详已载《攻稻》“水碓”中，制度相同，其便利又三倍于牛犊也。凡牛、马与水磨，皆悬袋磨上，上宽下窄，贮麦数斗于中，溜入磨眼，人力所挨则不必也。

已经详细记载在《攻稻》篇“水碓”一节了，结构是一样的，用水磨又是用牛的效率的三倍。牛、马拉的磨与水磨都要在磨上悬挂上宽下窄的布袋，里面装上几斗麦子，溜入磨眼，如果用人力推磨就不必了。

难点精讲

② 犍（jiān）：阉割过的公牛。

原文

凡磨石有两种，面品由石而分。江南少粹白上面者，以石怀[3]沙滓，相磨发烧，则其麸并破，故黑颣[4]参和面中，无从罗去也。江北石性冷腻，而产于池郡之九华山者美更甚。以此石制磨，石不发烧，其麸压至扁秕之极不破，则黑疵一毫不入，而面成至白也。凡江南磨，二十日即断齿，江北者经半载方断。南磨破麸得面百斤，

译文

磨石有两种，面粉的品质是由磨石来区别的。江南少有上等的细白面，是因为石料里混有沙子，摩擦时会发热，麦麸就会破碎，因此白面里容易混入黑色的小颗粒，无法筛去。江北的石料性冷而光滑细腻，产于池州九华山的最好。用这种石料制磨，就不容易发热，麸子就算压得很扁也不会破碎，一点黑色颗粒都不会混入，就能制成白面了。江南的磨，用二十日就会断齿，江北的磨用半年才会断。南方的磨会把麸子磨破混入面中，得面百斤时，北方的磨只能得

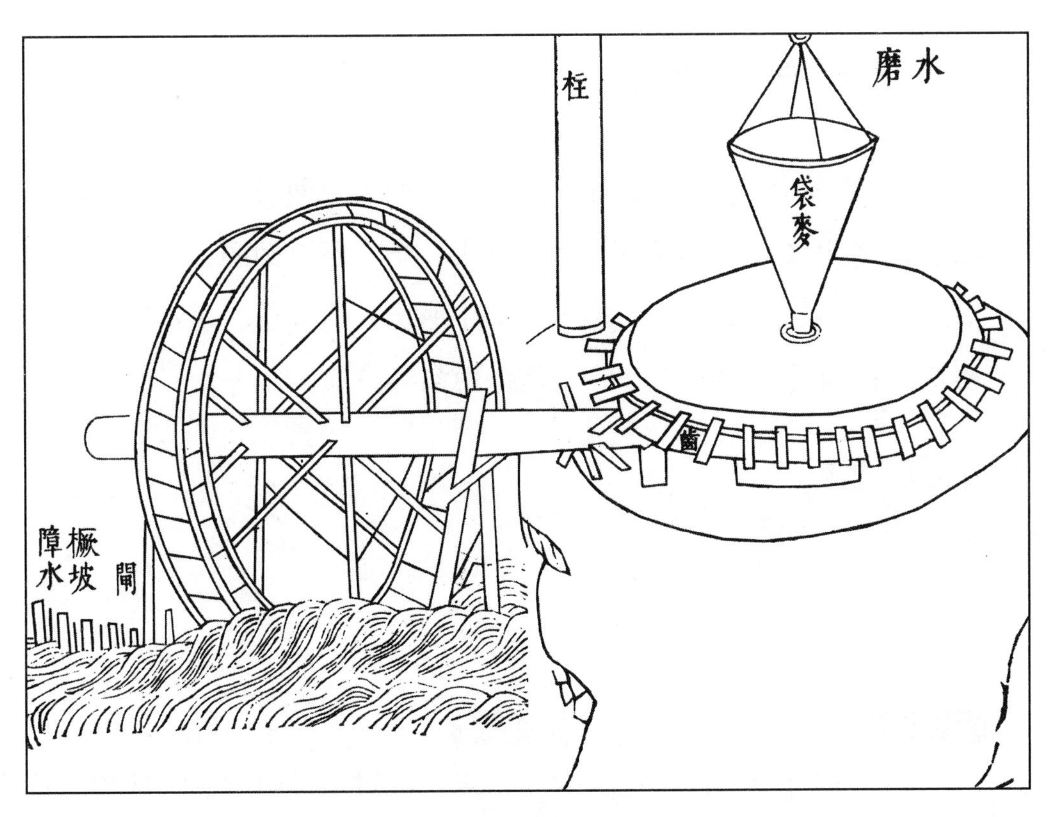

图 35　磨面水磨

图 36　面罗

北磨只得八十斤，故上面之值，增十之二，然面筋、小粉[5]皆从彼磨出，则衡数已足，得值更多焉。

八十斤，而上等面粉的价格也要增加百分之二十。不过面筋、小粉都要从这磨中磨出，所以总产量不低，而且能挣更多钱。

难点精讲

③ 怀：包容，包藏。

④ 麱（lèi）：颗粒，这里指碎麸皮。

⑤ 小粉：用小麦、葛根、番薯等制取的淀粉。

原文

凡麦经磨之后，几番入罗，勤者不厌重复。罗匡之底用丝织罗地绢为之。湖丝所织者，罗面千石不损[6]，若他方黄丝所为，经百石而已朽也。凡面既成后，寒天可经三月，春夏不出二十日则郁坏。为食适口，贵及时也。凡大麦则就舂去膜，炊饭而食，为粉者十无一焉。荞麦则微加舂杵去衣，然后或舂或磨以成粉而后食之。盖此类之视小麦，精粗贵贱，大径庭也。

译文

麦子磨过后，要用罗筛几次，勤劳的人不厌重复。罗筐用丝织的绢兜底。用湖州产的丝织成的绢制罗，筛过千石的面粉也不会损坏，如果是其他地方的黄丝，筛过百石就已经朽坏了。面粉磨成后，冬天可以存储三个月，春、夏天不出二十天就要闷坏。食物要想口感好，关键是及时食用。如果是大麦，舂去膜就可以烧饭食用，磨成面粉的不到十分之一。荞麦就用杵轻轻舂去外皮，然后或舂或磨，制成荞麦粉后食用。这些粮食和小麦比起来，质地精粗与价格贵贱大相径庭。

难点精讲

⑥ 捐：杨本、陶本作“损”，当据改。

四、攻黍、稷、粟、粱、麻、菽

原文

凡攻治小米，扬得其实，舂得其精，磨得其粹。风扬、车扇而外，簸法生焉。其法篾[1]织为圆盘，铺米其中，挤匀扬播。轻者居前，揲[2]弃地下；重者在后，嘉实存焉。凡小米舂、磨、扬、播制器，已详《稻》《麦》之中，唯小碾一制，在《稻》《麦》之外。北方攻小米者，家置石墩，中高边下，边沿不开槽。铺米墩上，妇子两人相向，接手而碾之。其碾石圆长如牛赶石，而两头插木柄。米堕边时，随手以小彗[3]扫上。家有此具，杵臼竟悬也。

译文

加工小米，用风扬法脱粒，然后舂成米，或磨成面。除了风扬和车扇，还有一种方法是用簸箕。用细竹片编成圆盘，把小米铺在里面，均匀扬簸。抖动簸箕，将小米抖向上方，落下时，轻的颠到簸箕的前部，弃置到地上；重的留在后面，都是米粒。加工小米用的舂、磨、扬、簸等工具，《攻稻》《攻麦》篇中都有详细介绍，只有小碾在《攻稻》《攻麦》篇中没有。北方加工小米时，在家里准备石墩，中间高四周低，边缘不开槽。把小米铺在石墩上，两个妇人面对面，相互交接石碾手柄碾压。碾石是圆长形的，就像牛拉的石碾，而两头插入木柄。小米掉到边上，就随手用小扫帚扫上去。家里有这种工具，杵臼都可以悬置不用了。

图 37　小碾

图 38　打枷

难点精讲

① 篾：劈成条的竹片。

② 揲（yè）：簸箕底部向前延伸的板。

③ 彗（huì）：扫帚。

原文

凡胡麻刈获，于烈日中晒干，束为小把，两手执把相击。麻粒绽落，承藉以簟[④]席也。凡麻筛与米筛，小者同形，而目密五倍。麻从目中落，叶残角屑，皆浮筛上而弃之。

译文

芝麻收获后，在烈日下晒干，捆成小把，两手各持一把，相互拍打。芝麻粒脱落，下面用竹席接着。芝麻筛与小号的米筛形状相似，而筛眼比米筛密五倍。芝麻粒从筛眼中落下，残叶、碎屑等都留在筛子上，弃置不要。

难点精讲

④ 簟（diàn）：竹席。

原文

凡豆菽刈获，少者用枷[⑤]，多而省力者仍铺场，烈日晒干，牛曳石赶而压落之。凡打豆枷，竹木竿为柄，其端锥圆眼，拴木一条，长三尺许。铺豆于场，执柄而击之。凡豆击之后，用风扇扬去荚叶，

译文

豆类收获时，量少就用枷打脱粒；量大的话，要省力还是铺在场上，等烈日将其晒干，用牛拉着石碾来脱粒。打豆的枷，用竹竿或木棍作手柄，在末端钻个圆孔，拴上一根长三尺左右的木棍。把豆荚铺在场上，手握枷柄，抡起木棍敲击。敲击之后，用风车扬去荚叶，再用筛子筛，豆粒

筛以继之，嘉实洒然[⑥]入廪矣。是故舂磨不及麻，硙碾不及菽也。

就可以收入仓库了。因此芝麻用不着舂和磨，豆类用不着碾。

难点精讲

⑤ 枷：一种农具，在木柄上另拴木棍，用以击打。

⑥ 洒然：畅快的样子。

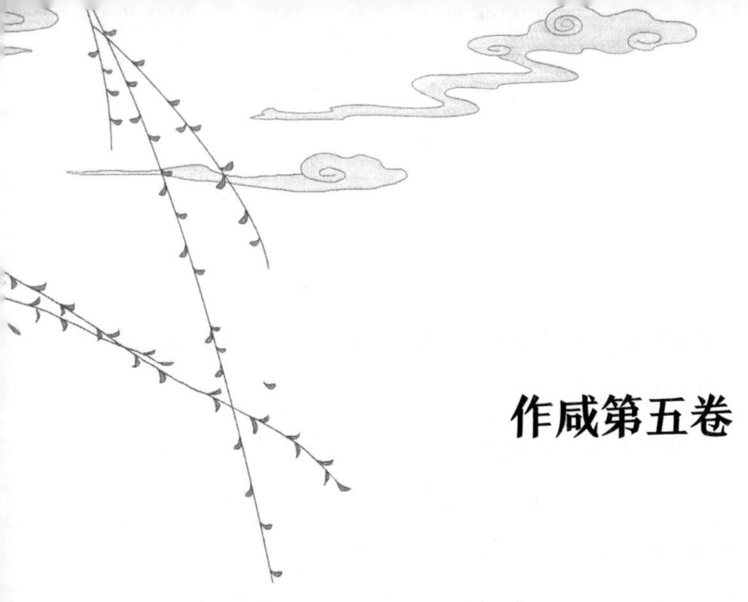

作咸第五卷

一、宋子曰

原文

天有五气①，是生五味②。润下作咸，王访箕子③而首闻其义焉。口之于味也，辛酸甘苦，经年绝一无恙。独食盐禁戒旬日，则缚鸡胜匹，倦怠恹然。岂非天一生水④，而此味为生人生气之源哉？四海之中，五服⑤而外，为蔬为谷，皆有寂灭之乡，而斥卤⑥则巧生以待。孰知其以⑦然？

译文

宋子说：天有五气，五气生出了五味。水湿润而流动，具有咸味，这是周武王访问箕子时首次听说的道理。各种味道中，辣、酸、甜、苦之一，即使一年都吃不到，对人也没什么影响。唯独盐，只要十天不吃，就会手无缚鸡之力，倦怠疲惫。这难道不是因为“天一生水”的道理，而咸味是人类活力的来源吗？四海之中，中原以外，总有无法种植蔬菜、谷物的荒地，而盐却巧妙地到处都产，待人取用。谁知道其中的道理呢？

难点精讲

① 五气：即五行之气，金、木、水、火、土。据薛凤，“气”是宋应星使用的具有普遍性的理论模式或概念，它既具备物质性，又能解释能量及其效果。

② 五味：咸、苦、酸、辛、甘。

③ 王访箕子：周武王克商后，到陵川拜访殷商贵族箕子，箕子授其以《洪范》。《洪范》论五行，有云“水曰润下”“润下作咸”等。

④ 天一生水：古代的哲学命题，郭店楚墓竹简有谓“太一生水”，郑玄注《周易·系辞》亦谓“天一生水，地六成之”，孔颖达注《尚书·洪范》谓“五行生成之数：天一生水，地二生火……”。这里是强调水和盐的重要。

⑤ 五服：《尚书·禹贡》谓王畿之外，每五百里为一区域，即：侯服、甸服、绥服、要服、荒服，合称五服。

⑥ 斥卤：盐碱地，这里引申为盐。

⑦ 以：陶本作“所已”，或当据以补一“所”字。

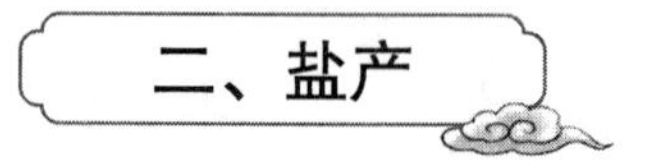

二、盐产

原文

凡盐产最不一[①]，海、池、井、土、崖、砂石，略分六种，而东夷树叶[②]、西戎光明[③]不与焉。赤县[④]之内，海卤居十之八，而其二为井、池、土碱。或假人力，或由天造。总之，一经舟车穷窘，则造物应付出焉。

译文

盐的出产来源不一，大略分成海盐、池盐、井盐、土盐、崖盐、砂石盐六种，而东方的树叶盐、西方的光明盐都还不算在内。华夏之内，海盐占八成，井盐、池盐、土盐占两成。有的是人工制成，有的是天然形成。总之，那些交通运输不便的地区，大自然就会自然提供盐产。

难点精讲

① 盐产最不一：关于盐的品种，参见沈括《梦溪笔谈》卷十一。

② 东夷树叶：据潘吉星，东北少数民族将泌盐植物叶上的盐霜刮取食用，如吉

林产的西河柳等。据杨维增，如东北所产柽（chēng）柳科柽柳属植物和红虱等，都是泌盐植物。

③ 西戎光明：产于西北的白色透明晶体，或谓即岩盐，可入药，有明目之功。

④ 赤县：指中原、华夏。

三、海水盐

原文

凡海水自具咸质。海滨地高者名潮墩，下者名草荡，地皆产盐。同一海卤传神[①]，而取法则异。

译文

海水天然含盐。海滨地势高的称为“潮墩”，地势低的称“草荡”，都产海盐。虽然都取自海水，但取法各异。

难点精讲

① 海卤传神：指用海水制盐。

原文

一法，高堰地，潮波不没者，地可种盐。种户各有区画经界，不相侵越。度诘朝[②]无雨，则今日广布稻麦稿灰及芦茅[③]灰寸许于地上，压使平匀。明晨露气冲腾，则其下盐茅[④]勃发，日中晴霁，灰、盐一并扫起淋煎。

译文

一种方法是在海潮冲不到的高处堤岸上“种”盐。每家各有一定区域，不会相互侵犯。预计明天不下雨，今天就先将稻麦秆灰以及芦茅灰广撒在地上一寸多厚，压平。第二天早晨露气升起，下面的盐就像茅草一般从生而出，中午晴朗时，将草木灰、盐一并扫起，淋洗煎煮。

难点精讲

② 诘（jié）朝：明日。

③ 芦茅：即芦苇。将草木灰撒在海滩上，意在利用草木灰吸收更多盐水，以便晒盐。

④ 盐茅：这里指盐像茅草一样丛生。其原理是，露水把盐分溶解成卤水，又被草木灰吸收而浓缩，遇到太阳照晒，盐分就会结晶析出。

原文

一法，潮波浅被地，不用灰压，候潮一过，明日天晴，半日晒出盐霜，疾趋扫起煎炼。

译文

另一种方法不需要压草木灰，在潮水能淹没的浅滩上，待潮水流过，第二天若天晴，半天就能晒出盐霜，快跑去扫起，拿回来煎炼。

原文

一法，逼海潮深地，先堀深坑，横架竹木，上铺席苇，又铺沙于苇席之上。俟潮灭顶冲过，卤气由沙渗下坑中。撤去沙、苇，以灯烛之，卤气[⑤]冲灯即灭。取卤水[⑥]煎炼。总之，功在晴霁，若淫雨连旬，则谓之盐荒。又淮场地面有日晒，自然生霜如马牙[⑦]者，谓之大晒盐，不

译文

还有一种方法是将海潮引至深处，先挖掘深坑，在上面横架竹木，铺上苇席，再在苇席上铺沙子。等潮水冲过，淹没坑顶时，盐质就会通过沙子渗入下面的坑中。撤去沙子和苇席，在坑里点灯，卤气冲过，灯火就会熄灭。收集卤水煎煮。总之，关键是要晴天，如果连着下十天的雨，就称为“盐荒”。淮安一带有靠日晒自然生成像马牙硝一样的结晶体，称为“大晒盐”，不用煎炼，扫起就可食

由煎炼，扫起即食。海水顺风飘来断草，勾取煎炼，名蓬盐。

用。海水中顺风飘来断草，把它们收集起来煎煮，称为“蓬盐”。

难点精讲

⑤ 卤气：含有盐分的水蒸气。之所以“冲灯即灭”，是因为其中含有二氧化碳、氮气等不助燃气体。

⑥ 卤水：其成分主要是氯化钠（$NaCl$），以及少量硫酸钙（$CaSO_4$）、氯化钾（KCl）、氯化镁（$MgCl_2$）、硫酸镁（$MgSO_4$）等。

⑦ 马牙：马牙硝，又称芒硝、朴硝（$Na_2SO_4 \cdot 10H_2O$）。

原文

凡淋煎法，堀坑二个，一浅一深。浅者尺许，以竹木架芦席于上，将扫来盐料（不论有灰无灰，淋法皆同）铺于席上。四围隆起作一堤垱[8]形，中以海水灌淋，渗下浅坑中。深者深七八尺，受浅坑所淋之汁，然后入锅煎炼。

译文

淋洗、煎炼的方法是这样的，挖一深一浅两个坑。浅的一尺多深，用竹木在上面架起芦席，将扫来的盐料（不论有没有草木灰，淋洗的方法都一样）铺在芦席上。四周隆起，形成堤坝的形状，中间用海水灌淋，渗下浅坑中。深的有七八尺深，将浅坑中淋入的水再引入深坑，然后放入锅中煎炼。

难点精讲

⑧ 垱（dàng）：为便于灌溉而筑的小土堤。

图 39　布灰种盐

图 40　淋水先入浅坑

图 41　牢盆煎炼海卤

原文

凡煎盐锅，古谓之牢盆，亦有两种制度。其盆周阔数丈，径亦丈许。用铁者以铁打成叶片，铁钉拴合，其底平如盂[9]，其四周高尺二寸，其合缝处一经卤汁结塞，永无隙漏。其下列灶燃薪，多者十二三眼，少者七八眼，共煎此盘。南海有编竹为者，将竹编成阔丈深尺，糊以蜃灰[10]，附于釜[11]背。火燃釜底，滚沸延及成盐。亦名盐盆，然不若铁叶镶成之便也。凡煎卤未即凝结，将皂角[12]椎碎，和粟米糠二味，卤沸之时，投入其中搅和，盐即顷刻结成。盖皂角结盐，犹石膏之结腐也。

译文

煎盐的锅，古称“牢盆”，也有两种规格。牢盆周长几丈，直径也有一丈多。用铁做，就把铁打成薄片，用铁钉拴合，底部像盆一样平，四周高一尺二寸，接缝的地方经过卤水盐分堵塞，就再也不会漏了。下面排列一排灶眼，烧柴点火，多的有十二三眼，少的也有七八眼，一起煎煮这个盆。还有一种是南方沿海地区的人们用竹子制作的，将竹子编成宽一丈、深一尺的锅，在锅背上糊上蜃灰。用火加热，卤水滚沸后就结晶成盐。这种锅又称为“盐盆”，但用起来不如铁制的方便。煎煮卤水，盐还未凝结时，将皂角敲碎，拌上粟米糠，在卤水煮沸时放入其中搅和，顷刻就能结晶成盐。用皂角使盐结晶，就像用石膏点豆腐一样。

难点精讲

⑨ 盂：食物或浆汤的容器。

⑩ 蜃（shèn）灰：蛤蜊壳烧成的灰，主要成分是氧化钙（CaO）。

⑪ 釜（fǔ）：锅。

⑫ 皂角：豆科皂荚属植物皂荚的荚果，可入药。按潘吉星、杨维增注，皂角可以发泡，用以絮聚卤水中的杂质，促进盐的结晶。

原文

凡盐，淮扬场者质重而黑，其他质轻而白。以量较之，淮场者一升重十两，则广、浙、长芦[13]者只重六七两。凡蓬草盐不可常期，或数年一至，或一月数至。凡盐见水即化，见风即卤，见火愈坚。凡收藏不必用仓廪，盐性畏风不畏湿，地下叠稿三寸，任从卑湿无伤。周遭以土砖泥隙，上盖茅草尺许，百年如故也。

译文

淮安、扬州一带盐场的盐重而黑，其他地方的轻而白。用重量来对比，淮安盐场的盐一升重十两，而广东、浙江、长芦盐场的盐一升只重六七两。蓬草盐不能期待常有，有时几年才遇到一次，有时一个月就遇到几次。盐遇到水就会溶化，遇到含有水蒸气的南风，就潮解流出盐卤水，遇到火会更坚硬。收藏时无须仓库，盐性怕风不怕湿，只要在地上铺上三寸稻草，就算是低矮潮湿之地也没关系。周围用土砖砌好，用泥塞缝，上面盖上一尺多厚的茅草，储存百年都不变质。

难点精讲

⑬ 长芦：长芦盐场，主要分布于河北省和天津市的渤海沿岸。

四、池盐

原文

凡池盐，宇内有二。一出宁夏，供食边镇；一出山西解池，供晋、豫诸郡县。解池界安邑、猗氏、临晋之间[①]，其池外有城堞[②]，周遭禁御。池水深聚处，其色绿沉。土人种盐者池傍耕地为畦陇[③]，引清水入所耕畦中，忌浊水，参入即淤淀盐脉[④]。凡引水种盐，春间即为之，久则水成赤色。待夏秋之交，南风大起，则一宵结成，名曰颗盐，即古志所谓大盐也。以海水煎者细碎，而此成粒颗，故得大名。其盐凝结之后，扫起即成食味。种盐之人，积扫一石交官，得钱数十文而已。其海丰、深州[⑤]引海水入池晒成者，凝结之时扫食不

译文

国内有两处池盐产地。一是宁夏盐池，所产供边镇食用；一是山西解州盐池，所产供山西、河南各郡县食用。解州盐池位于运城、临猗之间，盐池外围有围墙，附近有护卫。池水深处呈深绿色。当地制盐者在池旁边耕地为田垄，把池内清水引入耕好的田畦中，不能有浊水，一旦浊水渗入，就会阻塞盐脉。引水制盐，春天就要进行，时间一长水就变成红色了。等到夏秋之交，吹起南风，一夜之间就能结晶，称为“颗盐”，也就是古书上说的“大盐”。用海水煎熬的盐比较细碎，而这种盐呈颗粒状，故而得名为“大”。盐凝结之后，扫起来即可食用。制盐的人，积累一石的盐交给官府，只能得到几十文铜钱而已。而海丰、深州引海水入盐池晒盐，凝结时也可直接扫取食用，不需要额外人力，与解州盐池一样。不过成盐时间及无法借助南风的力量，

池鹽
南風結熟
引水入畦

图 42　池盐

蜀省井鹽
小河
小河
小河
鑿井圖
竹身
利鍬
轉繩汲井放同下井牛則左旋
竹同長丈
井
無火井處煬竈燃薪
鹵井
曲竹
火井

图 43　井盐

加人力，与解盐同。但成盐时日与不借南风，则大异也。

则大有差异。

难点精讲

① 解（xiè）池：解州盐池位于今山西省运城市西南。安邑，今属山西运城。猗氏，今属山西临猗县。临晋，今属山西临猗县。

② 堞（dié）：城上如齿状的矮墙。

③ 畦（qí）陇：田垄。

④ 盐脉：盐池的矿脉。沈括《梦溪笔谈》卷三述解州盐池事甚详，可参考。之所以防备浊水，是因为浊水的胶体主要为非金属氧化物，带负电，遇到卤水中的阳离子（如钠离子），就会中和胶体粒子所带电荷，使胶体粒子间电荷相互排斥的作用力减弱，聚集成较大颗粒，产生沉聚现象。

⑤ 海丰、深州：潘吉星谓为河北省盐山县及深州市，然亦疑其距海较远，未必产海盐。按，海丰为今山东省无棣县。深州不详，或为今河北省深州市。

五、井盐

原文

凡滇、蜀两省，远离海滨，舟车艰通，形势高上，其咸脉即韫[1]藏地中。凡蜀中石山去河不远者，多可造井取盐。盐井周圆不过数寸，其上口一小盂覆之有余，深必十丈以外，乃得卤信[2]，故造井功

译文

云南、四川两省远离海滨，舟车难通，地势又高，其盐脉就蕴藏在地底下。四川境内离河水不远的石山上，大多可以造井取盐。盐井口径不过数寸，上口盖一个小盆还有富余，而深度则须超过十丈才能触及盐层，因此造井很费功夫。凿井使用的器具，是用铁锻造成钻头形的锥子，使其尖部

费甚难。其器冶铁锥，如碓嘴形，其尖使极刚利，向石山舂凿成孔。其身破竹缠绳，夹悬此锥。每舂深入数尺，则又以竹接其身，使引而长。初入丈许，或以足踏锥，稍如舂米形。太深则用手捧持顿[3]下。所舂石成碎粉，随以长竹接引，悬铁盏挖之而上。大抵深者半载，浅者月余，乃得一井成就。盖井中空阔，则卤气游散，不克结盐故也。井及泉后，择美竹长丈者，凿净其中节，留底不去。其喉下[4]安消息[5]，吸水入筒。用长絙[6]系竹沉下，其中水满。井上悬桔槔、辘卢[7]诸具，制盘驾牛。牛拽盘转，辘卢绞絙，汲水而上。入于釜中煎炼（只用中釜，不用牢盆），顷刻结盐，色成至白。

极为刚强锋利，能在石山上舂凿成孔。然后破开竹子，把铁锥夹在竹子间，用绳子缠紧。每次凿入数尺深，就用竹子将其接长。最初凿入一丈多，可以用脚踏锥子，有点像舂米那样。太深了就得手握竹身向下凿。凿下的石头化为碎末，随时用长竹子连接起来，其上悬挂铁制器皿，把碎石挖上来。大概深井需要半年才能凿成，浅井也需要一个多月。之所以要这么凿，是因为如果井内空间开阔，卤气就会游荡飘散，难以结晶成盐。盐井凿到盐卤泉后，挑选一丈多长的好竹子，将其中的竹节全部凿去，留下最后一节为底。在底部安装阀门，以便将水吸入竹筒。用长粗绳系住竹筒沉入井中，将卤水注满。井上悬挂桔槔、辘轳等工具，装好转盘，套上牛。牛拉转盘，辘轳绞起粗绳子，就把卤水汲上来了。然后放到锅里煎炼（只用中型锅，不用牢盆），顷刻就能结晶成盐，颜色洁白。

难点精讲

① 韫（yùn）：蕴藏，包含。

② 卤信：这里指地下盐层的信息。据杨维增，若为黄卤井，可能是淡水；若为黑卤井，可能是天然气与硫化氢混合气体；又或是腰脉水。信，陶本作“性”。

③ 顿：使劲向下。

④ 喉下：这里指竹节末端。

⑤ 消息：机关的枢纽。这里相当于阀门，竹筒深入井下，阀门受水压而开启，卤水进入竹筒，提升时又受水压而关闭。

⑥ 絙（gēng）：粗绳子。

⑦ 桔槔（jié gāo）：汲水工具。以绳悬横木上，一端系水桶，一端系重物，使其交替上下，以节省汲引之力。辘卢，即辘轳（lù lu），安在井上绞起水桶的器具。卢，陶本作“轳”。本书《乃粒》卷“水利”篇中也作“辘轳”。

原文

西川有火井[8]，事奇甚。其井居然冷水，绝无火气。但以长竹剖开去节，合缝漆布[9]，一头插入井底，其上曲接，以口紧对釜脐[10]，注卤水釜中。只见火意烘烘，水即滚沸。启竹而视之，绝无半点焦炎意。未见火形而用火神，此世间大奇事也。凡川、滇盐井，逃课[11]掩盖至易，不可穷诘。

译文

川西有火井，很奇特。井内居然都是冷水，绝无火气。只需将长竹子剖开，去掉竹节，用漆布将缝隙封闭，一头插入井底，上面接弯管，管口对准锅底中间，将卤水注入锅中。只见火焰烘烘，卤水即刻滚沸。而打开竹筒看，绝无半点烧焦的痕迹。没有火的形态而有火的威力，这是世间的大奇事。四川、云南的盐井，很容易掩盖起来偷逃课税，无法追究。

难点精讲

⑧ 火井：指天然气井，因井中有沼气或甲烷等可燃物质。

⑨ 漆布：以漆类涂饰而成的布。

⑩ 釜脐：锅底。

⑪ 课：课税。

六、末盐

原文

凡地碱煎盐，除并州[1]末盐[2]外，长芦分司[3]地，土人亦有刮削煎成者，带杂黑色，味不甚佳。

译文

由地碱煎炼的盐，除了并州的末盐以外，在长芦盐场管理的地区，当地人也有刮削盐土后煎炼成盐的，这种盐带有黑色杂质，味道也不怎么好。

难点精讲

① 并州：今山西省太原市西南。

② 末盐：细末状的盐。

③ 长芦分司：明代长芦盐场设沧州与青州二分司管理。

七、崖盐

原文

凡西省阶、凤[1]等州邑，海井交穷。其岩穴自生盐，色如红土，恣人刮取，不假[2]煎炼。

译文

西部文县、凤县等地，没有海盐也没有井盐。那里的岩穴中自然生出盐，外表就像红土，随意任人刮取，不需要煎炼。

难点精讲

① 阶：阶州，今甘肃省文县。凤：凤州，今陕西省凤县。

② 假：利用。

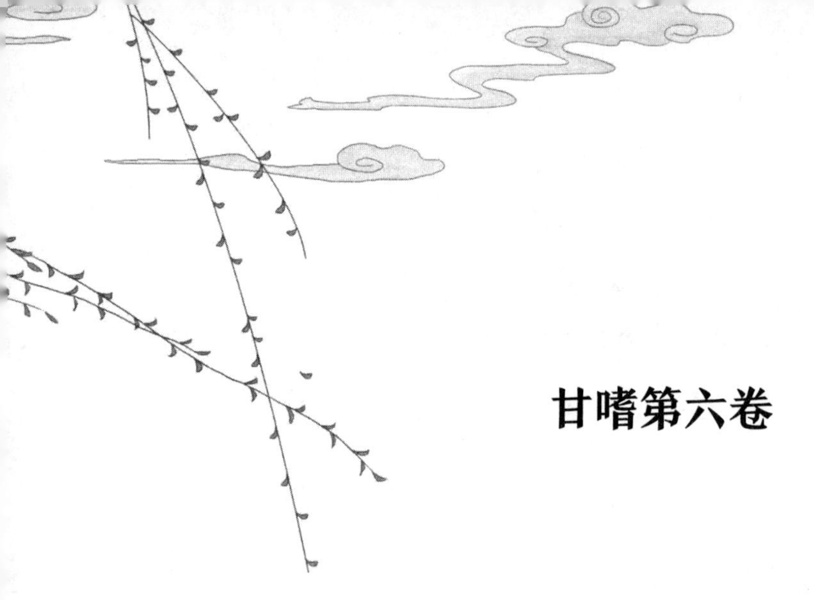

甘嗜第六卷

一、宋子曰

原文

气至于芳，色至于艴[1]，味至于甘，人之大欲存焉[2]。芳而烈，艴而艳，甘而甜，则造物有尤异之思矣。世间作甘之味什八产于草木，而飞虫[3]竭力争衡，采取百花酿成佳味，使草木无全功。孰主张是，而颐养遍于天下哉？

译文

宋子说：芬芳的气味、浓郁的颜色、甘美的味道，这些都是最吸引人的。浓烈的芳香、鲜艳的颜色、甜美的味道，都是大自然的特别安排。世间用于制出甜味的物产，十成有八成来自草木，而蜜蜂竭力争先，采百花酿蜜，让草木不能独占全功。天下人因此而得到滋养，这又是谁的安排呢？

难点精讲

① 艴（qìng）：青黑色。

② 人之大欲存焉：典出《礼记·礼运》："饮食男女，人之大欲存焉。"

③ 飞虫：这里指蜜蜂。

二、蔗种

原文

凡甘蔗有二种，产繁闽、广间，他方合并得其十一而已。似竹而大者为果蔗，截断生啖[①]，取汁适口，不可以造糖。似荻[②]而小者为糖蔗，口啖即棘伤唇舌，人不敢食，白霜、红砂皆从此出。凡蔗，古来中国不知造糖，唐大历[③]间，西僧邹和尚游蜀中遂宁[④]，始传其法。今蜀中种盛，亦自西域[⑤]渐来也。

译文

甘蔗有两种，盛产于福建、广东地区，其他地方合起来算也不过十分之一而已。果蔗像竹子而较大，可以截断生吃，汁液爽口，但不能用于造糖。糖蔗像荻而较小，用嘴嚼会刺伤唇舌，人们不敢吃，而白糖、红砂糖都用它制成。古代中国人不知如何制糖，唐代大历年间，西域邹和尚云游至四川遂宁，才传来制糖之法。现在四川多种甘蔗，也是从西域逐渐传来的。

难点精讲

① 啖：吃。

② 荻：禾本科芒属草本植物，似芦苇，茎可以编席箔。

③ 大历：唐代宗李豫（726 或 727—779）的年号，公元 766—779 年。

④ 邹和尚至遂宁传造糖之法，参见宋人王灼《糖霜谱》（约 1154）。然此非中国制糖之始，梁陶弘景（456—536）《本草经集注》即有“取蔗汁以为沙糖”之说。

⑤ 西域：据潘吉星说，邹和尚为华人，非西域人。

原文

凡种荻蔗，冬初霜将至，将蔗砍[⑥]伐，去杪[⑦]与根，埋藏土内（土忌窒聚水湿处）。雨水[⑧]前五六日，天色晴明即开出，去外壳，砍断约五六寸长，以两个节为率。密布地上，微以土掩之，头尾相枕，若鱼鳞然。两芽平放，不得一上一下，致芽向土难发。芽长一二寸，频以清粪水浇之，俟长六七寸，锄起分栽。

译文

种植荻蔗，在初冬快要降霜时，将蔗砍下来，去除其顶端和根部，埋在土里（不能埋在低洼潮湿的土里）。雨水节气之前的五六天，天色晴朗时挖出，去掉外壳，砍断成约五六寸长，每段以留两个节为标准。密密地排在地上，稍微用土掩盖，相互之间头尾相靠近，就像鱼鳞那样。每段上的两个芽要平放，不能一上一下，那样会使向下的芽难以萌发。芽长出一两寸时，要经常用清粪水浇灌，等长到六七寸，就可以锄起来分别栽种了。

难点精讲

⑥ 砍：陶本作“斫”。篇末“以防砍后霜雪”，陶本亦作“斫”。斫（zhuó），大锄，引申为用刀、斧砍。

⑦ 杪（miǎo）：树枝的细梢。

⑧ 雨水：二十四节气之一，公历2月18—20日交节。

原文

凡栽蔗，必用夹沙土，河滨洲土为第一。试验土色，堀坑尺五许，将沙土入口尝味，味苦者不可栽蔗。凡洲土近深山上流河

译文

种甘蔗一定要用夹沙土，最好是河滨的土。用之前要检查土的性质，挖出一尺五左右深的坑，把沙土放到嘴里尝一下，味苦就不能用来栽种甘蔗。靠近深山上流河滨的土，就算土

滨者，即土味甘，亦不可种，盖山气凝寒，则他日糖味亦焦苦。去山四五十里，平阳洲土[9]择佳而为之。（黄泥脚地毫不可为。）

的味道是甜的，也不能种，因为山间寒气凝聚，以后用蔗做的糖也会有焦苦味。最好选择离山四五十里，平坦向阳的河边好土地来种。（黄泥土也不能种。）

难点精讲

⑨ 平阳洲土：平坦向阳的水边土地。

原文

凡栽蔗治畦，行阔四尺，犁沟深四寸。蔗栽沟内，约七尺列三丛，掩土寸许，土太厚则芽发稀少也。芽发三四个或六七个时，渐渐下土，遇锄耨时加之。加土渐厚，则身长根深，庶免欹倒之患。凡锄耨不厌勤过，浇粪多少，视土地肥硗。长至一二尺，则将胡麻或芸薹枯浸和水灌，灌肥欲施行内。高二三尺则用牛进行内耕之。半月一耕，用犁，一次垦土断傍根，一次掩土

译文

栽种甘蔗要平整田地作畦垄，每行宽四尺，犁沟深四寸。把甘蔗栽种到沟里，大约每七尺栽三棵，盖上一寸左右的土，土太厚就不容易发芽。等发出三四个或六七个芽时，就逐渐培土，每次锄草时都要加土。培土渐渐厚了，甘蔗就会身长根深，可以避免倒伏的危险。锄草不怕次数多，而浇多少粪要看土壤的肥力。长到一二尺高，就把芝麻或油菜子榨油剩的枯饼浸在水里拌匀后浇灌施肥，要施在行里。长到二三尺高时，就用牛在行内耕地。每半个月用犁耕一次，一次翻土并且切断旁根，一次是掩土培根。到九月初要培土护根，以防砍后

培根。九月初培土护根，以防砍后霜雪。

根部被霜雪冻坏。

三、蔗品

原文

凡荻蔗造糖，有凝冰、白霜、红砂三品。糖品之分，分于蔗浆之老嫩。凡蔗性至秋，渐转红黑色；冬至以后，由红转褐，以成至白。五岭以南无霜国土[①]，蓄蔗不伐，以取糖霜。若韶、雄以化[②]，十月霜侵，蔗质遇霜即杀，其身不能久待以成白色，故速伐以取红糖也。凡取红糖，穷十日之力而为之。十日以前，其浆尚未满足；十日以后，恐霜气逼侵，前功尽弃。故种蔗十亩之家，即制车釜一付，以供急用。若广南无霜，迟早惟人也。

译文

用荻蔗造糖，有冰糖、白糖、红砂糖三种。糖的种类区别基于蔗汁的老嫩程度。甘蔗到了秋天，就逐渐变成红黑色；冬至以后，由红色转为褐色，再成白色。五岭以南没有霜雪的地方，荻蔗可以放在田里不砍，用来制造白糖。如果是韶关、南雄以北，十月下霜后，甘蔗受冻就要败坏，不能等它变成白色，所以要尽快砍伐，制造红糖。造红糖要在霜降前的十天以内全力完成。太早了糖浆还不充足，太晚了就怕受到霜冻的侵袭，前功尽弃。所以种有十亩甘蔗的人家，要制作一套造糖用的糖车和铁锅，以备急用。如果是广东南部无霜的地区，则收割早晚随意。

难点精讲

① 国土：杨本作“国士”，则当于“无霜”处断句。

② 韶：韶关，今广东省韶关市。雄：今广东省南雄市。化：菅本、陶本作“北”，当据改。

四、造糖

原文

凡造糖车，制用横板二片，长五尺，厚五寸，阔二尺，两头凿眼安柱。上笋出少许，下笋出板二三尺，埋筑土内，使安稳不摇。上板中凿二眼，并列巨轴[1]两根（木用至坚重者），轴木大七尺围方妙。两轴一长三尺，一长四尺五寸，其长者出笋安犁担。担用屈木，长一丈五尺，以便驾牛团转走。轴上凿齿，分配雌雄[2]，其合缝处，须直而圆，圆而缝合。夹蔗于中，一轧而过，与棉花赶车同义。蔗过浆流，再拾其滓，向轴上鸭嘴[3]

译文

制造糖车，需用横板两片，长五尺，厚五寸，宽两尺，两头凿孔装上柱子。柱上面的榫露出横板外一些，下面的榫穿过横板两三尺，埋在土中，使糖车安稳不晃动。上横板中凿两个孔，并列安装两根辊轴（用最坚固、最重的木材），辊轴周长要超过七尺才好。两根辊轴，一根长三尺，一根长四尺五寸，长辊的榫要露出上横板，用来安装犁担。犁担用弯木，长一丈五尺，以便驾牛转圈走动。辊上凿齿，使其形成凹凸相应的齿轮，合缝的地方须直而圆，这样才能密合好。把甘蔗夹在里面，一轧而过，和轧棉花的赶车是相同原理。甘蔗轧过去就会流出蔗汁，再拾取残渣，插入“鸭嘴”中，再次轧过，又轧第三

扱入，再轧，又三轧之，其汁尽矣，其滓为薪。其下板承轴，凿眼，只深一寸五分，使轴脚不穿透，以便板上受汁也。其轴脚嵌安铁锭于中，以便捩转[④]。凡汁浆流板有槽枧，汁入于缸内。每汁一石，下石灰[⑤]五合[⑥]于中。凡取汁煎糖，并列三锅如“品”字，先将稠汁聚入一锅，然后逐加稀汁两锅之内。若火力少束薪，其糖即成顽糖[⑦]，起沫不中用。

次，汁液就榨完了，剩下的渣滓可以用来当柴火。下横板支撑辊木处，只凿一寸五分深的眼，这样辊的下端不穿过下横板，蔗汁都留在板上方。在辊木底部安装铁锭子，以便于转动。蔗汁流到下横板处，板上有槽，将蔗汁导流入缸中。每一石蔗汁加入五合石灰。取汁煎糖时，将三口锅排列成“品”字，先把浓稠的蔗汁集中在一口锅中，然后逐渐把稀汁加入另外两口锅。如果火力不足，糖就会熬成顽糖，起泡沫而不中用了。

难点精讲

① 巨轴：即辊（gǔn），机器上圆柱形能旋转的部件。

② 分配雌雄：指制成凹凸相互咬合的齿轮。

③ 鸭嘴：即辊中间相嵌处，将甘蔗送入鸭嘴，即可榨取蔗汁。

④ 捩（liè）转：扭转，转动。

⑤ 石灰：这里加入石灰是为了中和蔗汁的微酸性，使其中的杂质沉淀，以促进糖分结晶。

⑥ 合（gě）：计量单位，古代一升为十合。

⑦ 顽糖：难以结晶的胶状糖质。

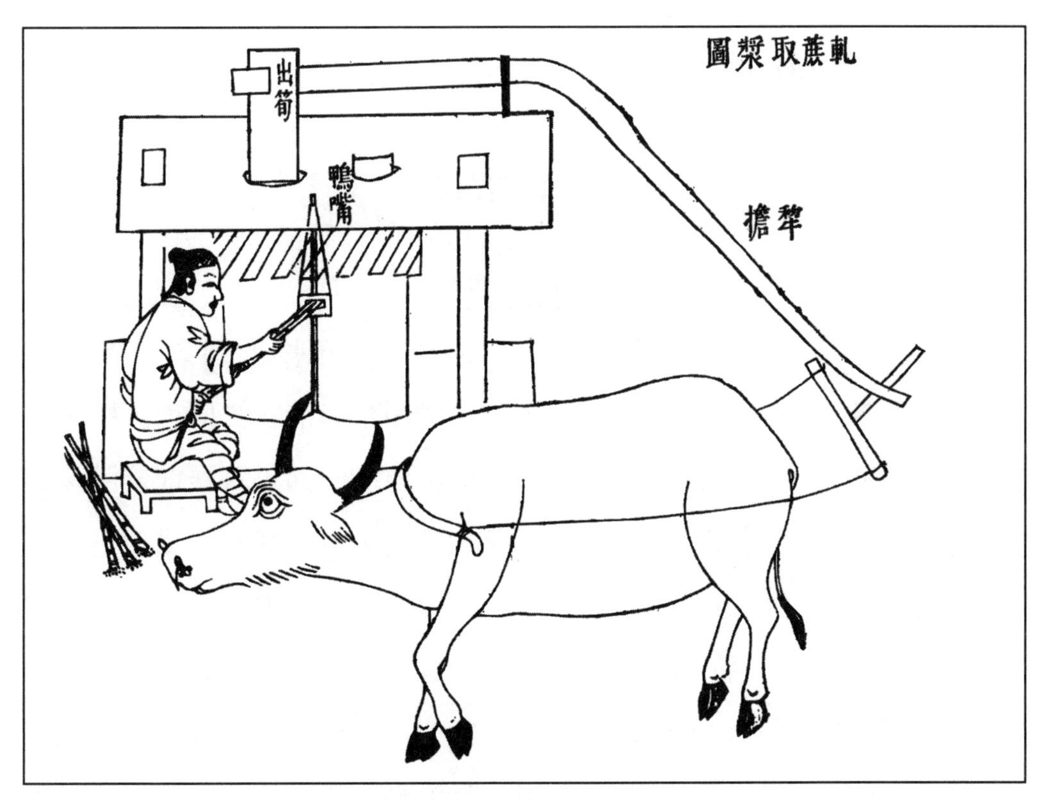

图 44　轧蔗取浆

图 45　澄结糖霜瓦器

五、造白糖

原文

凡闽、广南方经冬老蔗，用车同前法。笮[①]汁入缸，看水花为火色。其花煎至细嫩，如煮羹沸，以手捻试，粘手[②]则信来矣。此时尚黄黑色，将桶盛贮，凝成黑沙。然后以瓦溜[③]（教陶家烧造）置缸上。其溜上宽下尖，底有一小孔，将草塞住，倾桶中黑沙于内。待黑沙结定，然后去孔中塞草，用黄泥水[④]淋下，其中黑滓[⑤]入缸内，溜内尽成白霜。最上一层厚五寸许，洁白异常，名曰洋糖（西洋糖绝白美，故名），下者稍黄褐。

译文

福建、广东南部经过一冬天的老蔗，使用糖车的方法同前。榨汁放入缸中，熬制时通过观察糖浆沸滚的水花来判断火候。待水花呈细小泡沫状，就像煮沸的肉羹一样时，用手试着捻一下，如果粘手就说明快熬成了。此时糖浆还是黄黑色，盛放在桶里，就会凝结成黑沙状的糖膏。然后将瓦溜（请陶工烧造）放在缸上。溜上宽下尖，底部有个小孔，用草堵住，把桶中的糖膏倒入瓦溜中。等糖膏凝结后，把孔中塞的草取出，用黄泥水淋浇下去，里面黑色的渣滓就会流入缸中，而溜里面就都是白霜了。最上面一层厚五寸左右，异常洁白，称为“洋糖”（因为西洋糖非常白，所以得名），下面的稍微带有黄褐色。

难点精讲

① 笮（zé）：此处指压榨。陶本作“榨”。

② 粘手：蔗糖水溶液要在浓度大于 70% 时才能结晶，粘手说明浓度已高。

③ 瓦溜：制砂糖用的一种陶器，利用糖膏自身重力来分离糖蜜，取得砂糖，其

形状如漏斗。

④ 黄泥水：起吸附脱色剂的作用。

⑤ 黑滓：糖蜜。即糖膏中分离出砂糖后剩下的胶粘液体。

原文

造冰糖者，将洋糖煎化，蛋青澄去浮滓[⑥]，候视火色。将新青竹破成篾片，寸斩撒入其中。经过一宵，即成天然冰块。造狮、象、人物等，质料精粗由人。凡白糖[⑦]有五品，石山为上，团枝次之，瓮鉴次之，小颗又次，沙脚为下。

译文

制造冰糖时，先把洋糖煎化，用蛋清澄去浮在上面的渣滓，注意火候。将新鲜青竹破成竹片，截成一寸一寸的，撒入其中。经过一晚上，就形成像天然冰块一样的冰糖了。可以拿来制作狮、象、人物等造型的糖，质料的精粗由人决定。冰糖有五个品级，最好的是“石山”，其次是“团枝”，再次是“瓮鉴”，又次是“小颗”，最低一等是“沙脚”。

难点精讲

⑥ 蛋青澄去浮滓：用蛋清澄去杂质。其原理是利用蛋白质受热凝固，从而吸附非糖分杂质。

⑦ 白糖：这里指冰糖。

六、造兽糖

原文

凡造兽糖者，每巨釜一口，受糖五十斤。其下发火慢煎，火从一角烧

译文

制造兽形糖时，每口大锅中放五十斤糖。下面点火慢慢煎，火从锅的一角烧灼，糖液融化后就滚旋而

灼，则糖头滚旋而起。若釜心发火，则尽尽沸溢于地。每釜用鸡子三个，去黄取青，入冷水五升化解。逐匙滴下，用火糖头之上，则浮沤[②]黑滓，尽起水面，以笊篱[③]捞去，其糖清白之甚。然后打入铜铫[④]，下用自风[⑤]慢火温之，看定火色，然后入模。凡狮、象糖模，两合如瓦为之，杓写[⑥]糖入，随手覆转倾下。模冷糖烧，自有糖一膜，靠模凝结，名曰享糖，华筵用之。

起。如果在锅底点火，糖液就会完全沸腾，溢出流到地下。每口锅用三个鸡蛋，去掉蛋黄，留取蛋清，加入五升冷水化开。一勺一勺滴下，滴在糖液沸腾的地方，那些泡沫和黑色渣滓，就浮在水面上，用笊篱捞去，剩下的糖就非常洁净。然后将糖液倒入铜铫，下面用“自来风”末煤慢火加热，看好火候，然后倒入模具。狮子、大象等糖模，由两块像瓦一样的模子组成，用勺子把糖液倒入，随手翻转糖模。模子温度低而糖的温度高，这样就会在靠近模子的位置凝结成一层糖膜。这样制成的糖称为“享糖”，一般在盛大的宴会上会用到。

难点精讲

① 造兽糖：此段附于“澄结糖霜瓦器”图下，小字，并无标题，潘吉星、杨维增皆以“造兽糖”为题，此处从。

② 沤（ōu）：水泡。

③ 笊篱（zhào li）：用竹篾、柳条或铁丝等编织的烹饪用具，类似漏勺，用于在水、汤里捞东西。

④ 铫（diào）：煮开水熬东西用的带手柄的器具。

⑤ 自风：即“自来风”末煤，详见本书《燔石》卷“煤炭”篇。

⑥ 写：通“泻”。

七、蜂蜜[1]

原文

凡酿蜜蜂，普天皆有，唯蔗盛之乡，则蜜蜂自然减少。蜂造之蜜，出山岩土穴者，十居其八；而人家招蜂造酿而割取者，十居其二也。凡蜜无定色，或青或白，或黄或褐，皆随方土、花性而变。如菜花蜜、禾花蜜之类，百千其名不止也。凡蜂不论于家于野，皆有蜂王。王之所居[2]，造一台如桃大，王之子世为王。王生而不采花，每日群蜂轮值分班，采花供王[3]。王每日出游[4]两度（春夏造蜜时），游则八蜂轮值以待[5]。蜂王自至孔隙口，四蜂以头顶腹，四蜂傍翼飞翔而去，游数刻而返，翼顶如前。

译文

各地都有酿蜜的蜜蜂，唯独盛产甘蔗的地区，蜜蜂自然减少。蜜蜂所酿之蜜，八成出自山崖土穴的野蜂，两成出自人工饲养的蜜蜂。蜂蜜没有固定颜色，或青或白，或黄或褐，都随地域、花性的不同而变化。比如菜花蜜、禾花蜜之类的，名字不止千百种。无论是家养还是野生的蜜蜂，都有蜂王。蜂王居住的蜂巢就像桃子一样大，其后代世代为王。蜂王生来就不采花，每日群蜂轮流分配任务，采花以供养蜂王。蜂王每天出游两次（在春夏造蜜时），出游时八只蜜蜂轮流侍奉。蜂王自己爬到蜂巢洞口，四只蜜蜂用头顶着蜂王的腹部，四只蜜蜂围绕着它的翅膀飞翔而去，飞一会儿就返回，像之前一样顶着腹部护卫回来。

难点精讲

① 陶本将“蜂蜜”条置于“饴饧”条后。

② 王之所居：母蜂房，是为培育新母蜂而临时建造的。

③ 采花供王：工蜂从上咽腺中分泌淡黄色浓浆，称王浆，内含多种氨基酸、激素、酶、微量元素等。

④ 出游：蜂王出游是为了完成交配，交配后开始产卵，从此不再出游。

⑤ 待：陶本作“侍”，当据改。

原文

畜家蜂者，或悬桶檐端，或置箱牖[⑥]下，皆锥圆孔眼数十，俟其进入。凡家人杀一蜂二蜂皆无恙，杀至三蜂，则群起螫[⑦]人，谓之蜂反。凡蝙蝠最喜食蜂，投隙入中，吞噬无限。杀一蝙蝠，悬于蜂前，则不敢食，俗谓之枭令。凡家蓄蜂，东邻分而之西舍，必分王之子去而为君。去时如铺扇拥卫。乡人有撒酒糟香而招之者。

译文

蓄养家蜂，或者在屋檐一端悬挂蜂桶，或者将蜂箱放在窗户下面，都要在上面钻几十个圆孔，让蜜蜂进入。家人打死一两只蜜蜂没什么事，要是打死第三只蜜蜂，蜜蜂就会群起而螫人，这称作“蜂反”。蝙蝠最喜欢吃蜜蜂，如果从缝隙钻入蜂巢，会吞噬无数蜜蜂。杀一只蝙蝠挂在蜂箱前，蝙蝠就不敢吃蜜蜂了，俗称“枭令”。蓄养家蜂，从一群中分出一群时，一定要把新的母蜂分出去，让它成为新的蜂王。飞走时群蜂前后护卫，排列成扇形。乡人有时撒酒糟，用其香气吸引蜜蜂。

难点精讲

⑥ 牖（yǒu）：窗户。

⑦ 螫（shì）：有毒腺的虫子刺人或动物。

原文

凡蜂酿蜜，造成蜜脾[8]，其形鬣鬣然[9]。咀嚼花心汁吐积而成。润以人小遗[10]，则甘芳并至，所谓臭腐神奇也。凡割脾取蜜[11]，蜂子多死其中。其底则为黄蜡。凡深山崖石上有经数载未割者，其蜜已经时自熟，土人以长竿刺取，蜜即流下。或未经年而扳缘可取者，割炼与家蜜同也。土穴所酿，多出北方，南方卑湿，有崖蜜而无穴蜜。凡蜜脾一斤，炼取十二两。西北半天下，盖与蔗浆分胜云。

译文

蜜蜂酿蜜，先造成蜜脾，形状就像整齐的鬃毛一样。蜜蜂咀嚼花心的汁液后吐出来，积累而成蜜。它们吸取人的小便将蜜润湿，使其甘甜而芬芳，所谓的化腐朽为神奇。割下蜜脾取蜜时，幼蜂大多会死在里面。蜜脾底部是黄色的蜂蜡。深山崖石上有经过几年还没割取的蜜脾，里面的蜜已经自然成熟，当地人用长竹竿刺破，蜜就会流下。有的蜜脾没过一年，人可以攀缘摘取，像家蜜一样割炼。土穴中所酿的蜜，大多出自北方，南方地势低而潮湿，只有崖蜜而无穴蜜。一斤蜜脾可以炼取十二两蜂蜜。西北地区产的蜂蜜占全国一半，可以与南方的蔗浆比美了。

难点精讲

⑧ 蜜脾：蜜蜂营造的酿蜜的巢房，其形如脾。

⑨ 鬣鬣然：像鬃毛一样整齐美观。

⑩ 小遗：小便。蜜蜂会从粪便中摄取水分或盐分，与酿蜜无关。

⑪ 取蜜：指用布包住蜜脾，绞出蜜汁，因此幼蜂会死于其中。

八、饴饧

原文

凡饴饧[1]，稻、麦、黍、粟皆可为之。《洪范》云："稼穑作甘。"及此乃穷其理。其法用稻麦之类浸湿，生芽暴[2]干，然后煎炼调化而成。色以白者为上，赤色者名曰胶饴，一时宫[3]中尚之，含于口内即溶化，形如琥珀[4]。南方造饼饵者，谓饴饧为小糖，盖对蔗浆而得名也。饴饧人巧千方，以供甘旨，不可枚述。惟尚方[5]用者名"一窝丝"，或流传后代，不可知也。

译文

稻、麦、黍、粟都可以用来制作麦芽糖。《洪范》说："粮食可以产生甜味。"这句话就把原理讲清楚了。做法是将稻麦之类的粮食浸湿，生芽后晒干，然后煎炼调化而成。以白色为上等，红色的称为"胶饴"，一时在宫中很流行，含在嘴里就会溶化，形状像琥珀一样。南方做糕点小吃的人称麦芽糖为"小糖"，大概是相对于蔗浆而得名。麦芽糖经过厨师的巧手，可以制成上千种甜食，不胜枚举。只有宫里食用的一种叫"一窝丝"，是否能流传到后代就不知道了。

难点精讲

① 饴饧（yí xíng）：饴为麦芽糖与糊精的混合物，饧为麦芽糖加糯米熬成的硬糖。泛指麦芽糖。

② 暴（pù）：同"曝"，晒。

③ 宫：杨本作"官"。

④ 琥珀：松柏等树脂的化石，为淡黄色、褐色或赤褐色的半透明固体，光泽美丽，燃烧时有香气。

⑤ 尚方：古代掌管宫廷饮食器物的官署。

中卷

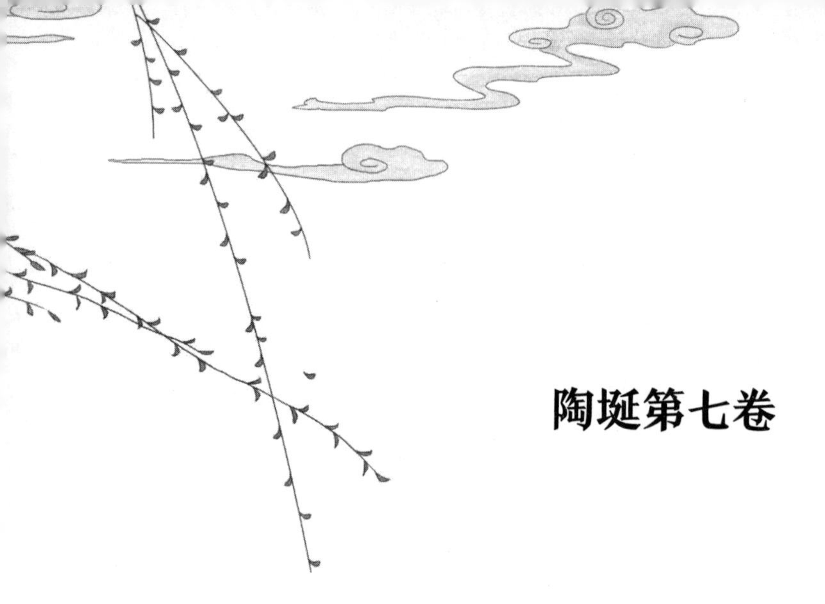

陶埏第七卷

一、宋子曰

原文

水火既济[1]而土合。万室之国，日勤千人而不足[2]，民用亦繁矣哉。上栋下室，以避风雨，而瓴[3]建焉。王公设险，以守其国，而城垣雉堞[4]，寇来不可上矣。泥瓮坚而醴酒[5]欲清，瓦登[6]洁而醯醢[7]以荐[8]。商周之际，俎豆[9]以木为之，毋亦质重之思耶？后世方土效灵，人工表异，陶成雅器，有素肌玉骨之象焉。掩映几筵[10]，文明可掬[11]，岂终固哉？

译文

宋子说：水与火的相互作用，使土制成陶。在万户人家的国度中，每日千人辛勤地制陶，尚且不足用，陶的用处实在太广泛了。建造房屋避风雨，需要用到瓦。王公大臣设险关而守卫国家，用砖修建城墙和矮墙，敌人就攻不上来了。陶瓮坚固而能储存清香的甜酒，瓦登洁净而可以存放上供的肉酱。商周之际，用木制作祭祀的器皿，不也是为了庄重地寄托对先人的哀思吗？后世各地工人运用各种技巧加工陶土，制成典雅的器皿，有了素肌玉骨般洁白光滑的质地。摆放在祭祀的灵座上，交相辉映，文雅可观，哪里只是因为坚固而使用它们呢？

难点精讲

① 既济：《周易》卦象之一，水上火下。制陶时需要用水和泥，用火烧制，故谓“水火既济而土合”。

② 日勤千人而不足：典出《孟子·告子下》：“万室之国，一人陶，则可乎？曰：‘不可，器不足用也。’”潘吉星故将“千”改作“一”。

③ 瓴（líng）：房屋上仰盖的瓦，亦称“瓦沟”。

④ 城垣（yuán）：城墙。雉堞（zhì dié）：城墙上掩护守城人用的矮墙。

⑤ 醴（lǐ）酒：甜酒。

⑥ 登：古代祭祀用器皿，高脚有盖。

⑦ 醯醢（xī hǎi）：用鱼肉做成的酱。

⑧ 荐：进献，祭献。

⑨ 俎（zǔ）豆：俎和豆，均为古代祭祀、宴会时盛肉类等食品的器皿。

⑩ 几筵：祭祀的席位或灵座。

⑪ 掬：用双手捧着。

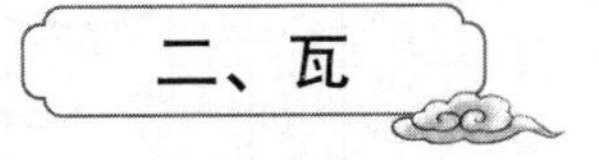

二、瓦

原文

凡埏泥[1]造瓦，掘地二尺余，择取无沙粘土而为之。百里之内，必产合用土色，供人居室之用。凡民居瓦形，皆四合分片。先以圆桶为模骨，外画四条界。调践[2]熟泥，叠成高长方条。然后用铁线弦弓，线上空三分，以尺限定，

译文

用水和泥造瓦，需掘地两尺多深，择取不含沙子的黏土为原料。百里之内，必有适宜的土料，供人建筑房屋使用。民居用瓦取模，都是四片合在一起造，再分成单片。先用圆桶作模骨，外面画四条等分线为分界。用脚把泥踩匀，堆叠成高长方条。然后用铁线作弦弓，线上方留下三分高的空隙，线长以一尺为限，向泥墩平

图 46　造瓦坯

图 47　瓦坯脱桶

向泥不[3]平戛[4]一片，似揭纸而起，周包圆桶之上。待其稍干，脱模而出，自然裂为四片。凡瓦大小苦[5]无定式，大者纵横八九寸，小者缩十之三。室宇合沟中，则必需其最大者，名曰沟瓦，能承受淫雨，不溢漏也。

拉，割出一层陶泥，像揭纸一样揭起，包在圆桶外壁上。等黏土稍微干了，脱开模子，自然裂成四片。瓦的大小向来没有一定标准，大的长宽八九寸，小的要小十分之三。屋顶上的流水沟，必须用最大号的瓦，称为"沟瓦"，能承受连绵的雨天，不至于漏雨。

难点精讲

① 埏（shān）泥：用水和泥。

② 调践：用脚踩的方式把泥调匀。

③ 泥不（dūn）：制陶瓷的原料经粉碎淘洗后，制成长方形泥墩。

④ 戛：割。

⑤ 苦：陶本作"古"，当据改。

原文

凡坯[6]既成，干燥之后，则堆积窑中，燃薪举火，或一昼夜，或二昼夜，视陶[7]中多少，为熄火久暂。浇水转锈[8]（音右），与造砖同法。其垂于檐端者有滴水，下于脊沿者有云

译文

瓦坯制成，待其干燥后，就堆在窑中，然后用火烧，或烧一昼夜，或烧两昼夜，何时熄火取决于窑里放了多少陶瓦。浇水转釉（音右），方法与造砖相同。垂在檐端的是"滴水瓦"，屋脊两边的是"云瓦"，掩盖屋脊的是"抱同瓦"，屋脊两头有各种鸟兽

瓦，瓦掩覆脊者有抱同，镇脊两头者有鸟兽诸形象，皆人工逐一做成，载于窑内受水火而成器则一也。

形象，都是人工逐一做成的，至于放在窑里烧制而成则是一样的。

难点精讲

⑥ 坯：陶本作“杯”。下节“砖”中“坯”字，陶本亦作“杯”。

⑦ 陶：陶本作“窑”，当据改。

⑧ 锈：陶本作“泑”，当据改。泑，古同“釉”，覆盖在陶器表面的玻璃质薄层。下节“砖”“罂　瓮”等条之“锈”字，陶本亦作“泑”，皆当据改。

原文

若皇家宫殿所用，大异于是。其制为琉璃瓦[9]者，或为板片，或为宛筒[10]。以圆竹与斫木为模，逐片成造，其土必取于太平府[11]（舟运三千里方达京师，参沙之伪，雇役、掳船之扰，害不可极，即承天皇陵[12]，亦取于此，无人议正）造成。先装入琉璃窑内，每柴五千斤，烧瓦百片。取出成色，以无名异[13]、棕榈毛[14]等煎汁涂染成绿，黛赭石[15]、松香[16]、

译文

如果是供皇家宫殿使用，做法就有很大不同。皇家使用琉璃瓦，或者是片状，或者是半圆形。用圆竹与加工后的木料为模骨，一片一片烧造，用土必须出自太平府（用船运三千里才能到达京城，承运官吏有掺沙作假的，还有强雇民夫、抢劫民船运送的，危害甚大，修建承天皇陵也用这些土，没人敢议论）。先装入琉璃窑内，每窑烧柴五千斤，只能烧制出百片瓦。取出上色，用无名异、棕榈毛等煎汁涂染成绿色，用黛赭石、松香、蒲草等涂染成黄色。再装入另一个窑，减少薪火，用低温将其

蒲草[17]等涂染成黄。再入别窑，减杀薪火，逼成琉璃宝色。外省亲王殿与仙佛宫观，间亦为之，但色料各有譬[18]合，采取不必尽同，民居则有禁也。

烧成有琉璃光泽的美丽色彩。外省一些亲王的宫殿和仙佛宫观有时也使用琉璃瓦，但色彩原料各有不同的配方，做法也不尽相同，民居则禁止使用琉璃瓦。

难点精讲

⑨ 琉璃瓦：内用黏土、外用琉璃烧制，用来修盖宫殿、庙宇等，釉色有黄、绿、蓝、紫等。

⑩ 宛筒：半圆形。

⑪ 太平府：治所在今安徽省当涂县。

⑫ 承天皇陵：明睿宗朱祐杬（yuán）（1476—1519）的陵墓，在今湖北省钟祥市城东北。

⑬ 无名异：一种含有氧化钴（CoO）及二氧化锰（MnO_2）成分的矿石，钴盐呈蓝色，可作青料。

⑭ 棕榈：棕榈科棕榈属乔木。棕毛汁中含有羟基，可使釉浆稳定。

⑮ 黛赭石：即赤铁矿，主要成分为氧化铁（Fe_2O_3），以产于山西代县者为佳，故又名代赭石，可作红料。

⑯ 松香：松脂，淡黄或黄褐色透明固体，含有松脂酸（$C_{19}H_{29}COOH$），在色釉中起胶结剂和展色剂的作用。加热至300℃以上会产生气体，利于色料与坯面结合。

⑰ 蒲草：香蒲科香蒲属水生草本植物，可食用，花粉可入药。

⑱ 譬：陶本作“配”，当据改。

三、砖

原文

凡埏泥造砖，亦堀地验辨土色，或蓝或白，或红或黄（闽广多红泥，蓝者名善泥，江浙居多），皆以粘而不散、粉而不沙者为上。汲水滋土，人逐数牛错趾，踏成稠泥。然后填满木匡之中，铁线弓戛平其面，而成坯形。

译文

用水和泥造砖，也要掘地辨别土色，或蓝或白，或红或黄（福建、广东多红泥，蓝色的叫善泥，江浙一带居多），都以黏而不散、粉细而不含沙土为上。用水把土润湿，赶几头牛，把土踏成稠泥。然后用泥填满木框，用铁线弓弦将表面刮平，做成砖坯。

原文

凡郡邑城雉、民居垣墙所用者，有眠砖、侧砖[①]两色。眠砖方长条，砌城郭与民人饶富家，不惜工费，直叠[②]而上。民居算计者，则一眠之上施侧砖一路，填土砾其中以实之，盖省啬之义也。凡墙砖而外，甃[③]地者名曰方墁砖，榱桶[④]上用以承瓦者曰楻板砖，圆鞠小桥梁[⑤]与圭门[⑥]

译文

郡邑城墙和民居墙壁用眠砖和侧砖两种砖砌。眠砖是方长条形的，砌城墙或有钱人家砌墙时，不吝惜成本，就一直砌上去。需要算计成本的民居，则砌一排眠砖，上面砌一圈侧砖，在侧砖中间填充泥土沙石，这样可以节省。墙砖以外，铺地面的砖叫“方墁砖”，屋顶椽子上面用来承接瓦片的砖叫“楻板砖”，小拱桥、拱门、墓穴用的砖叫“刀砖”，又叫“鞠砖”。刀砖是将砖的一个侧面削窄，

与窀穸[7]墓穴者曰刀砖，又曰鞠砖。凡刀砖削狭一偏面，相靠挤紧，上砌成圆，车马践压，不能损陷。造方墁砖，泥入方匡中，平板盖面，两人足立其上，研转而坚固之，烧成效用。石工磨斫四沿，然后甃地。刀砖之直视墙砖，稍溢一分，楻板砖则积十以当墙砖之一，方墁砖则一以敌墙砖之十也。

砖与砖挤住靠紧，砌成拱形，车马在上面踩压也不会损坏塌陷。制造方墁砖时，把泥放入方框中，上面盖平板，两人站在上面反复踩踏，将泥踩实，然后烧制。石工把方砖的四个侧面打磨成斜面，用白灰浆填底来铺地。刀砖的价格比墙砖稍微贵一些，楻板砖的价格只有墙砖的十分之一，方墁砖的价格则是墙砖的十倍。

难点精讲

① 眠砖：平卧砌的砖。侧砖：侧立起来的砖，又称斗砖。

② 叠：陶本作“垒”。

③ 甃（zhòu）：用砖砌，垒。

④ 桶，陶本作“桷”，当据改。榱桷（cuī jué）：屋椽（chuán）。桷：方形的椽子。

⑤ 圆鞠小桥梁：小型拱桥。

⑥ 圭门：圆拱门。

⑦ 窀穸（zhūn xī）：墓穴。

原文

凡砖成坯之后，装入窑中，所装百钧[8]则火力一

译文

砖坯制作成之后，装入窑中，三千斤的砖坯要烧一昼夜，六千斤的

昼夜，二百钧则倍时而足。凡烧砖有柴薪窑，有煤炭窑。用薪者出火成青黑色，用煤者出火成白色。凡柴薪窑巅上偏侧凿三孔以出烟，火足止薪之候，泥固塞其孔，然后使水转锈。凡火候少一两则锈色不光，少三两则名嫩火砖，本色杂现，他日经霜冒雪，则立成解散，仍还土质。火候多一两则砖面有裂纹，多三两则砖形缩小拆裂，屈曲不伸，击之如碎铁然，不适于用。巧用者以之埋藏土内为墙脚，则亦有砖之用也。凡观火候，从窑门透视内壁，土受火精，形神摇荡，若金银镕化之极⑨然，陶长辨之。

话时间就得加倍。烧砖有柴薪窑，有煤炭窑。柴薪窑烧出来的砖呈青黑色，煤炭窑烧的则呈白色。在柴薪窑顶部偏侧边的位置凿三个孔排烟，火候已足而停止加柴时，用泥堵住排烟孔，然后通过浇水来改变砖的釉色。火候稍微差一点，釉色就不光亮，火候过于不足的砖称为“嫩火砖”，各种颜色杂出，日后经历霜雪，就会散架，变回泥土。火候稍微过一点，砖面就有裂纹，火候太过了，砖就会缩小、碎裂，屈曲而不能伸展，敲击就会散作碎铁一样，不适合使用。会利用东西的人把这种砖埋在土里作墙脚，也能起到砖的作用。观察火候，从窑门透视内壁，砖土受到火的烘烤，有摇荡之感，就像金银熔化一样，老师傅由此就能分辨火候。

难点精讲

⑧ 钧：古代三十斤为一钧。

⑨ 金银镕化之极：此时窑温当在1000—1300℃之间。

图 48　泥造砖坯

图 49　煤炭烧砖窑

图 50　砖瓦浇水转釉窑

原文

凡转锈[10]之法，窑颠[11]作一平田样，四围稍弦起[12]，灌水其上。砖瓦百钧，用水四十石。水神透入土膜之下，与火意相感而成。水火既济，其质千秋矣。若煤炭窑，视柴窑深欲倍之，其上圆鞠渐小，并不封顶。其内以煤造成尺五径阔饼，每煤一层，隔砖一层，苇薪垫地发火。若皇居所用[13]砖，其大者厂在临清，工部分司主之。初名色有副砖、券砖、平身砖、望板砖、斧刃砖、方砖之类，后革去半。运至京师，每漕舫搭四十块，民舟半之。又细料方砖以甃正殿者，则由苏州造解。其琉璃砖色料已载“瓦”款。取薪台基厂[14]，烧由黑窑[15]云。

译文

转釉的方法是这样的，把窑顶开出一个平面，四周稍稍隆起，往里面灌水。三千斤的砖瓦，需要用四十石水。水渗入土膜之下，与火气相互感应而起作用。水火交感，制成坚固的砖。如果用煤炭窑，要比柴薪窑高一倍，上面的圆拱逐渐缩小，并不封顶。里面放直径一尺五的煤饼，每放一层煤，就摆一层砖，在底部垫上芦苇或柴薪来点火。如果是皇城使用的砖，大砖的厂设在山东临清，由工部营缮司掌管。最初定的款式有副砖、券砖、平身砖、望板砖、斧刃砖、方砖之类，后来撤去一半。从山东运到京城，官家运粮的船每艘可搭载四十块砖，民船减半。铺正殿的细料方砖则由苏州制造。琉璃砖的颜色与原料已经记载在“瓦”一节中。燃料由台基厂提供，在黑窑厂烧制。

难点精讲

⑩ 转锈：陶本作“转泑”，当据改。泑，古同“釉”。转釉，指砖在窑内经高温加热后，先要塞住顶部偏侧的出烟孔，使温度降低到 900℃，此时高价的红色氧化铁（Fe_2O_3）被还原为低价的青色氧化亚铁（FeO）。然后在顶部灌水，使砖迅速冷却至 600℃以下，产生坚固而有青灰色光泽的釉。

⑪ 颠：陶本作“巅”，当据改。巅，顶部。

⑫ 弦起：隆起。

⑬ 用：杨本作“谓”。

⑭ 台基厂：为工部存放柴草之处，在今北京王府井以南。

⑮ 黑窑：为专门制造琉璃砖瓦之窑，在今北京右安门内。

四、罂　瓮①

原文

凡陶家为缶②属，其类百千。大者缸瓮，中者钵盂，小者瓶罐，款制各从方土，悉数之不能。造此者必为圆而不方之器。试土寻泥之后，仍制陶车旋盘。工夫精熟者视器大小掐泥，不甚增多少，两人扶泥旋转，一捏而就。其朝廷所用龙凤缸（窑在真定、曲阳与扬州、仪真③）与南直④花缸，则厚积其泥，以俟

译文

陶工制作大腹小口的陶器，种类有千百种。大的有缸、瓮，中等的有钵、盂，小的有瓶、罐，款式各地不同，不能悉数。造这种陶器必是圆形而非方形的。试验土质、选择泥土后，制作陶车旋盘。手艺好的人根据器物的大小掐泥，不需要再增添多少，两人扶泥旋转，一捏就成。宫廷里使用的龙凤缸（窑在正定、曲阳与扬州、仪征）与南直隶花缸，则要做得厚一些，以待雕镂花纹，做法完全不同，因此其价格或高达百倍，或高达五十

雕镂，作法全不相同，故其直或百倍，或伍十倍也。凡罂缶，有耳、嘴者皆另为合上，以锈水[5]涂粘。陶器皆有底，无底者则陕以西炊甑[6]，用瓦不用木也。

倍。大腹小口的器皿，但凡有耳、嘴的，都是另外烧制，再用釉水粘上去。陶器都有底，没底的是陕西以西地区蒸饭用的甑，用陶土烧制，不用木制。

难点精讲

① 罂（yīng）：大腹小口的陶制器。瓮：盛水或酒等的陶制器。

② 缶（fǒu）：大腹小口的陶制器。

③ 真定：今河北省正定县。曲阳：今河北省曲阳县。扬州：今江苏省扬州市。仪真：今江苏省仪征市。

④ 南直：即南直隶，今江苏、安徽一带。

⑤ 锈水：陶本作“泑水”。泑，古同“釉”。釉水是用釉料和泥浆水调和而成的，用釉水涂沾，可使接口的烧结温度降低，便于接合。

⑥ 甑（zèng）：古代蒸饭的一种瓦器。底部有许多透气孔，置于鬲（lì，古代炊具，似鼎，三足皆空）上蒸煮，类似现代的蒸锅。

原文

凡诸陶器，精者中外皆过锈，粗者或锈其半体。惟沙盆、齿钵[7]之类，其中不锈，存其粗涩，以受研擂之功。沙锅、沙罐不锈，利于透火性以熟烹也。凡锈质料，随地而生，江浙、

译文

各种陶器中，精制的内外都上釉，粗制的有的只有上半部上釉。只有沙盆、齿钵之类的，里面不上釉，保持粗涩，以便研磨。沙锅、沙罐不上釉，是为了便于烹饪时导热。釉的质料到处都有出产，江浙、福建广东用蕨蓝草。这种草是居民烧饭用的柴

闽广用者，蕨蓝草一味。其草乃居民供灶之薪，长不过三尺，枝叶似杉木，勒而不棘人。（其名数十，各地不同。）陶家取来燃灰，布袋灌水澄滤，去其粗者，取其绝细。每灰二碗，参以红土泥水一碗，搅令极匀，蘸涂坯上，烧出自成[8]光色。北方未详用何物。苏州黄罐锈亦别有料。惟上用龙凤器，则仍用松香与无名异也。

草，长不过三尺，枝叶似杉木，用手抓握却不刺手。（它有几十种名字，各地不同。）陶工取来烧成灰，装入布袋灌水过滤，去掉粗质，取其最细的部分。每两碗灰兑上一碗红土泥水，搅拌均匀，蘸着涂在陶坯上，烧出来就自然形成釉的光色。北方不知用什么原料。苏州的黄罐釉也有其他原料。只有皇上使用的龙凤器，仍用松香与无名异上釉。

难点精讲

⑦ 齿钵：一种研磨用器。

⑧ 成：杨本作“然”。

原文

凡瓶窑烧小器，缸窑烧大器。山西、浙江各[9]分缸窑、瓶窑，余省则合一处为之。凡造敞口缸，旋成两截，接合处以木椎内外打紧匝口[10]。坛、瓮亦两截，接内[11]不便用椎，预于

译文

瓶窑用来烧小件陶器，缸窑烧大件陶器。山西、浙江对缸窑和瓶窑有区分，其他省则合为一种。制造敞口缸时，旋转陶车将泥坯制成两截，拼合的地方用木椎内外打紧接口。坛子和瓮也是两截拼合的，但是拼合处不便使用木椎，是预先在其他窑中烧成

图 51　造瓶

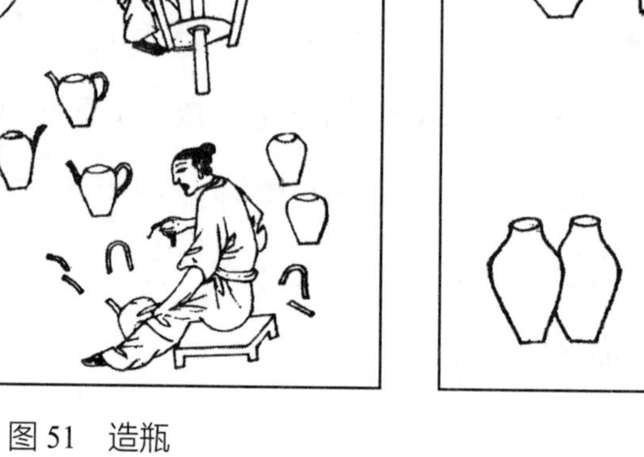

图 52　造缸

图 53　瓶窑连接缸窑

别窑烧成瓦圈，如金刚圈形，托印其内，外以木椎打紧，土性自合。凡缸、瓶窑不于平地，必于斜阜山冈之上，延长者或二三十丈，短者亦十余丈，连接为数十窑，皆一窑高一级。盖依傍山势，所以驱流水湿滋之患，而火气又循级透上。其数十方成陶[12]者，其中苦无重值物，合并众力众资而为之也。其窑鞠[13]成之后，上铺覆以绝细土，厚三寸许。窑隔五尺许，则透烟窗，窑门两边相向而开。装物以至小器装载头一低窑，绝大缸瓮装在最末尾高窑。发火先从头一低窑起，两人对面交看火色。大抵陶器一百三十斤，费薪百斤。火候足时，掩闭其门，然后次发第二火。以次结竟至尾云。

瓦圈，就像金刚圈一样，承托在其内部，外面用木椎打紧，泥土就会自然黏合。缸窑和瓶窑不在平地上建，要在斜坡山冈上建，长的可达二三十丈，短的也有十余丈，接连几十个窑，都是一窑高过一窑。这是因为顺着山势分布，可以避免流水潮湿之患，而且火气又可以依次透出，向上传导。这几十个窑烧出来的陶器，虽然没什么贵重器物，但也是集合众人的力量与物资制造的。窑建成后，上面覆盖三寸左右的细土。窑上每隔五尺左右，就开一个烟窗，窑门在两边相向而开。放入器物时，把最小的器物装在最低的窑中，最大的缸、瓮装在最高处的窑中。点火时先从最低处的窑点起，两人面对面观察火候。大概一百三十斤陶器要用百斤柴火。火候足了，关闭窑门，然后点第二个窑的火。这样一个一个点火，直到最后一窑。

难点精讲

⑨ 各：菅本、陶本作“省”。

⑩ 匝口：接口。

⑪ 内：陶本作“合”，菅本注亦疑当作“合”，当据改。

⑫ 陶：陶本作“窑”。

⑬ 鞠：这里指修造。

五、白瓷　附：青瓷[1]

原文

凡白土[2]曰垩土，为陶家精美器用。中国出惟五六处，北则真定定州、平凉华亭、太原平定、开封禹州，南则泉郡德化（土出永定[3]，窑在德化），徽郡婺源、祁门[4]。（他处白土，陶范不粘，或以扫壁为墁[5]。）德化窑惟以烧造瓷仙、精巧人物、玩器，不适实用；真、开等郡瓷窑所出，色或黄滞无宝光。合并数郡，不敌江西饶郡产[6]。浙省处州丽水、龙泉两邑，烧造过锈杯碗，青黑如漆，名

译文

白土又称垩土，是陶工烧制精美器物的原料。中国只有五六个地方有出产，北边是真定府定州、平凉府华亭县、太原府平定县、开封府禹州，南边是泉州府德化县（土出自永定县，窑在德化县），徽州府婺源县、祁门县。（其他地方的白土，无法与模具粘在一起，有的可用于刷墙。）德化窑只烧造瓷制仙像、精巧人物、玩具，不适合实用；真定、开封等地窑出产的瓷器颜色黄滞无光。各地加起来都比不上江西饶州府产的瓷器。浙江处州府丽水、龙泉两县，烧造的过釉的杯碗，青黑如漆，称为“处窑”。宋元时期，龙泉县琉华山下，有章氏造窑，出产的瓷

曰处窑。宋元时，龙泉华琉山[7]下，有章氏造窑，出款贵重，古董行所谓哥窑[8]器者即此。

器很贵重，就是古董行里所谓的“哥窑器”。

难点精讲

① 白瓷：用含铁量低的瓷坯，施以透明釉而制成的素白瓷器。青瓷：在瓷坯上施青釉烧制而成，外观呈青色或青黄色调的瓷器。宋应星将青花瓷列入青瓷，其实有区别。青瓷着色元素为氧化亚铁（FeO），属色釉瓷；青花瓷以氧化钴（CoO）为色料绘制纹样，以白釉为衬托。

② 白土：即高梁山所产的高岭土，氧化铝（Al_2O_3）含量达 30% 以上，耐火度达 1710℃。

③ 永定：杨维增疑当作“永春”，因永春在德化附近，且产瓷土。

④ 真定定州：今河北省定州市，宋代定窑所在地。平凉华亭：今甘肃省华亭市，明代陇上窑所在地。太原平定：今山西省平定县。开封禹州：今河南省禹州市，宋代钧窑所在地。泉郡德化：今福建省德化县。徽郡婺源：今江西省婺源县。祁门：今安徽省祁门县。

⑤ 墁（màn）：涂抹，粉刷。

⑥ 江西饶郡产：这里指今江西省景德镇市出产的瓷器。

⑦ 华琉山：诸本无异，然浙江龙泉市所存之山名“琉华山”，当改。

⑧ 哥窑：据《七修续稿》载：“哥窑与龙泉窑皆出处州龙泉县。南宋时有章生一、生二弟兄各主一窑。生一所陶者为哥窑，以兄故也。生二所陶为龙泉，以地名也。”

原文

若夫中华四裔驰名猎取者，皆饶郡浮梁景德镇之产也。此镇从古及今为

译文

在中国驰名四方、人们争相购买的是饶州府浮梁县景德镇产的瓷器。景德镇从古至今都是烧瓷器的地方，

烧器地，然不产白土。土出婺源、祁门两山：一名高梁山，出粳米土，其性坚硬；一名开化山，出糯米土，其性粢[9]软。两土和合，瓷器方成。其土作成方块，小舟运至镇。造器者将两土等分，入臼舂一日，然后入缸水澄，其上浮者为细料，倾跌过一缸，其下沉底者为粗料。细料缸中再取上浮者，倾过为最细料，沉底者为中料。既澄之后，以砖砌方长塘，逼靠火窑，以借火力。倾所澄之泥于中，吸干，然后重用清水调和造坯。

然而当地不产白土。土出自婺源、祁门的两座山：一座是高梁山，出产粳米土，质地坚硬；一座是开化山，出产糯米土，质地黏软。将两种土混合，就能做出精致的瓷器。人们把土制成方块，用小船运到景德镇。造瓷器者将两种土取等量，放入臼中舂打一天，然后放入缸中用水澄清，浮在上面的是细料，将其倒入另一口缸，沉在下面的是粗料。从细料缸中再取出浮在上面的，这是最细料，将其倒出来，沉底的是中料。澄清之后，用砖砌成长方形的塘，紧靠火窑，以便借助火力。将澄好的泥放入方塘，借火力将其烘干，然后重新用清水调和，制造瓷坯。

难点精讲

⑨ 粢（zī）：泛指谷物。开化山的糯米土氧化铝（Al_2O_3）含量为18%，耐火度为1470℃，碱金属氧化物含量高，能促进烧结，可塑性也比高岭土好，故而可与高岭土互补。

原文

凡造瓷坯有两种，一曰

译文

瓷坯有两种，一种是印器，比如

印器，如方圆不等瓶、瓮、炉、合[10]之类，御器则有瓷屏风、烛台之类。先以黄泥塑成模印，或两破，或两截，亦或囫囵。然后埏白泥印成，以锈水涂合其缝，烧出时自圆成无隙。一曰圆器，凡大小亿万杯盘之类，乃生人日用必需，造者居十九，而印器则十一。造此器坯，先制陶车。车竖直木一根，埋三尺入土内，使之安稳，上高二尺许，上下列圆盘，盘沿以短竹棍拨运旋转，盘顶正中用檀木刻成盔头冒其上。

方圆都有的瓶、瓮、炉、盒之类，宫中用的器皿则有瓷屏风、烛台之类。先用黄泥制作模具，模具或者是左右对半分开，或者是分成上下两截，又或者整个成模。然后把白泥揉进模具制成器坯，用釉水将接缝处涂合，烧出时自然浑成一体而没有缝隙。一种是圆器，比如大大小小、不计其数的杯盘之类，是人们日常生活的必需品，占瓷器总量的十分之九，而印器则只占十分之一。制造这些器坯，先要制作陶车。制作陶车先树立一根直木，埋入地下三尺，使其安稳。地上部分高两尺左右，上下各装圆盘，圆盘的边沿可用短竹棍拨动，使其旋转，上盘的正中安一个檀木刻成的盔帽。

难点精讲

⑩ 合：通“盒”。

原文

凡造杯盘，无有定形模式，以两手捧泥盔冒之上，旋盘使转。拇指剪去

译文

制作杯盘没有固定的模式，用两手捧泥放在盔帽上，通过旋转圆盘而使其转动。陶工剪去拇指指甲，按住

甲，按定泥底，就大指薄旋而上，即成一杯碗之形。（初学者任从作费[⑪]，破坏取泥再造。）功多业熟，即千万如出一范。凡盔冒上造小坯者不必加泥，造中盘、大碗则增泥大其冒，使干燥而后受功。凡手指旋成坯后，覆转用盔冒一印，微晒留滋润，又一印，晒成极白干，入水一汶，漉上盔冒，过利刀二次（过刀时手脉微振，烧出即成雀口[⑫]），然后补整碎缺，就车上旋转打圈。圈后或画，或书字，画后喷水数口，然后过锈。

泥的底部，使泥随着旋转沿拇指展薄而上，就形成一个杯碗的形状。（初学者任其练习，不怕作废，捏坏的泥坯可以取其泥再用来做。）技巧熟练后，就是做千万个坯，都好像一个模子里印出来的一样。在盔帽上做小件泥坯时不用加泥，做中盘、大碗则须加泥，使盔帽加大，等其干燥后再操作。用手指旋转成坯后，将其翻过来在盔帽上按压一下，稍微晒干，待还有一点水分时，再按压一下，晒得极干呈白色时，入水蘸一下，将坯体润湿后放上盔帽，用锋利的刀刮两次（刮的时候，如果手稍微颤动一下，烧出来就会形成缺口），然后在陶车上旋转，将破损的地方补齐。旋转后在坯上或者画画，或者写字，然后喷几口水，再过釉。

难点精讲

⑪ 费：陶本作“废”，当据改。

⑫ 雀口：缺口。

原文

凡为碎器[⑬]，与千钟粟[⑭]、与褐色杯等，不用青

译文

制作碎器和制作千钟粟、褐色杯等一样，不用青釉料。要造碎器，在

图 54　造圆形瓷器陶车及过利

图 55　瓷坯汶水（沾水）

料。欲为碎器，利刀过后，日晒极热，入清水一蘸而起，烧出自成裂文[15]。千钟粟则锈浆捷点，褐色则老茶叶煎水一抹也。（古碎器，日本国极珍重，真者不惜千金。古香炉碎器，不知何代造，底有铁钉[16]，其钉掩光色不锈。）

用利刀修整之后，先将坯晒到极热，之后放入清水蘸一下就取出，烧成后自然呈现裂纹。千钟粟是用釉浆快速点染而成，褐色杯是用老茶叶煎水抹在坯上。（日本人特别看重古代碎器，不惜千金购买真品。古代香炉碎器，不知何时所造，底部有铁钉印记，印记光亮而无釉。）

难点精讲

⑬ 碎器：以裂纹为装饰的瓷器，为宋代哥窑创制。其原理是利用釉与坯体不同的热膨胀系数而制成。在窑温下降时，釉层的热膨胀系数大，收缩比坯体快，因此器面的釉层可以形成裂纹。下面“欲为碎器”一段叙述，忽略了涂釉的环节。杨维增认为这可能是景德镇技术保密的原因。艾朗诺也提到，明代景德镇采用“官督商办”模式，因而宋应星描述的工序是被政府垄断的。

⑭ 千钟粟：釉面有米粒点状花纹的瓷器。

⑮ 文：陶本作“纹”。文，通“纹”。

⑯ 底有铁钉：瓷器底部上釉悬烧时，需要有支撑坯体的底托，因此烧成后，瓷器底部就会留有类似铁钉的红褐色痕迹。

原文

凡饶镇白瓷锈，用小港嘴[17]泥浆，和桃竹[18]叶灰调成，似清泔汁（泉郡瓷仙，用松毛水调泥浆，处郡青瓷锈，未详所出），盛于缸内。

译文

饶州府景德镇的白瓷釉，用小港嘴一带的泥浆加上桃竹叶灰调制而成，就像清澈的淘米水（泉州府德化窑烧的瓷制仙像，用松毛水调泥浆，处州府处窑的青瓷釉，不知道用的是什么），盛放在缸

凡诸器过锈，先荡其内，外边用指一蘸涂弦[19]，自然流遍。凡画碗青料，总一味无名异。（漆匠煎油[20]，亦用以收火色。）此物不生深土，浮生地面，深者掘下三尺即止，各省直皆有之。亦辨认上料、中料、下料，用时先将炭火丛红煅过[21]。上者出火成翠毛色，中者微青，下者近土褐。上者每斤煅出，只得七两，中下者以次缩减。如上品细料器及御器龙凤等，皆以上料画成，故其价每石值银二十四两，中者半之，下者则十之三而已。

内。瓷器上釉，先把釉水倒进坯内荡一遍，外边用手指蘸釉水涂抹口沿，使其自然流遍整个坯体。画碗用的青色颜料，只有无名异一种。（漆匠煎桐油，也用无名异作着色剂。）无名异不藏于深土，而是浮生在地面，深的也只需掘地三尺，各地都有出产。也要辨别上等料、中等料和下等料，使用时先将其用炭火堆烤煅烧。上等料出火后呈翠毛色，中等呈微青色，下等接近土褐色。上等料每斤只能煅烧出七两，中等、下等的依次缩减。像上等的细料瓷器以及御用龙凤器等，都是用上等料画成的，所以每石价值二十四两银子，中等料就减半，下等料只值十分之三。

难点精讲

⑰ 小港嘴：在景德镇南郊。

⑱ 桃竹：据潘吉星说，当为猕猴桃藤，即杨桃藤。

⑲ 弦：口沿。

⑳ 煎油：这里指煎熬桐油，一般要加 1% 的密陀僧（PbO）和 1% 的无名异。

㉑ 炭火丛红煅过：通过加热无名异，使其分解，除去其中的结晶水、二氧化碳或二氧化硫等挥发性物质。

原文

凡饶镇所用，以衢、信[22]两郡山中者为上料，名曰浙料，上高诸邑者为中，丰城诸处者为下也。凡使料煅过之后，以乳钵极研（其钵底留粗，不转锈），然后调画水。调研时色如皂[23]，入火则成青碧色。凡将碎器为紫霞色杯者，用胭脂打湿，将铁线纽一兜络[24]，盛碎器其中，炭火炙热，然后以湿胭脂一抹即成。凡宣红器，乃烧成之后出火，另施工巧，微炙而成者，非世上朱[25]砂能留红质于火内也。（宣红元末已失传，正德[26]中历试复造出[27]。）

译文

饶州府景德镇用的釉料，以衢州府、广信府山中产的为上等料，称为“浙料”，上高等县产的是中等料，丰城等地的是下等料。釉料煅烧后，用乳钵研磨得极细（乳钵底部要保持粗糙，不上釉），然后调画水。调开研磨后的釉料，色泽近乎黑色，经火烧制就成为青碧色。要制作紫霞色的碎器杯，先将胭脂打湿，将铁线编成网兜，里面盛放碎器，加炭火烤热，然后用湿胭脂抹一下就成了。宣红瓷器，是在烧成出火之后，另外加工，用低温烧成的，并非朱砂红经过火烧后还能留存在陶瓷上。（制作宣红的技艺，在元末已经失传，正德年间不断尝试，又造了出来。）

难点精讲

㉒ 衢：衢州府，治所在今浙江省衢州市。信：广信府，治所在今江西省上饶市。

㉓ 皂：黑色。

㉔ 兜络：网袋，网兜。

㉕ 朱：朱砂，即硫化汞（HgS），朱红色。

㉖ 正德：明武宗朱厚照（1491—1521）的年号，公元1506—1521年。

㉗ 复造出：宣德红釉是铜在高温中一次烧成的红色，为高温（1100—1250℃）

铜红釉，不能用微火二次微炙。这里记载的方法，或为低温（500—800℃）铁红釉的制作工艺。

原文

凡瓷器经画过锈之后，装入匣钵。（装时手拿微重，后日烧出，即成坳口，不复周正。）钵以粗泥造，其中一泥饼托一器，底空处以沙实之。大器一匣装一个，小器十余共[28]一匣钵。钵佳者装烧十余度，劣者一二次即坏。凡匣钵装器入窑，然后举火。其窑上空十二圆眼，名曰天窗。火以十二时辰[29]为足。先发门火十个时，火力从下攻上，然后天窗掷柴烧两时，火力从上透下。器在火中，其软如棉絮，以铁叉取一，以验火候之足。辨认真足，然后绝薪止火。共计一杯[30]工力，过手七十二，方克成器，其中微细节目，尚不能尽也。

译文

瓷器绘画、过釉之后，装入匣钵。（装的时候手拿坯体若用力稍重，烧出来以后坯体就会凹陷，产生变形。）钵是用粗泥制造的，里面每个泥饼托住一件瓷器，底部空的地方用沙子填满。大型瓷器一个匣钵只能装一个，小型瓷器一个匣钵能装十几个。质量上乘的匣钵能用十几次，差的烧一两次就坏了。将瓷坯装入匣钵后放入窑中，然后点火。窑上有十二个圆孔，称为“天窗”。火要烧二十四小时才够。先从窑门点火，烧二十小时，此时火力从下向上，然后从天窗里加柴火，再烧四小时，此时火力从上向下。瓷器在火中，软如棉絮，用铁叉取出一件，检查火候是否已足。辨别出确实烧足了，然后停薪灭火。烧一坯要经过七十二道工序，才能成器，其中那些细微的操作，还无法细论述。

图 56　瓷器过釉

图 57　坯体上画回青

图 58　瓷器窑

难点精讲

㉘ 共：杨本作“供”。

㉙ 时辰：古代一个时辰相当于现代两个小时。

㉚ 杯：陶本作“坯”，当据改。

六、附：窑变、回青

原文

正德中，内使[1]监造御器。时宣红失传不成，身家俱丧。一人跃入自焚[2]，托梦他人造出，竞传窑变[3]。好异者遂妄传烧出鹿、象诸异物也。又回青[4]乃西域大青，美者亦名佛头青。上料无名异出火似之，非大青能入洪炉存本色也。

译文

正德年间，太监监造宫中瓷器。当时宣红瓷的技艺已经失传，陶工为了烧陶，身家性命都不保。据说有一位陶工因此跳入火中自焚，然后托梦给其他工人，才造出来，人们竞相传说有窑变之事。好事者就编造谣言说烧出了鹿、象等神奇动物。另外，回青是西域产的大青，其中优质的又称“佛头青”。上等的无名异能烧出这种颜色，并非大青入窑烧制后还能保存本色。

难点精讲

① 内使：太监，宦官。

② 自焚：陶工自焚事，并非发生于正德年间，而在万历二十七年（1599），太监潘相督造龙缸，陶匠童宾烧器不成，被逼跳火自焚。

③ 窑变：一般认为是釉色在烧制过程中产生了计划外的变化，这是因为呈色的金属可变价。比如氧化铜（CuO）呈蓝绿色，而氧化亚铜（Cu_2O）则呈紫红色，氧化铁（Fe_2O_3）呈黄褐色，而氧化亚铁（FeO）则呈青绿色。

④ 回青：西域的钴土矿，即苏麻离青料，由波斯一带引进。

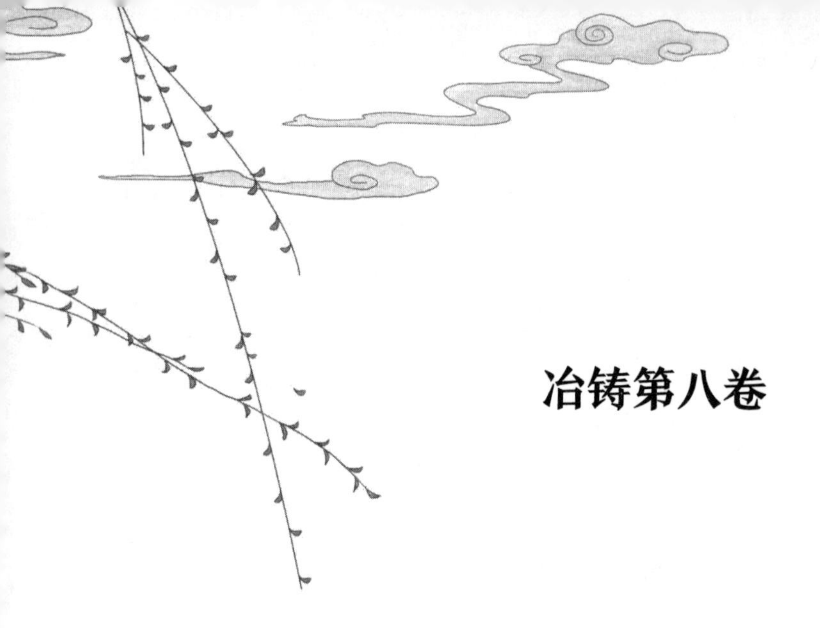

冶铸第八卷

一、宋子曰

原文

首山之采，肇自轩辕[①]，源流远矣哉。九牧贡金，用襄禹鼎[②]，从此火金功用日异而月新矣。夫金之生也，以土为母，及其成形而效用于世也，母模子肖，亦犹是焉。精粗巨细之间，但见钝者司舂，利者司垦。薄其身以媒合水火，而百姓繁；虚其腹以振荡空灵，而八音[③]起。愿者肖仙梵之身，而尘凡有至象[④]；巧者夺上清之魄[⑤]，而海寓[⑥]遍流泉[⑦]。即屈指唱筹，岂能悉数？要之，人力不至于此。

译文

宋子说：黄帝时代就开始在首山采铜铸鼎，冶铸技术可谓源远流长。九州进贡金属，帮助大禹铸造了鼎，从此用火力炼金的方法日新月异。金生于土，金属器成形后，应用于世间，其形状和土质模具一样，也是这个道理。金属器有精粗、大小的不同，而粗钝的可以用来舂捣，锋利的可以用来垦土。薄的如铁锅，用来烧水煮饭，让百姓得以繁衍；中空的的如钟，可以振荡空气，形成音乐。信众们模仿仙佛，用金属铸出佛像；心灵手巧的人根据月亮的形象制造出流通于海内的钱币。金属的功用，就算是屈指头、报筹码，又怎么能数尽呢？总之，光靠人力是做不出来的。

难点精讲

① 首山之采，肇自轩辕：典出《史记·封禅书》："黄帝采首山铜，铸鼎于荆山下。"首山在今河南省襄城县。肇，创始。轩辕，黄帝的号。

② 九牧贡金，用襄禹鼎：典出《左传·宣公三年》："昔夏之方有德也，远方图物，贡金九牧，铸鼎象物，万物而为之备。"即夏禹时，九州进贡金属（铜），铸造了九鼎。按照《尚书·禹贡》的记载，九州指冀州、豫州、雍州、扬州、兖（yǎn）州、徐州、梁州、青州、荆州。

③ 八音：金、石、丝、竹、匏（páo）、土、革、木八类乐器的统称，这里泛指音乐。

④ 至象：这里指佛像。

⑤ 上清之魄：指月亮。

⑥ 寓：陶本作"宇"。

⑦ 泉：钱币。

二、鼎

原文

凡铸鼎，唐虞[①]以前不可考。唯禹铸九鼎，则因九州贡赋壤则已成，入贡方物岁例已定，疏浚河道已通，《禹贡》[②]业已成书。恐后世人君增赋重敛，后代侯国冒贡奇淫，后日治水之人不由其道，故铸之于鼎。不如书籍之易去，使有所遵守，不可移易，

译文

尧、舜以前铸鼎的事迹不可考。大禹铸九鼎，是因为九州纳土地赋税的法则已经形成，每年进贡物产的条例已经确定，河道已经疏通，《禹贡》已经成书。他担心后代的君主加重赋税，诸侯国贸然进贡奇巧之物，后世人们不按他的方法治水，所以才将这些铸在鼎上。鼎不像书籍那样容易散失，能使后人有所遵守，不可改变，这是铸这九个鼎的原因。后来年代

此九鼎所为铸也。年代久远，末学寡闻，如玭珠[③]、暨鱼[④]、狐狸、织皮之类，皆其刻画于鼎上者，或漫灭改形，亦未可知，陋者遂以为怪物。故《春秋传》[⑤]有使知神奸、不逢魑魅之说也。此鼎入秦始亡。而春秋时郜大鼎[⑥]、莒二方鼎，皆其列国自造，即有刻画，必失《禹贡》初旨，此但存名为古物。后世图籍繁多，百倍上古，亦不复铸鼎。特并志之。

久远，学问浅薄、孤陋寡闻的人，看到玭珠、暨鱼、狐狸、织皮之类的都刻画在鼎上，有的形态可能因锈蚀而改变，浅陋的人就认为这些都是怪物。所以《春秋左传》里才有铸鼎使民识别神怪、使民能躲避妖魔一类的说法。这九鼎到秦代就丢失了。春秋时的郜国大鼎、莒国二方鼎，都是列国自行铸造的，即便有所刻画，也必定失去了《禹贡》原来的意思，只不过是留存下来的古物名称。后来图书繁多，百倍于上古时期，也就不再铸鼎了。特别记录在这里。

难点精讲

① 唐虞：指尧、舜。尧为陶唐氏，舜为有虞氏。

② 《禹贡》：即《尚书·禹贡》篇，记载了九州进贡的物产。现在一般认为此书成书于战国时期，并非成书于夏代。

③ 玭（pín）珠：珍珠。玭为一种产珍珠的蚌。

④ 暨（jì）鱼：传说中的一种美鱼。

⑤ 《春秋传》：即《春秋左传》。《左传·宣公三年》："贡金九牧，铸鼎象物，万物而为之备，使民知神奸，故民入川泽山林，不逢不若，螭魅罔两，莫能逢之。"

⑥ 郜（gào）鼎：《左传·隐公七年》载有郜国（今山东省成武县东南）献周王之鼎。莒（jǔ）鼎：《左传·昭公七年》载有莒国（今山东省莒县）赠予子产的鼎。

三、钟

原文

凡钟为金乐之首，其声一宣，大者闻十里，小者亦及里之余。故君视朝、官出署必用以集众，而乡饮酒礼[1]必用以和歌，梵宫仙殿必用以明摄[2]谒者之诚，幽起鬼神之敬。凡铸钟，高者铜质，下者铁质。今北极朝钟[3]，则纯用响铜，每口共费铜四万七千斤、锡四千斤、金五十两、银一百二十两于内。成器亦重二万斤，身高一丈一尺五寸，双龙蒲牢[4]高二尺七寸，口径八尺，则今朝钟之制也。

译文

钟为金属乐器之首，钟声响起，大的十里之外都能听到，小的也能传一里多远。因此君主上朝、百官开堂时，一定要用钟声来聚集众人；举行乡饮酒礼时，一定要用钟声来配合乐歌；寺庙、道观里也一定要用钟声使参拜者收敛心神、诚心诚意，激发对鬼神的敬重。上等的钟用铜铸，下等的用铁铸。现在的北极阁朝钟则完全用响铜铸造，每口钟耗费铜四万七千斤、锡四千斤、金五十两、银一百二十两。造成的钟重二万斤，高一丈一尺五寸，上面的双龙、蒲牢高二尺七寸，口径为八尺，这就是现在铸造朝钟的规制。

难点精讲

① 乡饮酒礼：周代于乡间举行的礼仪，通过饮酒礼达到推荐贤才的目的。明清时期推行此礼，亦有教化、训诫等目的。

② 摄：收敛心神。

③ 北极朝钟：明代宫内北极阁的朝钟。

④ 蒲牢：古代传说中的一种生活在海边的兽。据说其叫声洪亮，故古人常在钟上铸上蒲牢的形象，后亦以蒲牢作为钟的别名。

原文

凡造万钧钟，与铸鼎法同。掘坑深丈几尺，燥筑其中如房舍，埏泥作模骨，其模骨用石灰、三和土筑，不使有丝毫隙拆。干燥之后，以牛油、黄蜡附其上数寸。油蜡分两：油居什八，蜡居什二。其上高蔽抵晴雨。（夏月不可为，油不冻结。）油蜡墁定，然后雕镂书文、物象，丝发成就。然后舂筛绝细土与炭末为泥，涂墁以渐，而加厚至数寸，使其内外透体干坚。外施火力，炙化其中油蜡，从口上孔隙镕流净尽，则其中空处即钟鼎托体之区也。

译文

铸造万钧重的钟，与铸造鼎的方法相同。在地上挖出一丈多深的坑，将其构造成房舍一样，保持干燥，用石灰、三合土和泥，制作内模，不要有丝毫的缝隙。干燥之后，用几寸厚的牛油、黄蜡抹在上面。油占八成，蜡占两成。上面搭起高棚遮蔽日晒雨淋。（夏天不能做，因为油无法凝固。）等油和蜡都涂好凝固了，然后雕刻文字、物象，一丝一发都要认真操作。然后舂捣并筛出极细的土和炭末，和成泥，再一点点涂抹在油蜡上，加厚至数寸，使这个外模的内外都彻底干燥、坚固。然后从外部点火加热，把中间的油蜡层烧化，使其从内外模之间的缝隙中流干净，剩下的空腔，就是日后铸造出钟鼎形状的地方了。

原文

凡油蜡一斤，虚位填铜十斤。塑油时尽油十斤，则备铜百斤以俟之。中既空净，则议镕铜。凡火铜[⑤]至万钧，非手足所能驱使。四面筑炉，四面泥作槽道，其道上口承接炉中，下口斜低，以就钟鼎入铜孔，槽傍一齐红炭炽围。洪炉镕化时，决开槽梗（先泥土为梗塞住），一齐如水横流，从槽道中枧注而下，钟鼎成矣。凡万钧铁钟与炉、釜，其法皆同，而塑法则由人省啬也。

译文

一斤油蜡所占的位置，要填十斤铜。塑造模型时用了十斤油，就要准备好百斤铜。模型中间的油蜡流干净后，就可以开始熔化铜了。熔化的黄铜重达万钧，这不是人的手脚所能挪动的。在四面架起熔炉，又在四面用泥制作槽道，槽道的上口接到熔炉中，倾斜向下，接到铸造钟鼎的入铜孔中，槽道旁边都用炽热的炭火围住，用来保持温度。熔炉里的铜熔化时，打开槽道与炉间的塞子（先前用泥土作梗塞住），使铜液像水一样一齐流出，顺着槽道的引流，注入钟鼎模型中，钟鼎就铸成了。万钧的铁钟与炉、锅，铸造方法都是如此，而塑造内模的方法则根据不同情况而可以有所节约。

难点精讲

⑤ 火铜：黄铜，即铜锌合金。

原文

若千斤以内者，则不须如此劳费，但多捏十数

译文

如果只是铸造千斤以内的器物的话，就不必如此费功夫，只需多造十

图 59　塑造钟的铸模

图 60　铸钟、鼎

锅炉。炉形如箕，铁条作骨，附泥做就。其下先以铁片圈筒，直透作两孔，以受杠穿。其炉垫于土墩之上，各炉一齐鼓鞴[⑥]镕化。化后以两杠穿炉下，轻者两人，重者数人抬起，倾注模底孔中。甲炉既倾，乙炉疾继之，丙炉又疾继之，其中自然粘合。若相承迂缓，则先入之质欲冻，后者不粘，衅[⑦]所由生也。凡铁钟，模不重费油蜡者，先埏土作外模，剖破两边形，或为两截，以子口[⑧]串合，翻刻书文于其上。内模缩小分寸，空其中体，精算而就。外模刻文后以牛油滑之，使他日器无粘糨[⑨]，然后盖上，泥合其缝而受铸焉。巨磬、云板[⑩]，法皆仿此。

几个小锅炉。炉形像簸箕，用铁条作骨架，糊上泥做成。炉的下面先用铁片圈成筒状，在上面穿两个孔，以便抬杠穿过。将锅炉垫在土墩上，各个炉子一齐鼓风熔化铜液。铜熔化后，用两根抬杠穿在炉下，轻的两个人，重的多个人抬起，倾注到模型底部的孔中。甲炉的铜液倒完，立刻倒入乙炉的，再立刻倒入丙炉的，铜液在其中自然就能融合在一起。如果先后承接时动作不够快，先倒入的铜液快要凝固了，后来倒入的就无法融合在一起，会出现缝隙。造铁钟时，铸模不用耗费很多油蜡，先和泥制作外模，纵向剖为两半，或者横向分作两截，就像器物与盖子那样密合，将文字反刻在外模上。内模则缩小尺寸，使内外模之间形成空腔，经过精密的计算而制成。外模刻好文字后，用牛油来润滑，使铸造的钟不会和模具粘连，然后将内外模合在一起，用泥填补缝隙，就可以开始铸造了。铸造巨磬、云板的方法都是这样。

图 61　铸千斤钟与仙佛像

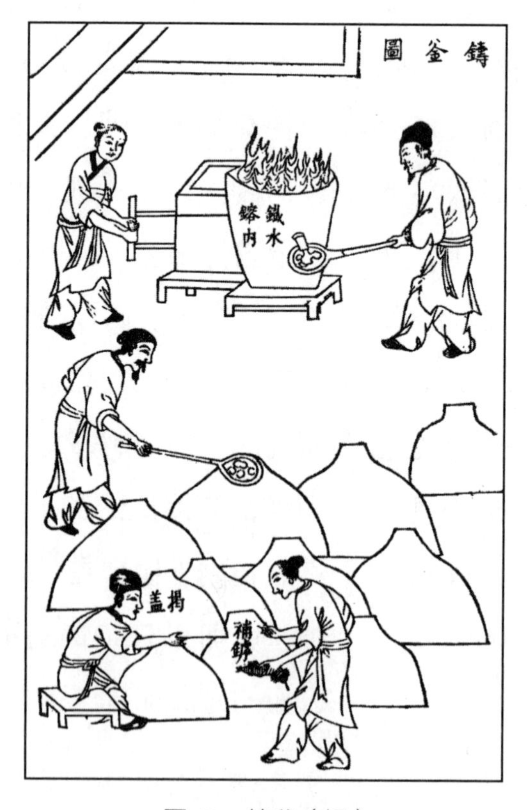

图 62　铸釜（锅）

难点精讲

⑥ 鞲（gōu）：鼓风箱，可将空气通过风道送入熔炼炉中，使炉火旺盛。

⑦ 衅（xìn）：缝隙。

⑧ 子口：指器物与其盖子重叠密合之处。

⑨ 糤：陶本作“糷”（làn），意为饭烂相粘着，当据改。

⑩ 磬（qìng）：佛寺中使用的一种钵状物，用铜铁铸成，既可作念经时的打击乐器，亦可敲响集合寺众。云板：佛教法器名，用铁铸云，击以报时。

四、釜

原文

凡釜储水受火，日用司命系焉。铸用生铁[1]或废铸铁器为质。大小无定式，常用者径口二尺为率，厚约二分。小者径口半之，厚薄不减。其模内外为两层，先塑其内，俟久日干燥，合釜形分寸于上，然后塑外层盖模。此塑匠最精，差之毫厘则无用。模既成就干燥，然后泥捏冶炉，其中如釜，受生铁于中，其炉背透管通风，炉面捏嘴出铁。一炉所化约十釜、二十釜之料。铁化

译文

锅用来装水加热，是重要的日用品。铸锅时用生铁或废旧铁器为原料。大小没有定式，常用的铁锅以直径二尺为准，厚度约有二分。小锅的直径只有一半，厚度不减。模具分为内外两层，先塑内模，多放几日待其干燥后，在其上计算好锅的大小，然后塑外层盖模。塑造模型的工匠必须仔细加工，稍微差一点就没用了。模型做好后等其干燥，然后用泥捏成熔炉，内部像铁锅，把生铁放在里面，熔炉背后接上管口以便通风，前面捏出一个小口以便出铁水。一炉熔化的铁水，能铸十个、二十个铁锅。铁熔化为水时，用垫了泥的有柄纯铁勺从

如水，以泥固纯铁柄杓，从嘴受注。一杓约一釜之料，倾注模底孔内，不俟冷定即揭开盖模，看视罅[2]绽未周之处。此时釜身尚通红未黑，有不到处，即浇少许于上补完，打湿草片按平，苦[3]无痕迹。凡生铁初铸釜，补绽者甚多，唯废破釜铁镕铸，则无复隙漏。（朝鲜国俗破釜必弃之山中，不以还炉。）凡釜既成后，试法以轻杖敲之，响声如木者佳，声有差响则铁质未熟之故，他日易为损坏。海内丛林大处[4]，铸有千僧锅者，煮糜[5]受米二石，此直[6]痴物也。

炉口接铁水。一勺的铁水大约能铸一口锅，把铁水倾倒在模底的孔内，不等冷却下来就揭开外层盖模，检查有没有漏的、不完善的地方。此时锅身还是通红色而未变黑色，如有没铸好的地方，就浇上少许铁水补好，用打湿的草片压平，不留下痕迹。生铁第一次用来铸锅时，往往有很多地方需要修补，用废旧铁锅熔铸，则不容易有缝隙。（按朝鲜国风俗，破旧的铁锅必须扔到山里，不能还炉再造。）铁锅铸成之后，检验的办法是用杖轻轻敲击，响声像敲木头一样的就是好锅，有杂音的话就说明铁质未熟，他日容易损坏。一些地处丛林里的寺庙，铸有“千僧锅”，可以煮二石米的粥，真是笨重的器物啊。

难点精讲

① 生铁：一般指含碳量 2% 以上的铁碳合金。据杨维增，这里的铁锅可能是用灰口铁铸造的。

② 罅（xià）：缝隙，裂缝。

③ 苦：杨本、菅本、陶本作“若”，当据改。

④ 丛林大处：指丛林中的寺庙。

⑤ 糜：粥。

⑥ 直：陶本作“真”，菅本注亦疑当作“真”。

五、像

原文

凡铸仙佛铜像，塑法与朝钟同。但钟鼎不可接，而像则数接为之，故写[①]时为力甚易。但接模之法，分寸最精云。

译文

铸造仙佛铜像的方法与铸朝钟相同。但是钟鼎不能拼接而成，而佛像则可由多部分拼接，因此浇铸时很省力。但是接模的方法，最讲究精准。

难点精讲

① 写：通“泻”。

六、炮

原文

凡铸炮，西洋、红夷、佛郎机[①]等用熟铜造，信炮、短提铳[②]等用生熟铜兼半造，襄阳、盏口、大将军、二将军等用铁造。

译文

铸炮时，西洋炮、红夷炮、佛郎机炮等用熟铜造，信炮、短提铳等用生铜、熟铜各半造，襄阳、盏口、大将军、二将军等炮用铁造。

难点精讲

① 红夷：指荷兰。红夷大炮常用于守城。佛郎机：波斯语 ferangi 或 feringi 的音译，指葡萄牙和西班牙。佛郎机炮常用于水战。

② 信炮：发射信号弹的炮。短提铳（chòng）：短筒枪。

七、镜

原文

凡铸镜，模用灰沙，铜用锡和（不用倭铅[1]）。《考工记》亦云："金锡相半，谓之鉴、燧[2]之剂。"开面成光，则水银附体[3]而成，非铜有光明如许也。唐开元[4]宫中镜，尽以白银与铜等分铸成，每口值银数两者以此故。朱砂斑点乃金银精华发现。（古炉有入金于内者。）我朝宣炉亦缘某库偶灾，金银杂铜锡化作一团，命以铸炉。（真者错现金色。）唐镜、宣炉皆朝廷盛世物云。

译文

铸镜子，模具用草木灰和细沙制成，原料用铜与锡混合（不用锌）。《考工记》中也说："铜、锡各半，是制作平面镜与聚光镜的材料。"镜面可以反光，是因为镜面上镀了水银，并非铜本身能发出光。唐代开元年间皇宫中的镜子，都是用白银与铜对半铸成的，所以每面值好几两银子。镜子上的朱砂色斑点是掺入金银的表现。（古代铸香炉也掺有金子。）本朝宣德炉也是因为某金库偶然失火，金银杂着铜锡熔作一团，就下令以其铸炉。（其真品闪现金色。）唐代的镜子和宣德炉都是朝廷盛世之物。

难点精讲

① 倭铅：指锌。

② 鉴：平面镜。燧：聚光镜。

③ 水银附体：用铜锡合金制造的镜面表面粗糙，研磨和抛光时需要镀上水银。

④ 开元：唐玄宗李隆基（685—762）年号，公元713—741年。

八、钱

原文

凡铸铜为钱，以利民用，一面刊国号通宝四字，工部分司主之。凡钱通利者，以十文抵银一分值。其大钱当五、当十，其弊便于私铸，反以害民，故中外[①]行而辄不行也。凡铸钱每十斤，红铜居六七，倭铅（京中名水锡）居四三，此等分大略。倭铅每见烈火，必耗四分之一。我朝行用钱高色者，唯北京宝源局黄钱与广东高州炉青钱[②]（高州钱行盛漳泉路），其价一文敌南直、江浙等二文。黄钱又分二等，四火铜[③]所铸曰金背钱，二火铜[④]所铸曰火漆钱。

译文

用铜铸钱，便于百姓使用，一面刻有“某某（年号）通宝”四字，由工部专门机构负责。通行的铜钱，十文钱可抵一分银的价值。大钱可以相当于五分、十分银的价值，其弊端是便于私人铸造，反而对百姓有害，所以中央和地方发行以后就不再继续发行了。铸钱时，每十斤钱，红铜占十分之六七，锌（京中称为“水锡”）占十分之四三，这是大致的比例。锌遇到烈火，必定耗损四分之一。本朝通行的铜钱，质量高的只有北京宝源局的黄钱与广东高州炉的青钱（高州钱盛行于漳州、泉州），一文钱的价值抵得上南直隶、浙江等地的两文钱。黄钱又分两个等级，用经过四次熔炼的黄铜铸成的称为“金背钱”，用经过两次熔炼的黄铜铸成的称为“火漆钱”。

难点精讲

① 中外：这里指中央和地方。

② 黄钱：以60%的铜与40%的锌铸成。青钱：以50%的铜、41.5%的锌以及6.5%

的铅、2% 的锡配合铸成。高州：今广东省高州市。

③ 四火铜：经过四次熔炼的黄铜，其中约含铜 70%、锌 30%，延展性更好。

④ 二火铜：经过两次熔炼的黄铜，其中约含铜 60%、锌 40%。

原文

凡铸钱镕铜之罐[5]，以绝细土末（打碎干土砖妙）和炭末为之。（京炉用牛蹄甲，未详何作用。）罐料十两，土居七而炭居三，以炭灰性暖，佐土使易化物也。罐长八寸，口径二寸五分。一罐约载铜、铅[6]十斤。铜先入化，然后投铅，洪炉扇合，倾入模内。

译文

铸钱时用于熔炼黄铜的坩埚，是用非常细的土末（最好用打碎的干土砖）混合炭粉制成的。（北京炉用牛蹄甲，不知有什么作用。）每十两做坩埚的原料中，土末占七成而炭粉占三成，因为炭粉能保暖，与土末配合容易使铜熔化。坩埚长八寸，直径二寸五分。一坩埚大约能盛十斤铜、锌。先把铜放入熔化，然后放入锌，向熔炉鼓风，将熔化后的合金溶液倒入模具中。

难点精讲

⑤ 罐：这里指坩埚（gān guō），用极耐火的材料所制的器皿。

⑥ 铅：这里指倭铅，即锌。

原文

凡铸钱模，以木四条为空匡。（木长一尺二[7]寸，阔一寸二分。）土炭末筛令极细，填实匡中，微洒杉木炭灰或柳木炭灰于其面上，

译文

铸钱的模具，用四条木头做成空框。（木长一尺二寸，宽一寸二分。）把土与炭的粉末筛得极细，填满框中，在上面稍微撒一些杉木炭灰或柳木炭灰，或者用松香与菜籽油燃烧的烟熏

或熏模[8]则用松香与清油[9]。然后以母钱百文（用锡雕成）或字或背，布置其上。又用一匡如前法填实，合盖之。既合之后，已成面、背两匡，随手覆转，则母钱尽落后匡之上。又用一匡填实，合上后匡，如是转覆，只合十余匡，然后以绳捆定。其木匡上弦原留入铜眼孔，铸工用鹰嘴钳，洪炉提出镕罐，一人以别钳扶抬罐底相助，逐一倾入孔中。冷定，解绳开匡，则磊落[10]百文，如花果附枝。模中原印空梗，走铜如树枝样，挟出逐一摘断，以待磨镂[11]成钱。凡钱先错边沿，以竹木条直贯数百文受镂，后镂平面则逐一为之。

过。然后将一百个钱模（用锡雕成），或全部正面，或全部背面，布置在模具上。再准备一个木框，按照前面的方法填实，对准，盖在前一个框上。盖好后，就构成正面、背面两框，随手翻转，揭开前框，钱模就都落在后框上。再准备一个木框填好，盖在后框上，同样翻转，这样制作十几个木框，然后用绳子捆好。木框的上边留有小孔，供铜锌液流入，铸造的工匠用鹰嘴钳将坩埚从熔炉中取出，另一个人用另外的钳子帮忙托住坩埚底部，将铜锌液逐一倒入孔中。冷却凝固后，解开绳子，打开木框，只见一百文铜钱就像树枝上密密麻麻的花果一般。模中原本刻有空沟，铜液流过后就像树枝一样，将其夹出，逐个摘下铜钱，以待磨锉成钱。铜钱先打磨边缘，用竹木条穿上数百文钱一起锉，铜钱表面则需要逐一打磨。

难点精讲

⑦ 二：菅本、陶本作“一”。

图 63　铸钱

图 64　锉钱

图 65　日本国造银钱

⑧ 熏模：用烟熏制模具。之所以要在模型上撒木炭末或用烟熏制，是为了在金属液体流过时，使炭末燃烧，便于钱和模分离。

⑨ 清油：菜籽油。

⑩ 磊落：众多、错杂的样子。

⑪ 锉（chā）：即锉，将物体打磨平滑的工具。陶本作“磋”。

原文

凡钱高低以铅多寡分，其厚重与薄削，则昭然易见。铅贱铜贵，私铸者至对半为之，以之掷阶石上，声如木石者，此低钱也。若高钱，铜九铅一，则掷地作金声矣。凡将成器废铜铸钱者，每火十耗其一。盖铅质先走，其铜色渐高，胜于新铜初化者。若琉球诸国银钱，其模即凿锲铁钳头上，银化之时，入锅夹取，淬[12]于冷水之中，即落一钱其内。图并具右。

译文

铜钱成色的高低取决于含锌量的多少，厚度与重量则昭然易见。锌贱而铜贵，所以私自铸钱的人甚至按一比一的比例配比，将钱扔在台阶上，发出像木石一样的声音，这就是成色低的钱。如果是成色高的钱，铜占九成而锌占一成，扔在地上发出金属的声响。用废铜器物来铸钱，每次熔炼要损耗十分之一。因为锌先流走，铜的含量就逐渐提高，要比用新铜初次熔炼更好。如果是琉球诸国的银钱，其钱模就凿刻在铁钳头上，将银熔化后，用铁钳从坩埚里夹取，用冷水淬火，就落下一枚银币。见附图。

难点精讲

⑫ 淬（cuì）：把烧红的金属放入水中浸泡一下立刻取出，用以提高合金的硬度和强度。

九、附：铁钱

原文

铁质贱甚，从古[①]无铸钱。起于唐藩镇魏博[②]诸地，铜货不通，始冶为之，盖斯须之计[③]也。皇家盛时则冶银为豆[④]，杂伯[⑤]衰时则铸铁为钱。并志博物者感慨。

译文

铁很廉价，自古以来不曾用于铸钱。以铁铸钱兴起于唐代藩镇魏博等地，因为买不到铜，才用铁冶炼，只是权宜之计。王朝兴盛时，将银冶炼成银豆取乐；藩镇争霸而王朝衰落时，却用铁铸钱。一并记录于此，以抒发博物者的感慨。

难点精讲

① 从古：铸造铁钱始于汉末公孙述政权，梁武帝普通四年（523）亦铸造铁钱，造成通货膨胀。

② 魏博：唐代藩镇名，治所在今河北省大名县东北，统辖今河北、河南、山东三省边地。

③ 斯须之计：权宜之计。

④ 冶银为豆：明代宫廷曾经冶炼银豆，用于撒地令宫女、太监争抢，供皇帝取乐。

⑤ 伯：通“霸”。

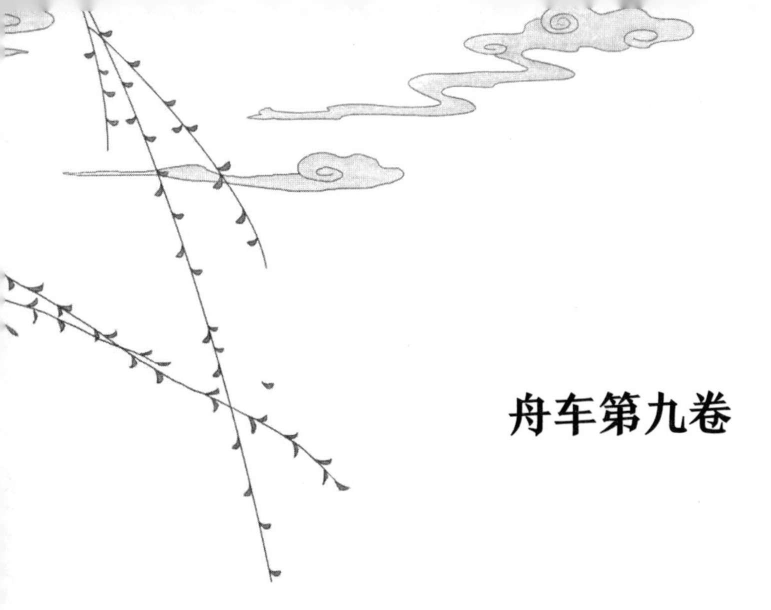

舟车第九卷

一、宋子曰

原文

人群分而物异产，来往贸[1]迁以成宇宙。若各居而老死，何藉有群类哉？人有贵而必出，行畏周行[2]；物有贱而必须，坐穷负贩[3]。四海之内，南资舟而北资车。梯航[4]万国，能使帝京元气充然。何其始造舟车者不食尸祝之报[5]也？浮海长年，视万顷波如平地，此与列子[6]所谓御泠风[7]者无异。传所称奚仲[8]之流，倘所谓神人者非耶？

译文

宋子说：人群分居各地，而各地物产不同，通过贸易往来形成了世界。如果人们都各居一方，老死不相往来，又如何形成人类社会呢？贵人也必须得出门，出门总怕路远；有些东西虽然便宜却是必须用的，因为缺少就需要搬运贩卖。从全国来看，南方靠船运输而北方靠车运输。各地的长途往来，能使京城繁荣。为什么最早造舟车的人没有受到人们的祭祀呢？船工长时间在海上行船，视万顷波涛如入平地，这就和列子的御风而行一样。经传上说的造车的奚仲这类人，难道不能称其为神人吗？

难点精讲

① 贸：陶本作“懋”。懋，通“贸”。

② 周行：大路。

③ 负贩：担着货物贩卖。

④ 梯航：即登山航海。这里比喻长途跋涉。

⑤ 食尸祝之报：指受到后人祭祀。尸：古代祭祀时，代表死者受祭的人。祝：男巫。

⑥ 列子：即列御寇（约前450—约前375），战国前期道家人物，郑国人。列子御风而行之事见《庄子·逍遥游》：“夫列子御风而行，泠然善也。”

⑦ 泠：陶本作“冷”，当据改。泠（líng）风：清风。

⑧ 奚仲：据《墨子·非儒》《左传·定公元年》《管子·形势》《荀子·解蔽》等载，奚仲于夏代任车正，为车的创造者。

二、舟

原文

凡舟古名百千，今名亦百千。或以形名（如海鳅、江鳊、山梭之类），或以量名（载物之数），或以质名（各色木料），不可殚述。游海滨者得见洋船，居江湄[1]者得见漕舫[2]。若局趣[3]山国之中，老死平原之地，所见者一叶扁舟、截流乱筏而已。粗载数舟制度，其余可例推云。

译文

船的名字自古至今有成百上千种。或者用形状命名（比如“海鳅”“江鳊”“山梭”之类的），或者用数量命名（装载货物的数量），或者用材质命名（各种木料），无法详细列举。在海滨游历的人可以见到洋船，居住在江边的人可以见到漕运船。如果只生活在山中，或老死于平原，能见到的不过是独木船、渡河的小筏子而已。下面粗略地记载几种舟船的形制，其余的可以此类推。

难点精讲

① 江湄（méi）：江岸。

② 漕舫：供漕运用的大型船只，主要指通过运河运粮的船。

③ 局趣：即局促，意为拘牵，拘束。

三、漕舫

原文

凡京师为军民集区，万国水运以供储，漕舫所由兴也。元朝混一，以燕京为大都。南方运道由苏州刘家港、海门黄连沙开洋，直抵天津，制度用遮洋船。永乐[1]间因之。以风涛多险，后改漕运。平江伯陈某[2]始造平底浅船，则今粮船之制也。

译文

京城是军民聚集的地方，通过各地水运来保证供给与储备，所以就有了漕运船。元朝统一天下，把燕京定为都城。南方来的航运线路一条从苏州刘家港出发，一条从海门黄连沙出发，走海路直接到天津，使用遮洋船。直到永乐年间还是这样。后来因为海上风浪大，险情多，就改为内河航运，即漕运。平江伯陈瑄最初制造了平底浅船，就是现在运粮船的形制。

难点精讲

① 永乐：明成祖朱棣（1360—1424）的年号，公元 1403—1424 年。

② 平江伯陈某：陈瑄（1365—1433），字彦纯，合肥人，靖难之役归附明成祖，授为奉天翊卫宣力武臣、平江伯。永乐元年（1403），任漕运总兵官。卒赠平江侯、太保，谥恭襄。

原文

凡船制，底为地，枋[3]为宫墙，阴阳竹[4]为覆瓦，伏狮[5]前为阀阅[6]，后为寝堂，桅[7]为弓弩，弦、篷为翼[8]，橹[9]为车马，簟纤[10]为履鞋，律索[11]为鹰、雕筋骨，招[12]为先锋，舵为指挥主帅，锚为札军营寨。

译文

就船的构造来说，船底就像大地，枋就像墙壁，阴阳竹就像屋瓦，前面横梁如同大门口，后面横梁就像寝室，桅杆就像弩身，船帆和帆索就像弩翼，橹就像拉车的马，纤绳就像鞋子，缆绳就像是鹰、雕的筋骨，船头第一排桨就像先锋，舵就像指挥主帅，锚的作用如同安营扎寨。

难点精讲

③ 枋（fāng）：方柱形木材，用于拼接船体的四壁。

④ 阴阳竹：船室上的顶棚，由剖成两半的竹子凹凸搭接而成。

⑤ 伏狮：船头和船尾顶端的大横木梁。

⑥ 阀阅：仕宦人家门前题记功业的柱子。

⑦ 桅：桅杆，用于挂帆的长木杆。

⑧ 弩、翼：见本书《佳兵》卷“弩”篇，有“直者名身，衡者名翼”，即弩上竖着的部件为弩身，横着的部件为弩翼。

⑨ 橹（lǔ）：拨水使船前进的工具，比桨长而大。

⑩ 簟纤（tán qiàn）：拉船前进的绳子。

⑪ 律（yù）索：缆绳。

⑫ 招：船头的第一排桨。

原文

粮船初制，底长五丈二尺，其板厚二寸，采巨木，楠[13]为上，栗[14]次之。

译文

运粮船最初的形制，船底长五丈二尺，木板厚二寸，以大木制成，楠木为上等料，其次是栗木。船头长九

头长九尺五寸，稍[15]长九尺五寸，底阔九尺五寸，底头阔六尺，底稍阔五尺，头伏狮阔八尺，稍伏狮阔七尺。梁头[16]一十四座，龙口梁阔一丈，深四尺，使风梁阔一丈四尺，深三尺八寸，后断水梁阔九尺，深四尺五寸，两厫[17]共阔七尺六寸。此其初制，载米可近二千石（交兑每只止足五百石）。后运军造者私增身长二丈，首尾阔二尺余，其量可受三千石。而运河闸口原阔一丈二尺，差可度过。凡今官坐船，其制尽同，第窗户之间宽其出径，加以精工彩饰而已。

尺五寸，船尾长九尺五寸，船底宽九尺五寸，船底头部宽六尺，船底尾部宽五尺，头部横梁宽八尺，尾部横梁宽七尺。船的大梁形成的架构有十四座，龙口梁长一丈，距船底四尺，使风梁长一丈四尺，距船底三尺八寸，后断水梁长九尺，距船底四尺五寸，两个船舱共宽七尺六寸。这是最初的形制，可以装载将近二千石米（交粮时每只船只需要交五百石就够了）。后来运粮的军人私自改造船只，把船身增长二丈，首尾增宽二尺多，装载量可达到三千石。而运河闸口原本宽一丈二尺，勉强还能通过。现在官员乘坐的船，形制都是这样的，只是门窗开大一些，再加上精美的装饰而已。

难点精讲

⑬ 楠：樟科楠属常绿乔木，多用于造船和宫殿。

⑭ 栗：山毛榉科栗属乔木。

⑮ 稍：陶本本卷中皆作“梢”。稍、梢，皆同“艄”，指船尾。

⑯ 梁头：连接船身各部位的大梁。

⑰ 厫：陶本作“厫”（áo），同“廒”，此处指船舱。

图 66　漕运船

原文

凡造船，先从底起，底面傍靠樯[18]，上承栈，下亲地面。隔位列置者曰梁，两傍峻立者曰樯，盖樯巨木曰正枋，枋上曰弦。梁前竖桅位曰锚坛，坛底横木夹桅本者曰地龙。前后维曰伏狮，其下曰拏狮，伏狮下封头木曰连三枋。船头面中缺一方曰水井（其下藏缆索等物）。头面眉际树两木以系缆者曰将军柱。船尾下斜上者曰草鞋底。后封头下曰短枋，枋下曰挽脚梁。船稍掌舵所居，其上曰野鸡篷（使风时，一人坐篷巅，收守篷索[19]）。

译文

造船先从船底造起，底面两边是船壁，上面为甲板，下面接触地面。间隔一定距离横列于船壁间的是梁，两边耸立的是船壁。构成船壁的巨木称为正枋，枋上面是弦。梁前面竖立桅杆的位置叫锚坛，锚坛底部用横木夹住桅杆底部以固定桅杆的结构叫地龙。船头和船尾各有一根连接船壁的大横木，叫伏狮，伏狮两端下面的侧木叫拏狮，伏狮下边用于阻浪的封头木叫连三枋。船头甲板中央有一方形空口叫作水井（下面装缆绳等东西）。船头甲板两边树立两根木桩，用来拴缆绳，称为将军柱。船尾下面斜向上倾斜的船壁叫草鞋底。后部封尾木下面的叫短枋，短枋下面的叫挽脚梁。船尾掌舵人待的地方上面的篷叫野鸡篷（扬帆时，一个人坐在篷的顶部，操纵帆绳）。

难点精讲

⑱ 樯：菅本注谓“樯”当作“墙”，此处并非指桅杆，而当指船壁，其说有理，其下同。潘吉星亦改“樯”为“墙”。

⑲ 篷（péng）索：系船帆的绳子。篷，船帆。

原文

凡舟身将十丈者，立桅必两，树中桅之位，折中过前二位，头桅又前丈余。粮船中桅长者以八丈为率，短者缩十之一二。其本入窗内亦丈余，悬篷之位约五六丈。头桅尺寸则不及中桅之半，篷纵横亦不敌三分之一。苏、湖六郡运米，其船多过石瓮桥下，且无江汉之险，故桅与篷尺寸全杀。若湖广、江西省舟，则过湖冲江，无端风浪，故锚、缆、篷、桅必极尽制度而后无患。凡风篷尺寸，其则一视全舟横身，过则有患，不及则力软。

译文

船身长达十丈的船必须立双桅杆，中桅立在船中心向前两根横梁的位置，头桅再向前一丈多。运粮船中桅的标准是长八丈，短一点的缩减十分之一二。桅杆底部深入船舱的部分有一丈多，悬挂船帆的部分约占五六丈。头桅的长度则不到中桅的一半，帆的长宽也不到中桅帆的三分之一。苏州、湖州等六郡运米，船多从石拱桥下过，又没有长江、汉水的险阻，所以桅杆和船帆的尺寸都要大大缩减。如果是湖广、江西省的船只，需要过湖冲江，经常遭遇无法预见的风浪，因此船锚、缆绳、帆、桅必须严格按照规定制作才能保证安全。风帆的尺寸，要根据整个船身的大小决定，太大了就有危险，小了又无法借助风力。

原文

凡船篷，其质乃析篾成片织就，夹维竹条，逐块折叠，以俟悬挂。粮船中桅篷合并十人力，方克

译文

船帆用剖开的细竹片编织而成，编织一块后要用带帆绳的竹条夹编其上作为骨架，从而可以一块一块折叠好，以待悬挂。运粮船的中桅挂帆，

凑顶，头篷则两人带之有余。凡度篷索，先系空中寸圆木，关捩[20]于桅巅之上，然后带索腰间，缘木而上，三股交错而度之。凡风篷之力，其末一叶，敌其本三叶。调匀和畅，顺风则绝顶张篷，行疾奔马。若风力洊至[21]，则以次减下。（遇风鼓急不下，以钩搭扯。）狂甚则只带一两叶而已。

需要十个人的力量才能将其升到顶部，升头桅的帆只需两人就够了。穿帆绳时，先把一寸左右的中空圆木挂在桅杆顶部，当作滑轮，然后把绳子缠在腰间，顺着桅杆爬上去，把三股绳子交错穿过滑轮。风帆顶部一叶承受的风力相当于底部三叶承受的风力。将帆调整匀称，顺风时将帆张到最大，船速就像疾驰的奔马一样快。如果风力持续加强，就要逐渐减少张开的帆叶。（遇到风太大，风帆无法降下时，用钩搭上去扯下。）若是狂风，只张开一两叶帆。

难点精讲

⑳ 关捩（liè）：能转动的机械装置，这里指滑轮。

㉑ 洊（jiàn）至：接连而至。

原文

凡风从横来名曰抢风[22]。顺水行舟，则挂篷之玄游走。或一抢向东，止寸平过，甚至却退数十丈，未及岸时，捩舵转篷，一抢向西，借贷水力，兼带

译文

借力横向吹来的风称为“抢风”。如果是顺水行舟，就挂上风帆，让船按“之”字或“玄”字形行进。若使船抢风向东行驶，只能平过到对岸，甚至会后退几十丈，趁还没到岸时，迅速转舵、转帆，把船抢向西行，借

风力轧下，则顷刻十余里。或湖水平而不流者，亦可缓轧。若上水舟，则一步不可行也。

助水力和风力，顷刻间就能行进十几里。若在湖上，湖水平静没有水流，也可以用这种方法缓慢移动。如果是逆水流而行，又是横向吹来风，则一步也走不动。

难点精讲

㉒ 抢（qiāng）风：逆风。

原文

凡船性随水，若草从风，故制舵障水，使不定向流，舵板一转，一泓[23]从之。凡舵尺寸，与船腹切齐。若长一寸，则遇浅之时，船腹已过，其稍尼[24]舵使[25]胶住，设风狂力劲，则寸木为难不可言。舵短一寸，则转运力怯，回头不捷。凡舵力所障水，相应及船头而止，其腹底之下，俨若一派急顺流，故船头不约而正，其机妙不可言。舵上所操柄，名曰关门棒，欲船北则南向捩转，欲船

译文

船顺着水流行驶，就像草随风势摆动一样，因此要控制舵来拦截水，使其流向变化，舵板一转，一道水流就随之变化。舵的尺寸要与船底齐平，如果长出一寸，遇到浅滩时，船底过去了，船尾的舵却被卡住，假使再遇到狂风，那多出这一寸的舵木造成的麻烦就无法形容了。舵如果短一寸，那么转舵时的力量就不够，无法快速转向。通过舵拦截水流形成的力，只作用到船头为止，船底下好像是一派顺水的急流，船头却可以自然完成转向，其作用妙不可言。操纵舵的手柄叫作“关门棒”，想让船头向北就向南转舵，想让船头向南就向北

南则北向捩转。船身太长而风力横劲，舵力不甚应手，则急下一偏披水板[26]，以抵其势。凡舵用直木一根（粮船用者围三尺，长丈余）为身，上截衡受棒，下截界开衔口，纳板其中如斧形，铁钉固拴以障水。稍后隆起处，亦名曰舵楼。

转舵。如果船身太长而横风太猛，舵力不够，就要迅速放下来风侧的一块披水板，抵挡风势。舵用一根直木制成（运粮船的舵周长三尺，长一丈多），上截横插入关门棒，下截锯开接口，把舵板装上去，就像斧头的样子，用铁钉固定牢，用来拦截水流。船尾后部隆起的部分，也称作“舵楼”。

难点精讲

㉓ 泓：量词，一泓即一道。

㉔ 尼：杨本、菅本作“尾”，当据改。

㉕ 使：杨本作“便”。

㉖ 披水板：起平衡船身、防止横漂的作用。

原文

凡铁锚所以沉水系舟。一粮船计用五六锚，最雄者曰看家锚，重五百斤内外，其余头用二枝，稍用二枝。凡中流遇逆风，不可去又不可泊（或业已近岸，其下有石非沙，亦不可泊，惟打锚深处），则下锚沉水底，

译文

铁锚是用来沉入水底以便停船的。一艘运粮船需要五六个锚，最大的叫“看家锚”，重五百斤左右，其余的锚船头用两个、船尾用两个。赶上半路遇到逆风，无法前进又无法停泊（或者已近岸边，下面是石头而非沙子，也不能停泊，只好在水深处抛锚），就要把锚抛下沉入水底，系锚的缆绳缠绕在

其所系律缠绕将军柱上，锚爪一遇泥沙，扣底抓住。十分危急，则下看家锚。系此锚者名曰本身，盖重言之也。或同行前舟阻滞，恐我舟顺势急去，有撞伤之祸，则急下稍锚提住，使不迅速流行。风息开舟，则以云车[27]绞缆，提锚使上。

将军柱上，锚爪一遇到泥沙，便扎底抓住。遇到十分危急的情况，就要下看家锚。系看家锚的缆绳叫“本身”（意为命根子），这是强调其重要性。遇到同行的前船受阻，怕自己的船顺流急下，撞上前船受损，就迅速把船尾的锚放下拖住，使船不至快速顺流下行。风停息后要开船，就用云车绞起缆绳，将锚提上来。

难点精讲

㉗ 云车：立式起重绞车。

原文

凡船板合隙缝，以白麻斫絮为筋，钝凿扱入，然后筛过细石灰，和桐油舂杵成团调艌[28]。温、台、闽、广即用砺[29]灰。凡舟中带篷索，以火麻秸[30]（一名大麻）绹绞[31]。粗成径寸以外者，即系万钧不绝。若系锚缆，则破析青篾为之，其篾线入釜煮熟，然后纠绞。拽缱[32]簟亦煮熟篾线，

译文

弥合船板的缝隙，要将白麻砍碎成絮做成麻筋，用钝凿将麻筋插入缝中，然后用筛过的细石灰，和上桐油，舂捣成团，填补船缝。温州、台州、福建、广东等地用牡蛎灰代替。船上拴船帆的缆绳，用火麻（一名大麻）秆绞成。绳粗达一寸以上的，就是系上万钧重的物体也不会断。如果是系锚的缆绳，就要剖开细竹片制作，将篾条放入锅中煮熟，然后纠绞。用于拖拽的纤绳也用煮熟的篾条

绞成十丈以往，中作圈为接驱[33]，遇阻碍可以掐断。凡竹性直，篾一线千钧。三峡入川上水舟，不用纠绞簟縴，即破竹阔寸许者，整条以次接长，名曰火[34]杖。盖沿崖石棱如刃，惧破篾易损也。

绞成，长达十丈多时，中间做个圈，作为接环，遇到阻碍时可以掐断。竹的特性是纵向拉力强，一根竹篾条可承受千钧的重量。通过三峡进入四川的逆水船，不用纠绞纤绳，只需要劈开竹子，将宽一寸多的竹片整条依次接长使用，称为"火杖"。这是因为沿岸的山崖上石棱非常锋利，担心篾绳容易损坏。

难点精讲

㉘ 艌（niàn）：用桐油和石灰填补船缝。

㉙ 砺：潘吉星、杨维增皆以为当作"蛎"。

㉚ 秸（jiē）：农作物收割以后的茎。

㉛ 绹（táo）绞：纠绞绳索。

㉜ 縴：同"纤"（qiàn），拉船用的绳索。

㉝ 彄（kōu）：环。

㉞ 火：陶本作"大"。

原文

凡木色，桅用端直杉[35]木，长不足则接，其表铁箍逐寸包围。船窗前道皆当中空阙，以便树桅。凡树中桅，合并数巨舟承载，其末长缆系表而起。梁与

译文

选用木料，桅杆用匀称笔直的杉木，长度不足就接起来用，外面用铁箍逐寸包紧。船楼前面正中间要空出来，以便树立桅杆。立中桅时，需要几条大船共同承载安装，末端用长缆绳系住吊起。船梁与船枋、船壁用楠

枋樯用楠木、槠[36]木、樟[37]木、榆[38]木、槐[39]木。（樟木春夏伐者，久则粉蛀。）栈板不拘何木。舵杆用榆木、榔[40]木、槠木。关门棒用椆[41]木、榔木。橹用杉木、桧[42]木、楸[43]木。此其大端云。

木、槠木、樟木、榆木、槐木。（樟木要是春夏季砍伐的，时间长了就会被虫蛀坏。）船板不论什么木料都可以。舵杆用榆木、榔木、槠木。关门棒用椆木、榔木。橹用杉木、桧木、楸木。这是大概的情况。

难点精讲

㉟ 杉：柏科杉木属乔木，木材白色，质轻，有香味，可供建筑和制器具用。

㊱ 槠（zhū）：壳斗科锥属乔木，木材坚硬，可制器具。

㊲ 樟：樟科樟属乔木，木质坚硬细致，有香气，做成箱柜可防蠹虫。

㊳ 榆：榆科榆属乔木，木材坚实，可制器具或供建筑用。

㊴ 槐：豆科槐属乔木，木材可供建筑和制家具，花蕾可做黄色染料。

㊵ 榔：榆科榆属乔木，木材坚硬致密。

㊶ 椆（chóu）：壳斗科柯属乔木，耐寒。潘吉星疑为马鞭草科的柚木。椆，菅本作“稠”。

㊷ 桧（guì）：柏科扁柏属乔木，木材桃红色，有香味，可供建筑等用。

㊸ 楸（qiū）：紫葳科梓属乔木，干高叶大，木材质地致密，耐湿，可造船，亦可做器具。

四、海舟

原文

凡海舟，元朝与国初运米者曰遮洋浅船，次者曰钻风船（即海鳅）。所经

译文

海船中，元朝与本朝初年运米的叫遮洋浅船，小的叫钻风船（就是海鳅）。其航道只经过万里长滩、

道里，止万里长滩、黑水洋、沙门岛[1]等处，苦无大险。与出使琉球、日本，暨商贾爪哇[2]、笃泥[3]等舶制度，工费不及十分之一。凡遮洋运船制，视漕船长一丈六尺，阔二尺五寸，器具皆同，唯舵杆必用铁力木[4]，艌灰用鱼油和桐油，不知何义。凡外国海舶制度，大同小异。

黑水洋、沙门岛等处，虽然辛苦却没什么大的危险。与那些出使琉球、日本，或者到爪哇、笃泥经商的船只规制相比，成本不到它们的十分之一。遮洋运船比漕运船长一丈六尺，宽二尺五寸，上面的器具都一样，唯独舵杆必须用铁力木制造，填补船缝用鱼油和桐油，不知是什么道理。外国海船的形制也大同小异。

难点精讲

① 万里长滩：从长江口至盐城一带的浅水海域。黑水洋：盐城东海岸至山东半岛南部的海域。沙门岛：在山东蓬莱西北。

② 爪哇：印度尼西亚所属岛屿。

③ 笃泥：杨维增认为可能是泰国的大泥国，潘吉星认为可能是印尼的渤泥国。

④ 铁力木：藤黄科铁力木属植物，木材暗红色，质地坚硬。

原文

闽、广（闽由海澄[5]开洋，广由香山岙[6]）洋船截竹两破排栅，树于两傍以抵浪。登、莱[7]制度又不然。倭国海舶两傍列橹手栏板抵水，人在其中运力。朝

译文

福建、广东（福建从海澄港开船，广东从香山岙出海）的洋船，把竹子剖成两半做成排栅，装在船两边抵御风浪。登州、莱州的船，形制又不同。日本海船两旁排列带把手的栏板，人在中间用手摇动来挡水。朝鲜船的形

鲜制度又不然。至其首尾各安罗经盘以定方向，中腰大横梁出头数尺，贯插腰舵，则皆同也。腰舵非与稍舵形同，乃阔板斫成刀形，插入水中，亦不捩转，盖夹卫扶倾之义。其上仍横柄拴于梁上，而遇浅则提起，有似乎舵，故名腰舵也。

制又不同。海船的首尾分别装有罗盘，用于确定方向，船中间腰部的大横梁伸出船外几尺，上面穿插腰舵，这些是海船都有的。腰舵与船尾舵的形状不同，它是把一块削成刀形的宽板插入水中，也不用转动，起到护卫船身、防止倾倒的作用。上面有横柄拴在梁上，遇到浅水就提起来，有点儿像是舵，所以称为腰舵。

难点精讲

⑤ 海澄：海澄港，今属福建省漳州市。

⑥ 香山岙（ào）：广东中山以南沿海，包括澳门一带。岙，沿海一带对山间平地的称呼。

⑦ 登：登州，今山东省烟台市蓬莱区。莱：莱州，今山东省莱州市。

原文

凡海舟以竹筒贮淡水数石，度供舟内人两日之需，遇岛又汲。其何国何岛合用何向，针指示昭然，恐非人力所祖[⑧]。舵工一群主佐，直是识力造到死生浑忘地，非鼓勇之谓也。

译文

海船出海时要用竹筒存储几百斤的淡水，差不多要够船上的人两日所需，遇到岛屿就上岛汲水补充。无论走到哪个国家哪个岛屿，该往什么方向，罗盘上的指针都显示得很清晰，这恐怕不是人力能仿效的。舵手是全体船工中的主导者，见识、魄力简直到了置生死于度外的境地，并非一时鼓起勇气就能做到的。

难点精讲

⑧ 祖：仿效。

五、杂舟

原文

江汉课船[1]：身甚狭小而长，上列十余仓，每仓容止一人卧息。首尾共桨六把，小桅篷一座。风涛之中，恃有多桨挟持。不遇逆风，一昼夜顺水行四百余里，逆水亦行百余里。国朝盐课，淮扬数颇多，故设此运银，名曰课船。行人欲速者亦买之。其船南自章、贡[2]，西自荆、襄[3]，达于瓜、仪[4]而止。

译文

长江、汉水上的课船：船身狭小而修长，船上有十几个船舱，每个船舱能容纳一人休息。首尾一共有六支船桨，另有一座小桅帆。船在风浪波涛之中，靠着多支船桨来划动前进。如果不是逆风，一昼夜顺水能走四百余里，逆水也能走百余里。我朝的盐税，淮扬地区收缴得特别多，所以设此船来运银子，称为“课船”。出门的人想快些赶路也会租这种船。其航线南边从江西章水、贡水出发，西边从荆州、襄阳出发，到达瓜洲、仪征为止。

难点精讲

① 课船：运税银的船。

② 章贡：章水和贡水的并称，亦泛指赣江及其流域。

③ 襄：襄州，今属湖北省襄阳市。

④ 瓜：瓜洲，今属江苏省扬州市。仪：仪真，今江苏省仪征市。

图 67　六桨课船

原文

三吴浪船：凡浙西、平江[5]纵横七百里内，尽是深沟、小水湾环，浪船（最小者曰塘船）以万亿计。其舟行人贵贱来往，以代马车、扉履[6]。舟即小者，必造窗牖[7]堂房，质料多用杉木。人物载其中，不可偏重，一石偏即欹侧[8]，故俗名天平船。此舟来往七百里内，或好逸便者径买，北达通、津。只有镇江一横渡，俟风静涉过，又渡青江浦[9]，溯黄河浅水二百里，则入闸河[10]，安稳路矣。至长江上流风浪，则没世避而不经也。浪船行力在稍后，巨橹一枝，两三人推轧前走，或恃缱簟。至于风篷，则小席如掌，所不恃也。

译文

三吴浪船：浙西到平江府纵横七百里之内，都是弯弯曲曲的深沟和小河，这里有数以万亿计的浪船（最小的叫塘船）。乘船来去的人穷的富的都有，以此代替车马或步行。船即便很小，也一定要建有窗户的堂房，所用木料多是杉木。搭载的人与货物，不能偏重一侧，有一石的偏重就会翻船，所以俗名叫“天平船”。这种船一般往来于七百里水路中，图方便的人租用这种船，向北能到达通州、天津。一路上只有在镇江时会横渡长江，等风平浪静时开过去，再渡过清江浦，沿着黄河的浅水逆行二百里，就进入闸河，后面都是安稳的航路了。长江上游风浪大，浪船一辈子也不能去。浪船的驱动力来自船尾的一支巨橹，由两三个人摇动使船前进，或者靠纤绳拉着。至于其风帆，就像巴掌大的小席子一样，行船不靠它。

难点精讲

⑤ 平江：平江路，治所在今江苏省苏州市。

⑥ 屝（fèi）屦：草鞋，这里指步行。

⑦ 窗牖（yǒu）：窗户。

⑧ 攲（qī）侧：倾斜。

⑨ 青江浦：指清江浦，今属江苏省淮安市。

⑩ 闸河：这里指宿迁与邳州之间的黄河以北运河。

原文

东浙西安[11]船：浙东自常山至钱塘八百里，水径入海，不通他道，故此舟自常山、开化、遂安[12]等小河起，钱塘[13]而止，更无他涉。舟制箬篷[14]如卷瓮为上盖。缝布为帆，高可二丈许，绵索张带。初为布帆者，原因钱塘有潮涌，急时易于收下。此亦未然，其费似侈于篾席，总不可晓。

译文

东浙西安船：浙东从常山到钱塘的八百里中，水一直流入大海，不通入其他航道，所以这种船从常山、开化、遂安等地的小河出发，开到钱塘为止，不会去别的地方。这种船用箬竹叶编成拱形的船篷。帆是用布缝的，两丈多高，用棉绳来张帆。最初用布作船帆，是因为钱塘有海潮涌动，情急时容易收下。其实也不一定，而且其费用似乎比用篾席要贵，反正不好理解。

难点精讲

⑪ 西安：衢州府的治所，今属浙江省衢州市。

⑫ 常山：今浙江省常山县，位于金川河边。开化：今浙江省开化县，在衢州市西北，位于金溪边。遂安：今属浙江省淳安县，位于武强溪边。

⑬ 陶本于“钱塘”前多一“至”字，当据改。

⑭ 箬篷（ruò péng）：用箬竹叶编的船篷。

原文

福建清流[15]、稍篷船：其船自光泽、崇安[16]两小河起，达于福州洪塘而止，其下水道皆海矣。清流船以载货物、客商，稍篷制[17]大，差可坐卧，官贵家属用之。其船皆以杉木为地。滩石甚险，破损者其常，遇损则急舣[18]向岸，搬物掩塞。船稍径不用舵，船首列一巨招[19]，捩头使转。每帮五只方行，经一险滩，则四舟之人皆从尾后曳缆，以缓其趋势。长年即寒冬不果[20]足，以便频濡[21]。风篷竟悬不用云。

译文

福建清流船、稍篷船：这些船从光泽、崇安两地的小河出发，到福州洪塘就停下，再往下的水道就是海路了。清流船用于载货物、客商，稍篷船大一点儿，勉强可以供人坐卧，富贵人家使用。两种都用杉木制造船底。航路上多险滩礁石，船经常破损，发生破损就赶紧靠岸，搬出货物并堵住破洞。船尾不用舵，在船头装一个大桨，通过调整船头来转向。每次有五只船才能出发，经过急流险滩时，其他四条船上的人上岸从后面用缆绳牵拽，使船减速。船工为了便于涉水，常年赤足，寒冬天也不例外。风帆都是挂而不用的。

难点精讲

⑮ 清流：今福建省清流县，位于福建西部，九龙溪上游。

⑯ 光泽：今福建省光泽县，在西溪边。崇安：今属福建省武夷山市，在崇溪边。

⑰ 制：菅本、陶本作“船”，当据改。

⑱ 舣（yǐ）：停船靠岸。

⑲ 招：装置在船首的控制航向工具。

⑳ 果：取“包裹”意时，陶本全书皆作“裹”，当据改。

㉑ 濡：潮湿之处。

原文

四川八橹等船：凡川水源通江汉，然川船达荆州而止，此下则更舟矣。逆行而上，自夷陵[22]入峡，挽繾者以巨竹破为四片或六片，麻绳约接，名曰火杖。舟中鸣鼓若竞渡，挽人从山石中闻鼓声而威力。中夏至中秋，川水封峡，则断绝行舟数月。过此消退，方通往来。其新滩[23]等数极险处，人与货尽盘岸行半里许，只余空舟上下。其舟制腹圆而首尾尖狭，所以辟滩浪云。

译文

四川八橹等船：四川的水源通向长江、汉水，然而四川的船到荆州就不走了，再往下要更换船只。逆流而上，从夷陵进入三峡，拉纤的人把长竹子劈成四片或六片，用麻绳接起来，称为“火杖”。船上的人敲鼓，就像赛船一样，纤夫在山石间听到鼓声就一齐发力。从中夏至中秋，涨水封峡，就有几个月不开航。等过了这段时间，水势减退，船才能通行。在新滩等几处极危险的地方，人与货物都要下船，在岸上走半里左右，只留空船在江上行驶。这种船腹圆而首尾尖狭，是为了在险滩上劈浪而行。

难点精讲

㉒ 夷陵：今属湖北省宜昌市。

㉓ 新滩：在今湖北省秭归县东三十里，为长江险滩之一。

原文

黄河满篷稍：其船自河入淮，自淮溯汴用[24]之。质用楠木，工价颇优。大

译文

黄河满篷稍船：这种船是从黄河到淮河，再从淮河上溯至汴河时用的。它用楠木制成，造价比较贵。船

小不等，巨者载三千石，小者五百石。下水则首颈之际，横压一梁，巨橹两枝，两傍推轧而下。锚、缆、簟、帆制与江汉相仿云。

的大小不一，大的可以载三千石的货，小的只能载五百石。顺水航行时，船头与船身之间横架一根梁，挂两支巨大的桨橹，人在两边摇橹使船前进。铁锚、缆绳、纤绳、风帆的形制，与长江、汉水上的课船相仿。

难点精讲

㉔ 用：杨本作“舟”。

原文

广东黑楼船、盐船：北自南雄[25]，南达会省。下此惠、潮通漳、泉，则由海汊[26]乘海舟矣。黑楼船为官贵所乘，盐船以载货物。舟制两傍可行走。风帆编蒲[27]为之，不挂独竿桅，双柱悬帆，不若中原随转。逆流冯借[28]缱力，则与各省直同功云。

译文

广东黑楼船、盐船：北起南雄，南达省会广州，都行驶着这两种船。再往南从惠州、潮州到漳州、泉州，就要从海湾乘坐海船了。黑楼船是官员与富贵人家乘坐的，盐船是载货的。船两侧有通道可以走人。风帆用蒲草编成，船上不是用单桅杆，而是用双柱桅杆来挂风帆，不像中原的船帆那样可以转动。逆流时要借助人力拉纤，则与各地做法一样。

难点精讲

㉕ 南雄：今广东省南雄市。

㉖ 海汊（chà）：海面深入陆地而形成的窄长的海湾。

㉗ 蒲：香蒲，香蒲科香蒲属水生草本植物，叶长而尖，可编席、制扇。

㉘ 冯（píng）借：凭借。冯，通“凭”。

原文

黄河秦船（俗名摆子船）：造作多出韩城[29]，巨者载石数万钧，顺流而下，供用淮、徐地面。舟制首尾方阔均等，仓梁平下，不甚隆起。急流顺下，巨橹两傍夹推，来往不冯风力。归舟挽缱多至二十余人，甚有弃舟空返者。

译文

黄河秦船（俗名摆子船）：多是韩城制造的，大的能承载数万钧石头，顺流而下，供给淮河、徐州一带使用。船的首尾宽度相等，船舱和船梁都低平而不怎么隆起。顺流急下时，摇动两旁的两支巨橹推动前行，来往可以不借助风力。逆流返航时则需要多至二十余人拉纤，甚至有人连船都不要了，空手返回。

难点精讲

㉙ 韩城：今陕西省韩城市。

六、车

原文

凡车利行平地，古者秦、晋、燕、齐之交，列国战争必用车，故千乘、万乘之号，起自战国。楚、汉血争，而后日辟。南方则水战用舟，陆战用步马，北膺胡虏，交使铁骑，战

译文

车便于在平地行走，古代秦国、晋国、燕国、齐国等国会盟与交战都要用到车，因此战国时起便有“千乘之国”“万乘之国”的称号。秦末楚汉相争之后，战车的使用逐渐减少。南方水战用舟船，陆战用步兵与骑兵，北方与少数民族交战，双方都

车遂无所用之。但今服马[1]驾车以运重载，则今日骡车即同彼时战车之义也。

用骑兵，战车就没处用了。但现在用马驾车运重物，那么现在的骡马车，结构也相当于过去的战车了。

难点精讲

① 服马：泛指驾车之马。

原文

凡骡车之制，有四轮者，有双轮者，其上承载支架，皆从轴上穿斗[2]而起。四轮者前后各横轴一根，轴上短柱起架直梁，梁上载箱。马止脱驾之时，其上平整，如居屋安稳之象。若两轮者，驾马行时，马曳其前，则箱地平正。脱马之时，则以短木从地支撑而住，不然则欹卸也。

译文

骡马车有四轮的，也有双轮的，上面装的支架，都从车轴上穿孔连接。四轮车前后各有一根横轴，轴上用短柱架起纵梁，梁上装车厢。骡马停住，从车上卸下时，车身平正，就像房子一样安稳。如果是两轮车，驾马前行时，马在前面拖拽，车厢平稳。卸下马时，要有短木支撑在地上，不然车身就会向前倾倒。

难点精讲

② 斗：拼合。

原文

凡车轮，一曰辕[3]（俗名车陀）。其大车中毂[4]（俗名车脑）长一尺五寸（见《小戎》朱注[5]），所谓外受辐[6]、中贯轴者。辐计三十片，其内插毂，其外接辅[7]。车轮之中，内集轮，外接辋[8]，圆转一圈者，是曰辅也。辋际尽头，则曰轮辕[9]也。凡大车脱时，则诸物星散收藏。驾则先上两轴，然后以次间架。凡轼、衡、轸、轭[10]皆从轴上受基也。

译文

车轮又称为“辕”（俗名车陀）。大车的中毂（俗名车脑）长一尺五寸（见《小戎》朱熹注），就是外面连接辐条、中间贯穿车轴的部件。辐条共有三十片，向内插在车毂上，向外连接车辅。车辅内侧箍紧车轮，外侧连接车辋，圆转一圈。车辋最外面是“轮辕”。大车脱卸不用时，就把各个部件拆下收藏。驾车时先装两个车轴，然后按顺序装其余部件。车轼、车衡、车轸、车轭都是装在车轴上的。

难点精讲

③ 辕：车前驾牲畜的两根直木，并非车轮的别名，故潘吉星疑当作“圈”。

④ 毂（gǔ）：车轮中心圆木，有洞可以插轴，周围连接辐条。

⑤ 《小戎》朱注：指朱熹（1130—1200）对《诗经·秦风·小戎》篇“文茵畅毂”句的注解。

⑥ 辐：连结车辋和车毂的直条。

⑦ 辅：本指夹在车轮外侧的直木，每轮二木，用以增加车轮的载重支力。但这里不是本义，当指轮圈的内缘。

⑧ 辋（wǎng）：车轮外周的圆框。

⑨ 轮辕：不明何意，潘吉星疑为“轮缘”之误。

⑩ 轼：车厢前面用作扶手的横木。衡：车辕前端的横木，用于缚轭。轸（zhěn）：车厢底部四周的横木。轭（è）：驾车时套在牛马颈上的曲木。

原文

凡四轮大车，量可载五十石。骡马多者，或十二挂，或十挂，少亦八挂。执鞭掌御者居箱之中，立足高处。前马分为两班（战车四马一班，分骖、服[11]），纠黄麻为长索，分系马项，后套总结，收入衡内两傍。掌御者手执长鞭，鞭以麻为绳，长七尺许，竿身亦相等，察视不力者，鞭及其身。箱内用二人踹[12]绳，须识马性与索性者为之。马行太紧则急起踹绳，否则翻车之祸从此起也。凡车行时，遇前途行人应避者，则掌御者急以声呼，则群马皆止。凡马索总系透衡入箱处，皆以牛皮束缚，《诗经》所谓"胁驱"[13]是也。

译文

四轮大车的载重量可达五十石。骡马多的有十二匹，或者十匹，少的也有八匹。驾车者手持马鞭站在车厢中，居高临下。前面的马分两组（战车四匹马一组，两侧两匹骖马，中间两匹服马），把黄麻纠绞成长绳，分别系在马的颈部，后面归拢在一起，收进车衡两旁。驾车者手持长鞭，鞭用麻绳制成，长七尺左右，竿身也有七尺左右，看哪匹马没有用力，就鞭打它。车厢内由熟悉马匹和会控制绳索的两人负责踩缰绳，马跑得太快时就急忙踩住缰绳，否则容易翻车。行车时，遇到前面有行人须回避的时候，驾车者马上发出吆喝，马就都停下来。缰绳收拢起来，穿过车衡收入车厢的地方，都用牛皮条捆住，就是《诗经》所说的"游环胁驱"。

难点精讲

⑪ 骖（cān）：驾在车前两侧的马。服：驾在车前中间的马。

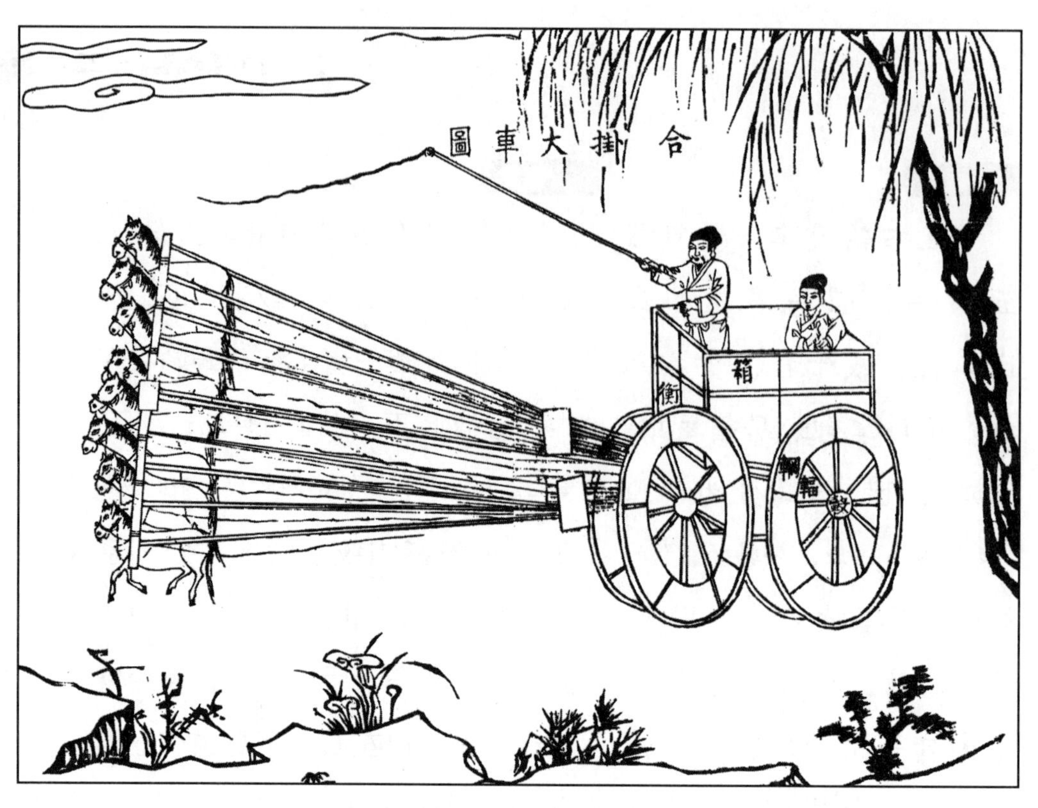

图 68　合挂大车

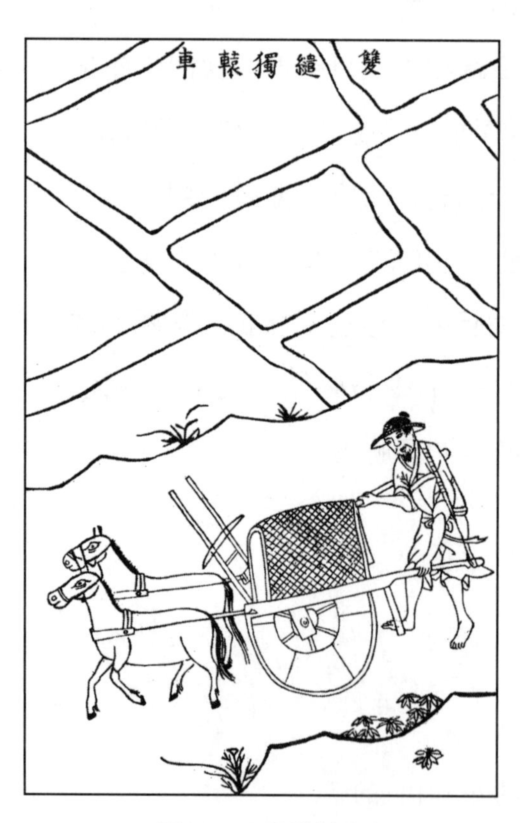

图 69　双缱独轮车

图 70　南方独轮车

⑫ 踹：踩。

⑬ 胁驱：即《诗经·秦风·小戎》“游环胁驱”，用皮圈套在马的胁部。

原文

凡大车饲马，不入肆舍，车上载有柳盘，解索而野食之。乘车人上下皆缘小梯。凡遇桥梁中高边下者，则十马之中择一最强力者，系于车后。当其下坂，则九马从前缓曳，一马从后竭力抓住，以杀其驰趋之势，不然则险道也。凡大车行程，遇河亦止，遇山亦止，遇曲径小道亦止。徐、兖、汴梁[14]之交，或达三百里者，无水之国所以济舟楫之穷也。

译文

大车中途喂马时，马不进马棚，车上载有柳条筐装的饲料，可以将缰绳解开，让马就地吃。乘车的人上车、下车都用小梯子。遇到坡度较大的桥梁时，在十匹马中选择一匹最强壮的，系在车后。下坡时，九匹马在前面慢慢拉，一匹马从后面竭力拖住，减缓车速，防止马车冲下来发生危险。大车在路上走，遇到河流要停，遇到山要停，遇到曲径小道也要停。徐州、兖州和汴梁交界处驾车可以畅行三百里，这里没有水道，用车可以弥补水运的不足。

难点精讲

⑭ 徐：徐州，今江苏省徐州市。兖：兖州，今山东省济宁市兖州区。汴梁：汴梁路，今河南省开封市。

原文

凡车质，惟先择长者为轴，短者为毂，其木以

译文

造车子先选择长木制造车轴，短木制造车毂，木材选用槐木、枣木、

槐、枣、檀[15]、榆（用榔榆）为上。檀质太久劳则发烧，有慎用者。合抱枣、槐，其至美也。其余轸、衡、箱、轭，则诸木可为耳。

檀木、榆木（用榔榆）为上。檀木摩擦太久了会发热，有的人不愿用。合抱粗的枣木、槐木，这是最好的材料。其余的车轸、车衡、车厢、车轭等，则什么木材都可以。

难点精讲

⑮ 檀：豆科黄檀属乔木，木质坚硬，可用于制家具、乐器。

原文

此外，牛车以载刍粮[16]，最盛晋地。路逢隘道，则牛颈系巨铃，名曰报君知，犹之骡车群马尽系铃声也。又北方独辕车，人推其后，驴曳其前，行人不耐骑坐者，则雇觅之。鞠[17]席其上，以蔽风日。人必两傍对坐，否则欹倒。此车北上长安、济宁，径达帝京。不载人者，载货约重四五石而止。其驾牛为轿车者，独盛中州[18]。两傍双轮，中穿一轴，其分寸平如水。横架短衡，列

译文

此外，山西最盛行用牛车装粮草。遇到窄路，就在牛颈上系个大铃铛，称为“报君知”，就像骡车的群马都系上铃一样。还有北方的独轮车，由人在后面推，驴在前面拉，有的人出行不耐骑马，就雇这种车来坐。车上有拱形席棚，以遮蔽风吹日晒。人一定要在车两侧对坐，否则就会倾倒。这种车可以北上长安、济宁，直达北京。不载人的车，最多大概能载四五石的货。用牛拉的轿车只盛行于河南。两旁有双轮，中间穿一车轴，要保持水平。横架几根短衡木，把车轿装在上面，人可以在里面安然坐下，把牛卸下来也不会倾倒。

轿其上，人可安坐，脱驾不攲。其南方独轮推车，则一人之力是视。容载二石，遇坎即止，最远者止达百里而已。其余难以枚述。但生于南方者不见大车，老于北方者不见巨舰，故粗载之。

南方的独轮推车，就用一个人推。载重二石，遇到沟坎就过不去，最远的只能走一百里。其余的难以一一列举。只生活在南方的人没见过大车，只生活在北方的人没见过大船，所以大略记录在这里。

难点精讲

⑯ 刍粮：粮草。

⑰ 鞠：弯曲。

⑱ 中州：今河南省一带。

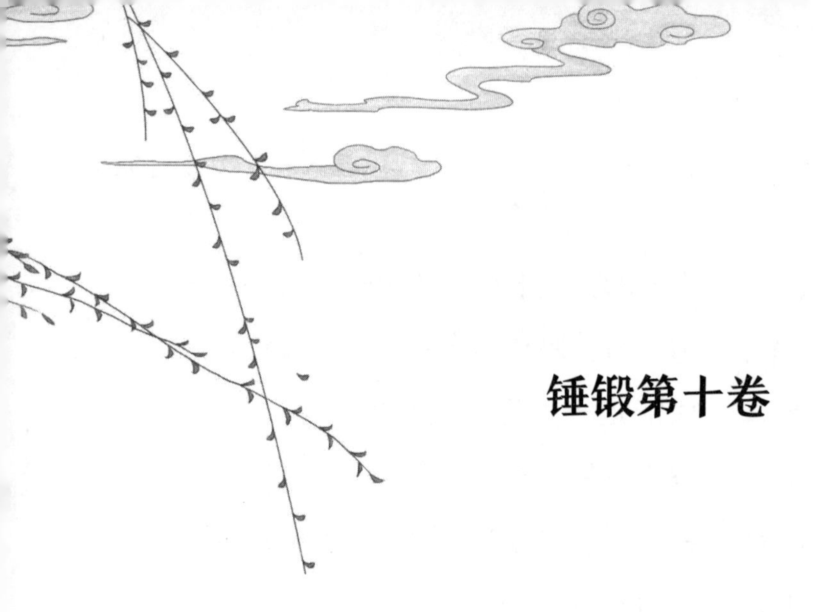

锤锻第十卷

一、宋子曰

原文

金木受攻，而物象曲成。世无利器，即般、倕[①]安所施其巧哉？五兵[②]之内，六乐[③]之中，微钳锤之奏功也，生杀之机泯然矣。同出洪炉烈火，大小殊形。重千钧者，系巨舰于狂渊；轻一羽者，透绣纹于章服[④]。使冶钟铸鼎之巧，束手而让神功焉。莫邪、干将[⑤]，双龙飞跃，毋其说亦有征焉者乎？

译文

宋子说：金属与木材经过加工，就能制造各种器物。世上若没有精良的工具，就算是鲁班、倕那样的巧匠又如何能施展自己的技艺呢？各种金属兵器、乐器，如果没有钳子、锤子，就没办法制作。同样出自熔炉烈火，其大小、形状却不一样。重达千钧的铁锚可以在巨浪中系住大船，轻如羽毛的小针可以在礼服上绣出花纹。与此相比，连那些铸造钟鼎的技巧都不足道了。莫邪、干将挥舞起来就像双龙飞跃，这种传说大概也是有根据的吧。

难点精讲

① 般：公输般（前 507—前 444），春秋时期鲁国人，故又称鲁班，著名工匠。

倕（chuí）：传说中的上古巧匠。

② 五兵：指殳、戟、戈、矛、弓矢，这里泛指兵器。

③ 六乐：指钟、镈（bó）、錞（chún）、镯、铙（náo）、铎（duó），这里泛指金属制的乐器。

④ 章服：绣有日月、星辰等图案的礼服。

⑤ 莫邪、干将：春秋时吴国人干将及其妻子莫邪铸造的两把著名宝剑，以制造者命名。

二、冶铁

原文

凡治铁成器，取已炒熟铁[1]为之。先铸铁成砧，以为受锤之地。谚云："万器以钳为祖。"非无稽之说也。凡出炉熟铁，名曰毛铁，受锻之时，十耗其三，为铁华、铁落。若已成废器未锈烂者，名曰劳铁，改造他器与本器，再经锤锻，十止耗去其一也。凡炉中炽铁用炭，煤炭居十七，木炭居十三。凡山林无煤之处，锻工先择坚硬条木，烧成火墨[2]（俗名火矢，扬烧不闭穴火）。其炎

译文

用铁锻造器物须使用炒过的熟铁。先铸造出铁砧，作为承受锤打的底座。谚语说："各种器物以钳为祖。"并非无稽之谈。刚出炉的熟铁称为"毛铁"，用其锻造，会有三成耗损变成铁花、铁屑。已经报废而未锈烂的铁器，称为"劳铁"，用来改造成其他器物或者重铸，再经过锻造，只有一成损耗。炉中用炭加热铁料，煤炭占十分之七，木炭占十分之三。山林间没有煤的地方，锻工会先选一些坚硬条木，烧成木炭（俗名叫"火矢"，燃烧时不会堵塞通风口）。这种燃料的火焰比煤更猛烈。即便用煤炭，也另有一种铁炭，燃烧时的优点是火焰不虚散

更烈于煤。即用煤炭，亦别有铁炭[3]一种，取其火性内攻，焰不虚腾者，与炊炭同形而分类也。

而温度高，与烧饭用炭的形状相同而种类不同。

难点精讲

① 熟铁：生铁的含碳量大于2%，硬而脆，不可用于锻造；熟铁的含碳量小于0.02%，软而韧，因此可以用于锻造。所谓“炒”指将生铁水引入方塘，洒上潮泥灰，用柳棍迅速搅拌，使生铁水中的碳被空气氧化，从而降低含碳量。详见本书《五金》卷“铁”篇。

② 火墨：硬质木炭。

③ 铁炭：碎煤，相当于某种焦煤。

原文

凡铁性，逐节粘合，涂上黄泥[4]于接口之上，入火挥椎，泥滓成枵而去，取其神气为媒合[5]。胶结之后，非灼红斧斩，永不可断也。凡熟铁、钢铁已经炉锤，水火未济[6]，其质未坚。乘其出火之时，入清水淬之，名曰健刚[7]、健铁。言乎未健之时，为钢为铁，弱性犹存也。凡焊铁之法，西洋诸国别有奇

译文

要把铁逐节接合起来，就需要在接口处涂上黄泥，然后放入火中烧红后捶打，泥渣打去，锻接起来。接上以后，除非烧红后用斧头砍，否则永远不会断开。熟铁、钢铁经过烧红与锤打后，水与火的作用还未调和，质地不够坚硬。要趁着刚出火时放入清水中淬火，称为“健钢”“健铁”。意思是说没经过淬火，钢铁的质地还比较软弱。焊接铁件，西洋各国有特别的焊接材料。中国小焊用白铜末，大焊则是竭力挥锤，强行砸合，时间

药。中华小焊用白铜末[⑧]，大焊[⑨]则竭力挥锤而强合之，历岁之久，终不可坚。故大炮西番有锻成者，中国惟事冶铸也。

一长就不够坚固了。因此西洋人能锻造大炮，而中国只能靠铸造。

难点精讲

④ 黄泥：黄泥起到保护的作用，防止铁水流失或氧化。

⑤ 取其神气为媒合：据薛凤，在宋应星的理论中，事物是由“阴水气”与“阳火气”二“气”的交互作用而形成的。金属中的“阴水气”被“金气”束缚，只有遇到火才能得以显现。而土性由“阴水”与“阳火”合并而成，故能转化为“气”，从而在锤锻时起到诱发阴、阳二气互动的媒介作用。

⑥ 未济：《周易》卦象之一，离上坎下，如火在水上，彼此不能相互作用。

⑦ 刚：陶本作“钢”，菅本注亦疑当作“钢”，当据改。

⑧ 白铜末：据杨维增，可能是指砷白铜（铜砷合金）。

⑨ 大焊：锻接。

三、斤斧

原文

凡铁兵薄者为刀剑，背厚而面薄者为斧斤。刀剑绝美者，以百炼钢[①]包果其外，其中仍用无钢铁[②]为骨。若非钢表铁里，则劲力所施，即成折断。其次寻常刀斧，止嵌钢于其

译文

铁制兵器，薄的是刀剑，背厚而面薄的是斧子。绝好的刀剑用百炼钢包裹在外，里面仍然用熟铁为骨。如果不是钢在外、铁在内，用力砍就会折断。其次是寻常刀斧，只是把钢镶嵌在表面。即便是可以斩钉截铁的重价宝刀，经过数千次磨损，也会把

面。即重价宝刀，可斩钉截凡铁者，经数千遭磨砺，则钢尽而铁现也。倭国刀[3]背阔不及二分许，架于手指之上，不复欹倒，不知用何锤法，中国未得其传。凡健刀斧皆嵌钢、包钢，整齐而后入水淬之。其快利则又在砺石成功也。凡匠斧与椎，其中空管受柄处，皆先打冷铁为骨，名曰羊头，然后热[4]铁包果，冷者不沾，自成空隙。凡攻石椎，日久四面皆空，镕铁补满平填，再用无弊。

钢磨尽而露出铁。日本刀的刀背不到两分来宽，架在手指上却不会倾倒，不知是用什么方法打造的，其技巧没有传入中国。坚硬的刀斧都要经过嵌钢、包钢的过程，修整好后放入水中淬火。至于是否锋利，就要看磨石的功夫了。打造斧头和铁锤时，装木柄的空管，都先打一块冷铁为模骨，称为“羊头”，然后用烧热的铁包裹在外面，冷铁模不会和热铁粘在一起，取出后自然会留出空隙。打石头用的铁锤，时间长了四面都凹陷下去，熔出铁水将其补平，就可以继续使用了。

难点精讲

① 百炼钢：经过反复加热锻打的钢件，其组织致密，夹杂物少。

② 无钢铁：熟铁。

③ 倭国刀：日本刀。因刀刃与刀背形成等腰三角形，所以不会倾倒。

④ 热：陶本作“熟”。

四、锄镈

原文

凡治地生物，用锄、镈[1]之属，熟铁锻成，镕化生铁淋口[2]，入水淬健，即成刚劲。每锹、锄重一斤者，淋生铁三钱为率，少则不坚，多则过刚而折。

译文

从事农业生产需要锄头一类的农具，它们用熟铁锻造而成，再把生铁熔化，淋在锄刃位置，放入水中淬火后，就变得十分刚劲。每打造重一斤的锹、锄，淋三钱生铁为准，少了就不够坚硬，多了就会太硬而容易折断。

难点精讲

① 镈（bó）：古代锄类农具。

② 镕化生铁淋口：熔化生铁淋在熟铁刃口上，生铁中的碳会被熟铁吸收，经过锤锻和淬火，形成含碳量较高的优质钢。详细操作可参见沈括《梦溪笔谈》卷三。

五、镬

原文

凡铁镬[1]，纯钢为之，未健之时，钢性亦软。以已健钢錾[2]划成纵、斜文理，划时斜向入，则文方成焰。划后烧红，退微冷，入水健。久用乖平，入火

译文

锉是用纯钢打造的，淬火之前，钢质也比较软。用已经淬过火的钢制作的小凿子在锉坯上刻划出纵向、斜向的纹理，划的时候斜向入凿，纹理才能有像火焰那样的锋芒。刻划后将其烧红，稍微冷却一下，入水淬火。

退去健性[3]，再用鏩划。凡鎈，开锯齿用茅叶鎈，后用快弦鎈；治铜钱用方长牵鎈；锁钥之类用方条鎈；治骨角用剑面鎈（朱注所谓镳锡[4]）；治木末则锥成圆眼，不用纵、斜文者，名曰香鎈。（划鎈纹时，用羊角末和盐、醋先涂[5]。）

使用时间一长，锉纹磨平了，就将其放入火中回火，再重新用凿子刻划。各种锉中，开锯齿用茅叶锉，再用快弦锉；加工铜钱用方长牵锉；加工钥匙之类的用方条锉；加工骨角用剑面锉（就是朱熹注《大学》说的“镳旸”）；锉木料的锉，则是在锉面钻出许多圆眼，称为“香锉”，不用有纵、斜纹的锉。（刻划锉纹时，先用羊角末和盐、醋涂在上面，然后再划。）

难点精讲

① 鎈（chā）：即锉，一种使工件平滑的工具。

② 鏩（zàn）：同“錾”，小凿子，用于在金石上雕刻。

③ 退去健性：回火，即将淬火后的制件重新加热，目的是提高其塑性与韧性。

④ 镳（lǜ）锡：疑当作“镳旸”，朱熹《大学集注》“如切如磋”，谓：“磋以镳旸，磨以沙石。”镳：打磨骨角、铜铁等，使之光滑的工具。旸（tàng）：磨木使平的石制器具。

⑤ 用羊角末和盐、醋先涂：据杨维增，羊角末和盐、醋在烧红时起渗碳的作用。

六、锥

原文

凡锥，熟铁锤成，不入钢和。治书编之类用圆钻；攻皮革用扁钻；梓人[1]转索通眼、引钉合木者，

译文

锥子是用熟铁锤制的，不加入钢。装订书籍之类的用圆钻；缝皮革用扁钻；木匠转绳打眼，打钉拼合木板时用蛇头钻，其钻头长两分左右，

用蛇头钻，其制，颖[②]上二分许，一面圆，二[③]面剜入，傍起两稜，以便转索；治铜叶用鸡心钻；其通身三稜者名旋钻；通身四方而末锐者名打钻。

一面是圆弧形，另有两面挖出空位，旁边有两道棱，以便转动绳索；加工铜片用鸡心钻；通身三道棱的叫“旋钻”；通身四方而末端尖锐的叫“打钻”。

难点精讲

① 梓人：木匠。

② 颖：东西末端的尖锐部分。

③ 二：陶本作“一”。

七、锯

原文

凡锯，熟铁断[①]成薄条，不钢，亦不淬健。出火退烧后，频加冷锤坚性，用鎈开齿。两头衔木为梁，纠篾张开，促紧使直。长者剖木，短者截木，齿最细者截竹。齿钝之时，频加鎈锐，而后使之。

译文

制作锯子，将熟铁锻打成薄条，不加钢，也不淬火。待锯片冷却后，不断捶打，使其变得坚韧，再用锉开齿。在锯片的两头接上木柄，中间加一根横梁，在木柄另一头纠绞竹篾为绳，拉开锯片，使其绷紧伸直。长锯用来剖开木料，短锯用来截断木料，锯齿最细的锯用来截断竹子。锯齿钝了，多用锉刀锉锐，之后还可以继续用。

难点精讲

① 断：陶本作“锻”，当据改。

八、刨

原文

凡刨[①]，磨砺嵌钢寸铁，露刃秒忽，斜出木口之面，所以平木，古名曰准。巨者卧准露刃，持木抽削，名曰推刨，圆桶家使之。寻常用者，横木为两翅，手执前推。梓人为细功者，有起线刨，刃阔二分许。又刮木使极光者，名蜈蚣刨，一木之上，衔十余小刀，如蜈蚣之足。

译文

制作刨，将一寸多宽的嵌有钢的铁片打磨得极锋利，斜向装入木制的刨口，微微露出刃口，用来刨平木材，古代叫“准”。大型的刨平卧放置，露出刃口，拿着木料在上面推拉磨削，称为“推刨”，制作圆桶的木工会用到。寻常用的刨是在刨身上安装横木作为两翼，手持横木两端向前推。做细木工活的木匠有一种起线刨，刀刃宽二分左右。还有一种能把木料刮擦得非常光滑的刨，称为“蜈蚣刨”，是在刨上装十几个小刨刀，就像蜈蚣的脚一样。

难点精讲

① 刨（bào）：木工刨平木材的用具。

九、凿

原文

凡凿[1]，熟铁锻成，嵌钢于口，其本空圆，以受木柄。（先打铁骨为模，名曰羊头，杓柄同用。）斧从柄催，入木透眼。其末粗者阔寸许，细者三分而止。需圆眼者则制成剜[2]凿为之。

译文

凿用熟铁锻成，在刃口嵌钢，凿身中空，用来安装木柄。（打造时先打一根圆柱形的铁骨为模，称为“羊头”，做铁勺的柄也是同样的做法。）用斧头敲击凿柄，凿刃就会穿透木材，凿出眼孔。凿的刃部，宽的有一寸左右，窄的只有三分。如果需要凿圆孔，就制作成弧形刃口的剜凿来凿。

难点精讲

① 凿：挖槽或穿孔用的工具。

② 剜：挖削。

十、锚

原文

凡舟行遇风难泊，则全身系命于锚。战船、海船有重千钧者。锤法，先成四爪，以次逐节接身。其三百斤以内者用径尺阔砧，安顿炉傍，当其两端皆红，掀去炉炭，铁包木

译文

行船遇到大风，难以停泊时，全靠锚来保证安全。战船、海船的锚有的重达千钧。锚的锤锻方法是，先锤成四爪，然后按顺序逐节接到锚身上。三百斤以内的锚，用直径一尺的大砧放在炉火旁，当锚件的两端都烧红后，掀去炉炭，用包铁皮的木棍把

图 71　锤锚

图 72　抽线琢针

棍，夹持上砧。若千斤内外者则架木为棚，多人立其上共持铁练，两接锚身，其末皆带巨铁圈练套，提起捩转，咸力锤合。合药不用黄泥，先取陈久壁土筛细，一人频撒接口之中，浑合方无微罅[1]。盖炉锤之中，此物其最巨者。

它夹起来，放到砧上捶打。如果是千斤以上的锚，就用木板架起工棚，多人站在棚上，一齐握住铁链，铁链的末端分两组系在两个巨大的铁圈上，铁圈套在锚的两端，以此来提起锚，并使其可以转动，众人一起用力捶打接合。用于接合的材料不用黄泥，而是取筛细的旧墙土，一个人不断地撒在接口上，浑然一体地接合，才不会有小缝隙。在炉锤制作的工件中，锚是最大的了。

难点精讲

① 罅（xià）：缝隙，裂缝。

十一、针

原文

凡针，先锤铁为细条。用铁尺[1]一根，锥成线眼，抽过条铁成线，逐寸剪断为针。先鎈其末成颖，用小槌敲扁其本，刚[2]锥穿鼻，复鎈其外。然后入釜，慢火炒熬。炒后以土末入

译文

制作针，先把铁锤打成细条。在一根铁尺上钻出小孔，将细条铁穿过小孔，拉成铁线，再逐寸剪断制成针。先用锉把一头磨成尖，用小槌将另一头敲扁，用钢锥穿出针鼻，再打磨其外周。然后放入锅中，用慢火加热。加热后用土末、松木炭粉和豆豉

松木火矢、豆豉三物罨盖[③]，下用火蒸。留针二三口，插于其外，以试火候。其外针入手，捻成粉碎，则其下针火候皆足。然后开封，入水健之。凡引线成衣与刺绣者，其质皆刚。惟马尾[④]刺工为冠者，则用柳条软针。分别之妙，在于水火健法云。

三种东西盖上，下面用火烧。留两三根针插在外面，以便检验火候。当外面的针能用手捻成粉末时，说明锅里的针火候已足。然后拿出针来，放入水中淬火。引线缝衣和刺绣用的针，质地都比较刚硬。只有马尾镇的刺绣工制作帽子用的针是柳条软针。针的软硬，其区别来自火炒、淬火的方法。

难点精讲

① 铁尺：据潘吉星，这里指拉丝模具。在铁尺上钻出小孔，将细铁条通过小孔，拉成细铁线。

② 刚：陶本作“钢”，当据改。

③ 罨（yǎn）盖：这里用固体渗碳法，将铁针制成钢针。据杨维增，松木炭粉是固体渗碳剂，土末是填充剂，豆豉可能是促进剂，同时也可能是氮化或氰化剂。在900—930℃下，渗碳剂受热分解出活性碳原子，渗入铁针表层。

④ 马尾：在今福建省福州市东南。

十二、冶铜

原文

凡红铜升黄[①]而后镕化造器，用砒升者为白铜[②]器，工费倍难，侈者事之。

译文

红铜要精炼成黄铜后再熔化制造器物，用砒霜炼的铜可制白铜器，但加工困难又昂贵，奢侈的人才会

凡黄铜，原从炉甘石升者，不退火性受锤；从倭铅升者，出炉退火性，以受冷锤。凡响铜[3]入锡参和（法具《五金》卷）成乐器者，必圆成无焊。其余方圆用器，走焊、炙火粘合。用锡末者为小焊，用响铜末者为大焊。（碎铜为末，用饭粘和打，入水洗去饭，铜末具存，不然则撒散。）若焊银器，则用红铜末。

使用。加炉甘石炼成的黄铜，可以不经冷却，直接锤打；加锌炼成的黄铜，需冷却后再锤打。用铜加入锡形成的响铜（方法见《五金》卷）制作乐器，必须完整而无焊接。其余方形、圆形器物，可以通过焊接、加热的方法接合。小件用锡末为焊料，大件用响铜末为焊料。（将铜打成粉末，用米饭粘在一起舂打，之后用水洗去饭，留下铜末，否则铜末会在舂打过程中飞散。）如果是焊接银器，就用红铜末为焊料。

难点精讲

① 红铜升黄：把红铜提炼为黄铜。红铜是纯铜，黄铜是铜锌合金。炉甘石中含有碳酸锌（$ZnCO_3$）。升：精炼。

② 白铜：铜砷合金。

③ 响铜：铜锡合金。

原文

凡锤乐器，锤钲[4]（俗名锣）不事先铸，镕团即锤。锤镯[5]（俗名铜鼓）与丁宁[6]，则先铸成圆片，然后受锤。凡锤钲、镯，皆

译文

锤制乐器时，造钲（俗名锣）不需事先铸造，把铜熔成团就可以直接锤打。造镯（俗名铜鼓）与丁宁则需要先把铜铸造成圆片，然后再锤打。锤制锣与铜鼓，都先把铜块或铜片铺在

图 73　锤钲与镯（锤锣）

铺团于地面。巨者众共挥力，由小阔开，就身起弦声，俱从冷锤点发。其铜鼓中间突起隆炮[7]，而后冷锤开声。声分雌与雄[8]，则在分厘起伏之妙。重数锤者，其声为雄。凡铜经锤之后，色成哑白，受锉复现黄光。经锤折耗，铁损其十者，铜只去其一。气腥而色美，故锤工亦贵重铁工一等云。

地上。大的由众人一起挥打，从小团逐渐展开，冷件受敲打的地方会发出乐声。制作铜鼓，要在中间打出一个凸起的圆泡，之后用冷锤定音。音调有高低，其中关键就在圆泡的起伏薄厚之差。重打数锤后，就能发出低音。铜在经过锤打后，呈现哑白色，用锉打磨后可以重现黄光。锤打时的损耗，铜只有铁的十分之一。铜有腥味而色泽美观，因此铜匠比铁匠要高一等。

难点精讲

④ 钲（zhēng）：铜质乐器，形似钟而狭长，有长柄，口向上以物击之而鸣，在行军时敲打。然而据插图和原小字注，此句所指的乐器，其实是锣，并不是钲。

⑤ 镯：形似小钟的乐器，原本也并不是铜鼓。

⑥ 丁宁：其实是钲。《左传·宣公四年》“著于丁宁”注：“丁宁，钲也。”

⑦ 炮：潘吉星疑当作“泡”。

⑧ 声分雌与雄：雌声指高音调，雄声指低音调。重打可以使铜变薄，发声较低。

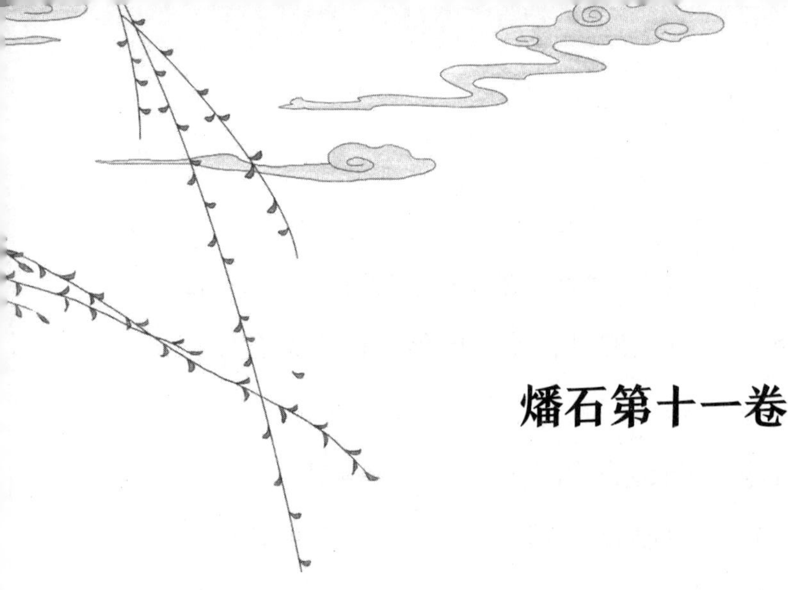

燔石第十一卷

一、宋子曰

原文

五行之内，土为万物之母，子之贵者，岂惟五金[①]哉？金与火相守而流，功用谓莫尚焉矣。石得燔[②]而成[③]功，盖愈出而愈奇焉。水浸淫而败物，有隙必攻，所谓不遗丝发者。调和一物，以为外拒，漂海则冲洋澜，粘甃则固城雉。不烦历候远涉，而至宝得焉。燔石之功，殆莫之与京[④]矣。至于矾[⑤]现五色之形，硫[⑥]为群石之将，皆变化于烈火。巧极丹铅[⑦]炉火，方士纵焦劳唇

译文

宋子说：五行之中，土是万物之母，而子中最贵重的，难道只有金属一类吗？金属与火相互作用，金属熔化后可制成器物，其功用确实很大。而矿石经过焚烧后，其功效却更加奇妙。水的浸泡会破坏东西，而且有个缝隙就会渗入，连发丝般的缝隙都不放过。调制石灰，可以抵挡水，渡海的船以此填缝，就可以劈波斩浪，以石灰砌砖则可以加固城墙。这种至宝不必长时间地长途跋涉就能获得。大概没什么比得上烧炼矿石的功劳之大了。至于矾能展现出五色，硫能成为群石之将，都是在烈火中变化而成的。在炼丹炉中以丹砂与铅汞炼丹的

舌，何尝肖像天工[⑧]之万一哉！

技巧是最巧妙的，可就算方士们唇焦口燥地吹嘘自己的神奇，又哪里比得上自然力量的万分之一呢？

难点精讲

① 五金：金、银、铜、铁、锡，这里泛指金属。

② 燔（fán）：焚烧。燔石此处指烧炼非金属矿石。

③ 咸：杨本、菅本、陶本作“成”，当据改。

④ 京：大。

⑤ 矾：明矾白色，青矾绿色，红矾红色，黄矾黄色，胆矾蓝色。

⑥ 硫：《本草纲目》卷十一称“硫为群石之将”。或因硫毒性大、可燃等原因。

⑦ 丹铅：丹砂与铅汞，二者都是炼丹的主要原料。

⑧ 天工：据薛凤，宋应星详细讨论煅烧矿石，目的是展示“气”的运行和逻辑，及其背后的终极变化规则，从而揭示人与“天”的关联性。

二、石灰

原文

凡石灰[①]，经火焚炼为用。成质之后，入水永劫不坏。亿万舟楫，亿万垣墙，窒隙防淫，是必由之。百里内外，土中必生可燔石。石以青色为上，黄白次之。石必掩土内二三尺，堀取受燔，土面见风者不用。燔灰火料，煤炭居十

译文

石灰是高温焚烧石灰石而生成的。石灰凝固之后，遇到水也永远不会坏。亿万舟船、墙壁上缝隙的填补防水，一定是用石灰完成的。方圆百里，土中必有可以烧炼石灰的石灰石。青色为上等，黄色、白色次一等。石灰石埋在地下二三尺，可以挖掘出来烧炼，表面已风化的不能用。烧炼石灰的燃料中，煤炭占十分之

九，薪炭居什一。先取煤炭，泥和做成饼，每煤饼一层，叠石一层，铺薪其底，灼火燔之。最佳者曰矿灰，最恶者曰窑滓灰。火力到后，烧酥石性，置于风中，久自吹化成粉。急用者以水沃[2]之，亦自解散。

九，木炭占十分之一。先取煤炭和泥做成煤饼，每放一层煤饼，就叠一层石灰石，在底下铺上柴火，点火焚烧。最好的称为“矿灰”，最差的称为“窑滓灰”。火候到了，石灰石会变得酥脆，放在风中，时间长了就化为粉末。如果是急用，就用水浇上去，也能自行解体化灰。

难点精讲

① 石灰：石灰石的主要成分是碳酸钙（$CaCO_3$），经高温焚烧后生成生石灰，主要成分是氧化钙（CaO），生石灰遇水生成熟石灰，主要成分是氢氧化钙［$Ca(OH)_2$］，具有较强黏结性。

② 沃：浇灌。

原文

凡灰用以固舟缝，则桐油、鱼油[3]调，厚绢、细罗和油杵千下塞舱。用以砌墙石，则筛去石块，水调粘合。甃墁则仍用油灰。用以垩[4]墙壁，则澄过入纸筋[5]涂墁。用以襄墓及贮水池，则灰一分，入河沙、黄土二分，用糯米粳、

译文

用石灰来填补舟船的缝隙时，先用桐油、鱼油搅拌石灰，再放在厚绢、细罗上，加上油，杵捣上千次，就可以用来塞补船缝。如果用来砌墙，则先筛去石块，用水调匀，用来黏合。砌砖铺地，则仍要用油调石灰。用来粉刷墙壁，就用水澄清，加入纸筋涂抹墙壁。用来修建坟墓和蓄水池，就用一分石灰混入两分河沙、

羊桃藤[⑥]汁和匀，轻筑坚固，永不隳[⑦]坏，名曰三和土。其余造淀造纸，功用难以枚述。凡温、台、闽、广海滨石不堪灰者，则天生蛎蚝以代之。

黄土，用糯米面糊和猕猴桃藤汁和匀，不用夯打就很坚固，永远不会毁坏，称为“三合土”。其余用来造蓝靛、造纸等，功用难以一一列举。温州、台州、福建、广东沿海地区，用石头不能烧成石灰的地方，大自然就用牡蛎壳作为替代。

难点精讲

③ 桐油、鱼油：据杨维增，桐油主要成分为桐酸的甘油酯，鱼油含有高度不饱和脂肪酸的甘油酯，两种都是干性油。

④ 垩（è）：用白土涂饰。

⑤ 纸筋：用草或纤维物质加工成浆状，掺在石灰里，起防止墙体抹灰层裂缝，增加灰浆连接强度和稠度等作用。

⑥ 羊桃藤：即猕猴桃，其茎、皮均含黏液。

⑦ 隳（huī）：毁坏，崩毁。

三、蛎灰

原文

凡海滨石山傍水处，咸浪积压，生出蛎房[①]，闽中曰蚝房。经年久者，长成数丈，阔则数亩，崎岖如石假山形象。蛤之类压入岩中，久则消化作肉团，

译文

海滨有石山临水的地方，经海浪冲击，生出一种蛎房，福建叫作“蚝房”。时间久了，能有几丈长，面积能达到几亩，形状崎岖就像石假山一样。蛤蜊一类的生物被冲压到岩石中，时间长了会被消化，形成肉团，

图 74　煤饼烧石成灰、烧蛎房

图 75　凿取蛎房

名曰蛎黄[②]，味极珍美。凡燔蛎灰者，执椎与凿，濡足取来（药铺所货牡蛎，即此碎块），叠煤架火燔成，与前石灰共法。粘砌城墙、桥梁，调和桐油造舟，功皆相同。有误以蚬[③]灰（即蛤粉）为蛎灰者，不格物之故也。

称为“蛎黄”，味道极其鲜美。焚烧牡蛎灰的人，拿着锥子和凿，涉水将蛎房取回（药铺里卖的牡蛎，就是这种碎块），叠上煤，架上火，烧制而成，与前述石灰的制法相同。用来粘砌城墙、桥梁，调和桐油造船，功能用法都是一样的。有人把蚬灰（即蛤粉）误认为牡蛎灰，这是不仔细考察外物的缘故。

难点精讲

① 蛎房：蛎即牡蛎，又名蚝，肉味鲜美，亦可入药。外壳的主要成分是碳酸钙。牡蛎长成后会聚集依附在近海岸边的岩石上，以海浪送来的浮游生物为生，死后留下空壳，新的牡蛎又依附在空壳上生长，形成牡蛎壳堆积，即蛎房。

② 蛎黄：实际上是将牡蛎肉取下腌制而成的，并非牡蛎能消化蛤蜊。

③ 蚬（xiǎn）：也是一种软体动物，外有贝壳。但不是牡蛎也不是蛤蜊，因此蚬灰并非蛤粉。然而牡蛎壳、蛤蜊壳、蚬壳的主要成分都是碳酸钙。

四、煤炭

原文

凡煤炭，普天皆生，以供锻炼金石之用。南方秃山无草木者，下即有煤，北方勿论。煤有三种，有明煤、碎煤、末煤。明煤

译文

普天下都有煤炭，可以用来冶炼金属和烧炼矿石。南方没有草木的荒山，下面就有煤，北方更不必说了。煤有三种：明煤、碎煤、末煤。明煤块大，像斗一样，出产于河北、

大块如斗许，燕、齐、秦、晋生之。不用风箱鼓扇，以木炭少许引燃，熯炽[①]达昼夜。其傍夹带碎屑，则用洁净黄土调水作饼而烧之。碎煤有两种，多生吴、楚。炎高者曰饭炭，用以炊烹；炎平者曰铁炭，用以冶锻。入炉先用水沃湿，必用鼓鞲后红，以次增添而用。末炭如面者，名曰自来风。泥水调成饼，入于炉内，既灼之后，与明煤相同，经昼夜不灭，半供炊爨[②]，半供镕铜、化石、升朱。至于燔石为灰与矾、硫，则三煤皆可用也。

山东、陕西、山西。燃烧时不用风箱鼓扇，只需要少许木炭引燃，就可以日夜旺盛地燃烧。其中夹带有碎屑，可以用洁净的黄土调水，把煤屑做成煤饼来烧。碎煤有两种，多出产于江苏、湖南、湖北。火苗高的叫“饭炭”，用来烧火煮饭；火苗平的叫“铁炭”，用来冶炼。碎煤入炉前要先用水浸湿，且一定要用风箱鼓风才能烧红，需要不断向炉中添煤以保持燃烧。末炭就像粉末，名叫“自来风”。用泥水调和成煤饼，放入炉中，点燃之后和明煤一样，也可以昼夜燃烧不灭，一半用于烧火煮饭，一半用于炼铜、烧石、提炼朱砂。至于烧炼石灰、矾、硫，则三种煤都可以使用。

难点精讲

① 熯（hàn）炽：燃烧旺盛。

② 炊爨（cuàn）：烧火煮饭。

原文

凡取煤，经历久者，从土面能辨有无之色，然

译文

取煤时，有经验的人能根据地表的土质，辨别出地下是否有煤，然

后堀挖，深至五丈许，方始得煤。初见煤端时，毒气[③]灼人。有将巨竹凿去中节，尖锐其末，插入炭中，其毒烟从竹中透上，人从其下施䦆[④]拾取者。或一井而下，炭纵横广有，则随其左右阔取。其上枝板，以防压崩耳。

后向下挖掘，要到五丈多深才能挖到煤。刚挖到煤层时，毒气能伤人。有人将大竹子中间的竹节凿去，把末端削尖，插入煤层，毒气会从竹筒里向上排出，人就可以下去用大锄挖煤了。有时井下煤层纵横遍布，可以沿煤层向左右挖巷道取煤。在巷道中要加上支架、护板，防止坍塌。

难点精讲

③ 毒气：即瓦斯，主要成分是甲烷（CH_4）、一氧化碳（CO）、硫化氢（H_2S）等，易燃并且有毒。空气中含量达 5%—16% 时，遇明火会爆炸。

④ 䦆（jué）：刨土用的农具，形似镐。

原文

凡煤炭取空而后，以土填实其井，经二三十年后，其下煤复生长[⑤]，取之不尽。其底及四周石卵，土人名曰铜炭[⑥]者，取出烧皂矾与硫黄（详后款）。凡石卵单取硫黄者，其气薰甚[⑦]，名曰臭煤，燕京房山、固安、湖广荆州等处

译文

煤炭取空之后，用土填满采煤井，经过二三十年，下面的煤又能长出来，取之不尽。煤层底部以及四周有卵石，当地人称为“铜炭”，可将其取出烧制皂矾与硫黄（详见后文）。只能制取硫黄的卵石，燃烧时臭气熏天，称作“臭煤”，北京房山、河北固安、湖北荆州等地时有出产。煤炭经过焚烧后，随火化去，不留灰烬。

间有之。凡煤炭经焚而后，质随火神化去，总无灰滓。盖金与土石之间，造化别现此种云。凡煤炭，不生茂草盛木之乡[8]，以见天心之妙。其炊爨功用所不及者，唯结腐一种而已（结豆腐者用煤炉则焦苦）。

这是大自然形成的介乎金属与土石之间的特殊物质。煤炭不出产在草木茂盛不缺柴薪的地方，可见造化安排的巧妙。煤在做饭方面唯一不能发挥作用的地方，就是不能用于结豆腐（用煤炉煮豆浆结豆腐，会有焦苦的味道）。

难点精讲

⑤ 煤复生长：煤的形成要经过漫长的过程，并不能在几十年间复生。杨维增认为可能是巷道周围的煤层因地压作用而被挤入巷道，所以造成这种错觉。而宋应星理解的煤炭、金属等物质的生成，与植物的生长类似，都是从“气”到“形”的转换。

⑥ 铜炭：指煤层中的黄铁矿（FeS_2）。

⑦ 其气薰甚：这是因为其中含有硫，燃烧时会产生硫化氢、二氧化硫等有臭味的气体。

⑧ 不生茂草盛木之乡：其实煤与地表植被并无直接相关，杨维增怀疑是受到赣西北煤矿产地的特殊分布而形成的以偏概全的认识。

五、矾石　白矾

原文

凡矾[1]，燔石而成。白矾一种，亦所在有之。最盛者山西晋[2]、南直无为[3]等州，值价低贱，与寒水

译文

矾是焚烧石头制成的。其中有一种白矾，到处都有。山西晋州、南直隶无为州最为盛产，价格低廉，和寒水石差不多。把白矾投入沸水中溶

图 76　南方挖煤

图 77　烧皂矾

石[4]相仿。然煎水极沸，投矾化之，以之染物，则固结肤膜之间，外水永不入，故制糖饯与染画纸、红纸者需之。其末干撒，又能治浸淫恶水，故湿创[5]家亦急需之也。

化，用来染东西，颜色就能固着在染物表面，不怕泡水掉色，因此做蜜饯和染画纸、红纸都需要用到。将干燥的白矾粉末撒在患处，可以治疗流脓水的湿疹、疱疮等，因此也是湿疮患者急需的。

难点精讲

① 矾：各种金属的硫酸盐统称矾。其中，白矾即明矾，为十二水硫酸铝钾［$KAl(SO_4)_2 \cdot 12H_2O$］，水解后生成氢氧化铝［$Al(OH)_3$］胶状沉淀，可用作净水剂、媒染剂。

② 晋：晋州，今山西省临汾市。菅本注疑此处脱一“州”字。

③ 南直无为：南直隶无为州，今安徽省无为县。

④ 寒水石：矿物，有硫酸钙（$CaSO_4$）和碳酸钙（$CaCO_3$）等种类，可入药。

⑤ 创：陶本作“疮”，当据改。

原文

凡白矾，掘土取磊块石，层叠煤炭饼锻炼，如烧石灰样。火候已足，冷定入水，煎水极沸时，盘中有溅溢，如物飞出，俗名蝴蝶矾者，则矾成矣。煎浓之后，入水缸内澄，其上隆结曰吊矾，洁白异

译文

白矾的制取，也是从土中挖掘矾石，与煤炭饼逐层相叠后烧炼，就像烧石灰一样。火候够了，冷却后放入水中，把水烧开，沸腾时有东西飞溅出来，俗名叫“蝴蝶矾”，这时白矾就制成了。煎浓之后，放入水缸内澄清，上面凝结的一层叫“吊矾”，非常洁白。沉在下面的叫“缸矾”。像

常。其沉下者曰缸矾。轻虚如棉絮者曰柳絮矾。烧汁至尽，白如雪者，谓之巴石。方药家煅过用者曰枯矾[⑥]云。

棉絮一样轻飘在里面的叫“柳絮矾”。水烧干后，剩下的洁白如雪的东西叫“巴石”。经炼丹者、制药者煅烧后使用的叫“枯矾”。

难点精讲

⑥ 枯矾：失去结晶水的白矾。本段述蝴蝶矾、吊矾、缸矾、巴石、枯矾等，皆引自《本草纲目》卷十一。

六、青矾　红矾　黄矾　胆矾

原文

凡皂、红、黄矾[①]，皆出一种而成，变化其质。取煤炭外矿石（俗名铜炭）子，每五百斤入炉，炉内用煤炭饼（自来风不用鼓鞴者）千余斤，周围包果此石。炉外砌筑土墙圈围，炉巅[②]空一圆孔如茶碗口大，透炎直上，孔傍以矾滓厚罨（此滓不知起自何世，欲作新炉者，非旧滓罨盖[③]则不成）。然后从底发火，此火度经十日

译文

皂矾、红矾、黄矾都由同一种矿石炼化而成，性质却各不相同。取煤炭层外层的矿石子（俗名铜炭），每次放入炉中五百斤，周围用千余斤煤炭饼（用无须鼓风就能燃烧的自来风煤）包裹这些矿石。炉外砌筑土墙，围成一圈，炉顶空出一个像茶碗口那么大的圆孔，让火焰能由此向上透出，圆孔旁用矾渣厚厚地盖严实（这种矾渣不知始于何时，筑造新炉时，非得有旧炉烧出的矾渣用于掩盖不可）。然后在底下点火，这火要烧十天才会熄灭。上面的圆

方熄。其孔眼时有金色光直上。（取硫，详后款。）

孔不时可见金色火焰冒出。（烧取硫黄，详见后文。）

难点精讲

① 皂矾：又名青矾，即七水硫酸亚铁（$FeSO_4 \cdot 7H_2O$），蓝绿色。红矾：又名矾红，即三氧化二铁（$Fe_2O_3 \cdot mH_2O$），红色。黄矾：即九水硫酸铁[$Fe_2(SO_4)_3 \cdot 9H_2O$]。三者都是铁的化合物。

② 颠：同“巅”。

③ 旧滓罨盖：据杨维增，其目的是保护炉内的还原气氛，防止二价铁氧化成三价铁。

原文

煅经十日后，冷定取出。半酥杂碎者另拣出，名曰时矾，为煎矾红用。其中精粹如矿灰形者，取入缸中浸三个时，漉入釜中煎炼。每水十石，煎至一石，火候方足。煎干之后，上结者皆佳好皂矾，下者为矾滓（后炉用此盖）。此皂矾，染家必需用[④]。中国煎者亦惟五六所。原石五百斤成皂矾二百斤，其大端也。其拣出时矾（俗又名鸡屎矾），每斤入黄土

译文

经过十天的煅烧，冷却后取出。将烧成半酥的杂碎者另行拣出，称为“时矾”，用于煎炼红矾。将其中矿灰状的精粹部分取出，放入缸中浸泡三个时辰，过滤，放入锅中煎炼。每次把十石水煎到只剩一石，火候就到了。煎干之后，上面结晶的都是绝好的皂矾，下面的就是矾渣（以后造炼炉，需要用其盖炉顶）。这种皂矾是染坊的必需品。中国只有五六个地方煎炼皂矾。大概来说，每五百斤原石能提炼出二百斤皂矾。其中拣出的时矾（俗名又叫“鸡屎矾”），每斤混入四两黄土，放入罐中熬炼，就炼成红矾。

四两，入罐熬炼，则成矾红。圬墁[5]及油漆家用之。

粉刷墙壁的工人和油漆工会用到。

难点精讲

④ 染家必需用：染坊用皂矾作为媒染剂。

⑤ 圬墁（wū màn）：涂饰墙壁，粉刷。

原文

其黄矾所出又奇甚，乃即炼皂矾炉侧土墙，春夏经受火石精气，至霜降、立冬[6]之交，冷静之时，其墙上自然爆出此种，如淮北砖墙生焰硝[7]样。刮取下来，名曰黄矾，染家用之。金色淡者涂炙，立成紫赤也。其黄矾自外国来，打破，中有金丝者，名曰波斯矾，别是一种。

译文

黄矾的来历就奇怪多了，炼皂矾炉的侧面土墙，春夏之间炼制皂矾时经受了火烧石料的作用，到了霜降、立冬之交，天凉下来，墙上就会自然长出这种矾，就像淮北的砖墙上生出硝石那样。将其刮取下来，称为"黄矾"，染坊会用到。用它来涂于较淡的金色上，经火一烤就变成紫红色。从外国传来的黄矾，打破之后，里面有金丝，称作"波斯矾"，是另一种矾。

难点精讲

⑥ 霜降：二十四节气之一，公历10月23—24日间交节。立冬：二十四节气之一，公历11月7—8日间交节。

⑦ 焰硝：即硝石。包括钠硝石（$NaNO_3$）与钾硝石（KNO_3）。

原文

又山、陕烧取硫黄山上，其滓弃地，二三年后，雨水浸淋，精液[⑧]流入沟麓[⑨]之中，自然结成皂矾。取而货用，不假煎炼。其中色佳者，人取以混石胆[⑩]云。石胆一名胆矾者，亦出晋、隰[⑪]等州，乃山石穴中自结成者，故绿色带宝光。烧铁器淬于胆矾水中，即成铜色[⑫]也。《本草》载矾虽五种，并未分别原委。其昆仑矾状如黑泥，铁矾状如赤石脂[⑬]者，皆西域产也。

译文

另外，山西、陕西烧取硫黄的山上，废弃的渣滓在两三年后受到雨水浸淋，矾质随水流入山脚下的沟渠，会自然凝结成皂矾。取来就能售卖或使用，不需要煎炼。其中颜色上佳的，有人拿来冒充石胆。石胆又叫“胆矾”，也产自晋州、隰县等地，是在山石洞穴中自然结成的，因此呈绿色并带有光泽。烧铁器时用胆矾水淬火，就能在铁器表面形成铜的颜色。《本草纲目》虽然记载了五种类型的矾，但是并未详述其不同情况。像黑泥一样的昆仑矾和像赤石脂一样的铁矾，都产自西域。

难点精讲

⑧ 精液：烧取硫黄后的矿渣含有氧化铁和硫，在酸性条件下会发生反应生成皂矾。

⑨ 麓（lù）：山脚下。

⑩ 石胆：即胆矾，成分为五水硫酸铜（$CuSO_4 \cdot 5H_2O$），蓝色晶体，易与皂矾混淆。

⑪ 隰（xí）：今山西省隰县。

⑫ 即成铜色：这里发生了置换反应，铁将硫酸铜中的铜置换出来，生成了铜单质。

⑬ 赤石脂：砂石中硅酸类的含铁陶土，多呈粉红色，可入药。

七、硫黄

原文

凡硫黄[1]，乃烧石承液而结就。著书者[2]误以“焚石”为“矾石”，遂有“矾液”之说。然烧取硫黄石，半出特生白石[3]，半出煤矿烧矾石，此矾液之说所由混也。又言[4]中国有温泉处必有硫黄，今东海、广南产硫黄处又无温泉，此因温泉水气似硫黄，故意度言之也。

译文

硫黄由焚烧矿石得到的液体凝结而成。著书者把“焚石”误作“矾石”，于是就有了硫黄来自“矾液”的说法。然而烧取硫黄的矿石，一半是特生白石，一半是煤层中用来烧制皂矾的矿石，“矾液”之说就是这样弄混的。又有说法说中国有温泉的地方必有硫黄，可是现在东南沿海、广东南部出产硫黄的地方又没有温泉。这是因为温泉的气味像硫黄，因此揣度出来的。

难点精讲

① 硫黄：即硫（S），黄色晶体，易燃，可用于火药、制酸、入药等。

② 著书者：据潘吉星，此句针对《本草纲目》卷十一引《名医别录》“石硫黄生东海牧牛山谷及太行河西山，矾石液也”一句而发。

③ 特生白石：据杨维增，可能是硫铁矿（FeS_2）中的白铁矿。

④ 又言：据潘吉星，此句针对《本草纲目》卷十一李时珍谓“凡产硫黄之处，必有温泉作硫黄气”一句而发。

原文

凡烧硫黄石，与煤矿石同形。堀取其石，用煤

译文

硫铁矿石与煤层矿石形态相似。将矿石挖出来，用煤炭饼包围堆积起

炭饼包果丛架，外筑土作炉。炭与石皆载千斤于内，炉上用烧硫旧滓罨盖，中顶隆起，透一圆孔其中。火力到时，孔内透出黄焰金光。先教陶家烧一钵盂，其盂当中隆起，边弦卷成鱼袋样，覆于孔上。石精感受火神，化出黄光飞走，遇盂掩住，不能上飞，则化成汁液，靠着盂底，其液流入弦袋之中，其弦又透小眼流入冷道灰槽小池，则凝结而成硫黄矣。

来，外面筑土作为炉。煤炭饼与矿石都放入千斤，炉顶上用烧硫剩下的旧渣覆盖，顶部中间隆起，开一个圆孔。火候到了，孔内会透出金黄色火焰。事先让陶土匠烧一个钵盂，钵盂当中隆起，边缘向内卷成鱼鳔形状的凹槽，覆盖在圆孔上。矿石内的成分受到火的作用，化为黄色蒸气升腾，遇到顶部钵盂的掩盖，无法上升，就会冷凝成液体，从钵盂底部流入凹槽中，又通过小孔流入冷却管，再流入小池中，凝结成硫黄。

原文

其炭煤矿石烧取皂矾者，当其黄光上走时，仍用此法掩盖，以取硫黄。得硫一斤，则减去皂矾三十余斤，其矾精华已结硫黄，则枯滓遂为弃物。

译文

用煤层的矿石烧取皂矾，当炉顶圆孔透出黄光时，也用这种方法盖住，获取硫黄。得到一斤硫黄就要减少三十多斤皂矾，矾的精华都结成硫黄了，剩下的残渣就成为废弃物。

原文

凡火药[⑤]，硫为纯阳，硝为纯阴，两精逼合，成声成变，此乾坤幻出神物也。硫黄不产北狄，或产而不知炼取，亦不可知。至奇炮出于西洋与红夷，则东徂[⑥]西数万里，皆产硫黄之地也。其琉球土硫黄、广南水硫黄，皆误纪[⑦]也。

译文

制作火药，硫为纯阳，硝为纯阴，两种成分遇合，就会发生变化、形成声响，这是阴阳之力变幻出的神物。北方少数民族地区不产硫黄，也可能有出产但他们不知如何提炼。西洋与荷兰能造出大炮，可见从东到西数万里间，都有出产硫黄的地方。至于琉球的土硫黄、广东南部的水硫黄，都是误记。

难点精讲

⑤ 火药：火药的原理是硝酸钾（KNO_3）、硫（S）、碳（C）发生氧化还原反应，生成硫化钾（K_2S）、氮气（N_2）、二氧化碳（CO_2）的过程，反应过程中会产生大量热量，并且由于产生大量气体，会发生爆炸。

⑥ 徂（cú）：往，到。

⑦ 误纪：据潘吉星，此句针对《本草纲目》卷十一提到的水硫黄、土硫黄。潘氏认为其实都是可信的。

八、砒石

原文

凡烧砒霜[①]，质料似土而坚，似石而碎，穴土数尺而取之。江西信郡、河南信阳州皆有砒井，故名

译文

烧砒霜的原料，像土而比较坚硬，似石而比较细碎，挖土数尺就能得到。江西信郡（上饶）、河南信阳州都有砒井，所以其原料被称为“信

图 78　烧取硫黄

图 79　烧砒

信石。近则出产独盛衡阳，一厂有造至万钧者。凡砒石井中，其上常有浊绿水，先绞水尽，然后下凿。砒有红、白两种，各因所出原石色烧成。

石”。近来则唯独盛产于衡阳，一厂甚至有产量能达到万钧的。产砒石的井中，砒石上面经常有浑浊的绿水，先把水取尽，然后向下凿取。砒霜有红、白两种，分别用红砒石和白砒石烧成。

难点精讲

① 砒霜：三氧化二砷（As_2O_3）。砒霜经由砒石炼成，砒石即砷矿石，常见的有白砒石（FeAsS）、红砒石（As_2S_3、AsS）和氧化矿石（$FeAsO_4 \cdot 2H_2O$）。砒霜有剧毒，主要用于制农药。

原文

凡烧砒，下鞠土窑，纳石其上，上砌曲突[②]，以铁釜倒悬覆突口。其下灼炭举火。其烟气从曲突内熏贴釜上。度其已贴一层，厚结寸许，下复息火。待前烟冷定，又举次火，熏贴如前。一釜之内，数层已满，然后提下，毁釜而取砒。故今砒底有铁沙，即破釜滓也。凡白砒止此一法。红砒则分金炉[③]内银

译文

烧制砒霜时，在地下挖一个土窑，把砒石放在里面，上面砌一个弯曲的烟囱，用铁锅倒过来覆盖在烟囱口。窑下面烧木炭点火。烟气沿烟囱上升，凝结在锅底。计算着已经凝结一层，厚度达到一寸左右时，下面熄火。等前一轮的烟气冷却凝固后，再次点火，还像之前那样让烟气在铁锅内凝结。一锅里凝结了几层后，取下来，打碎铁锅而获得砒霜。所以靠近锅底的砒霜中含有铁渣，就是打破锅留下的残渣。白砒只有这一种制

铜恼气有闪成者。

法。红砒还可以在分金炉内炼含砷的银、铜矿石时，经由析出的蒸气凝结而成。

难点精讲

② 曲突：弯曲的烟囱。

③ 分金炉：利用不同金属氧化难易度不同的特点，分离出贵金属的装置，详见本书《五金》卷。

原文

凡烧砒时，立者必于上风十余丈外，下风所近，草木皆死。烧砒之人，经两载即改徙，否则须发尽落。此物生人食过分厘[④]立死。然每岁千万金钱速售不滞者，以晋地菽麦必用伴[⑤]种，且驱田中黄鼠害，宁、绍郡稻田必用蘸秧根，则丰收也。不然，火药与染铜[⑥]，需用能几何哉？

译文

烧炼砒霜时，人必须站在上风十几丈以外，下风所及的草木都会被毒死。烧砒霜的人，干两年必须改行，否则胡须、头发都要掉光。这种东西，人吃一点儿就会立刻中毒死亡。然而每年价值千万的砒霜都能很快卖出去，是因为山西种豆子和麦子必须用砒霜拌种，并且可以用它驱除田里的鼠害，宁波、绍兴种稻也必须用砒霜蘸秧根，使水稻获得丰收。不然的话，光是造火药和炼白铜，能用得了多少呢？

难点精讲

④ 分厘：砒霜的中毒量为 0.01—0.05 克，致死量为 0.06—0.2 克。

⑤ 伴：通“拌”。

⑥ 染铜：指用砒霜等与铜炼制砷白铜，详见本书《五金》卷。

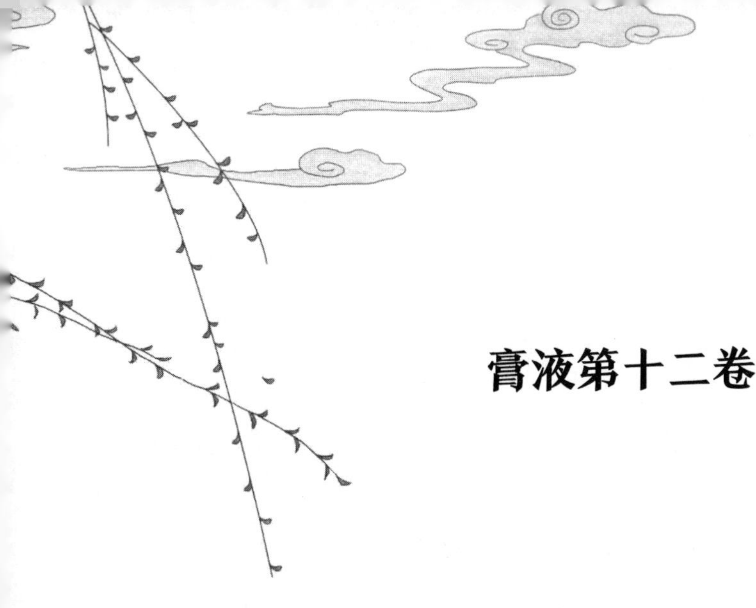

膏液第十二卷

一、宋子曰

原文

天道平分昼夜，而人工继晷①以襄事②，岂好劳而恶逸哉？使织女燃薪③，书生映雪④，所济成何事也？草木之实，其中韫⑤藏膏液而不能自流。假媒水火，冯借木石，而后倾注而出焉。此人巧聪明，不知于何禀度也。人间负重致远，恃有舟车。乃车得一铢⑥而辖转，舟得一石而罅完，非此物之为功也，不可行矣。至菹⑦蔬之登釜也，莫或膏之，犹啼儿之失乳焉。斯其功用一端而已哉？

译文

宋子说：天道平分昼夜，而人们夜里还要点油灯继续工作，难道是喜欢劳动而不喜欢休息吗？假使让织女都靠烧柴的光亮来织布，书生都靠雪光的反射而读书，能做得成什么事呢？草木的果实中蕴藏着膏液却不会自然流出。借助水火、木石的力量，才能使其倾注而出。人的这些聪明机巧，不知是从何而来的。人们能负重远行，靠的是车船。车有了一点油的润滑，车轮就能转得更顺畅，船用大量的油来拌石灰，就能填补好全部缝隙，没有油，是做不到这些的。至于用铁锅烹饪蔬菜，若没有油脂，就会像婴儿没了奶喝而啼哭一样。油脂的功用何止一个方面呢？

难点精讲

① 继晷（guǐ）：夜以继日。

② 襄事：成事。

③ 织女燃薪：出自晋人王嘉《拾遗记》载三国时魏国少女薛灵芸故事，当地人燃薪而夜织。

④ 书生映雪：出自《文选》李善注引《孙氏世录》载孙康借雪反光读书典故。

⑤ 韫（yùn）：蕴藏，包含。

⑥ 铢：古代 24 铢为 1 两，这里形容少量。

⑦ 菹（zū）：酸菜，腌菜。

二、油品

原文

凡油供馔食用者，胡麻（一名脂麻）、莱菔①子、黄豆、菘菜②子（一名白菜）为上，苏麻③（形似紫苏，粒大于胡麻）、芸薹子次之（江南名菜子），桕④子（其树高丈余，子如金罂子⑤，去肉取仁）次之，苋菜⑥子次之，大麻仁（粒如胡荽⑦子，剥取其皮，为緷索用者）为下。燃灯则桕仁内水油为上，芸薹次之，亚麻⑧子（陕西所种，俗名壁虱脂麻，气恶不堪食）次之，棉花子次

译文

食用油以胡麻（又名芝麻）、萝卜子、黄豆、菘菜（又名白菜）子为上等，其次是苏麻（形似紫苏，比胡麻粒大）、芸薹子（江南叫菜子），其次是桕子（其树高一丈多，子像金罂子一样，去掉果肉而取果仁），其次是苋菜子，大麻仁（颗粒像胡荽子，剥下来的皮可以当绳索使用）为下等。灯油则以桕仁中的水油为上等，其次是芸薹子，其次是亚麻子（陕西所种，俗名叫“壁虱脂麻”，气味不好，无法食用），其次是棉花子，其次是胡麻（点灯时最易枯竭），桐油与桕混油为下等（桐油毒气熏人，连皮带膜榨出

之，胡麻次之（燃灯最易竭），桐油与柏混油为下（桐油毒气熏人，柏油连皮膜则冻结不清）。造烛则柏皮油为上，蓖麻[9]子次之，柏混油每斤入白蜡冻结次之，白蜡结冻诸清油又次之，樟树子油又次之（其光不减，但有避香气者），冬青[10]子油又次之（韶郡专用，嫌其油少，故列次）。北土广用牛油，则为下矣。

的柏油则凝结而不清）。造蜡烛以柏皮油为上等，其次是蓖麻子，其次是柏混油加入白蜡凝结成的，再其次是用白蜡凝结的各种清油，再其次是樟树子油（点燃时光芒不弱，但有人不喜欢其气味），再其次是冬青子油（韶关专用，嫌其油少，因此列在后面）。北方广泛使用牛油，是下等油。

难点精讲

① 莱菔（lái fú）：即萝卜，十字花科萝卜属草本植物，可食用。
② 菘（sōng）菜：即白菜，十字花科芸薹属草本植物，可食用。
③ 苏麻：又名紫苏、白苏等，唇形科紫苏属草本植物。
④ 榛：指油茶，山茶科山茶属小乔木，种子可榨油。
⑤ 金罂子：即金樱子，蔷薇科蔷薇属灌木，可入药。
⑥ 苋菜：苋科苋属草本植物，叶和茎可食用。
⑦ 胡荽（suī）：伞形科芫荽属草本植物，供食用、调味或入药。
⑧ 亚麻：亚麻科亚麻属草本植物，茎皮可织布，子可榨油。
⑨ 蓖麻：大戟科蓖麻属草本植物，子可榨油。
⑩ 冬青：木樨科女贞属灌木或乔木，果、叶可入药，木可作建材。

原文

凡胡麻与蓖麻子、樟树子，每石得油四十斤。莱菔子每石得油二十七斤。（甘美异常，益人五脏。）芸薹子每石得三十斤，其耨勤而地沃、榨法精到者，仍得四十斤。（陈历一年，则空内而无油。）榛子每石得油一十五斤。（油味似猪脂，甚美，其枯则止可种火[11]及毒鱼用。）桐子仁每石得油三十三斤。桕子分打时，皮油得二十斤，水油得十五斤，混打时共得三十三斤。（此须绝净者。）冬青子每石得油十二斤。黄豆每石得油九斤。（吴下取油食后，以其饼充豕粮。）菘菜子每石得油三十斤。（油出清如绿水。）棉花子每百斤得油七斤。（初出甚黑浊，澄半月清甚。）苋菜子每石得油三十斤。（味甚甘美，嫌性冷滑。）亚麻、大麻仁每石得油二十余斤。

译文

胡麻与蓖麻子、樟树子，每石可榨得四十斤油。萝卜子每石可榨得二十七斤油。（异常甘美，对人身体有好处。）芸薹子每石可榨得三十斤油，如果勤于锄草、土地肥沃、榨法精到，也可以得四十斤油。（放置一年，里面就空而无油。）榛子每石可榨得十五斤油。（油的味道像猪油，非常美味，榨油剩的枯饼则只可引火和毒鱼用。）桐子仁每石可榨得三十三斤油。乌桕子实和外壳分开榨油，可得二十斤皮油，十五斤水油，混合榨油共可得三十三斤油。（必须绝对干净。）冬青子每石可榨得十二斤油。黄豆每石可榨得九斤油。（吴地取油食用，用豆饼作猪饲料。）菘菜子每石可榨得三十斤油。（油清得像绿水一样。）棉花子每百斤可榨得七斤油。（刚榨出来非常黑浊，放半个月就澄清了。）苋菜子每石可榨得三十斤油。（味道非常甘美，但嫌冷滑。）亚麻、大麻仁每石可榨得二十余斤油。这是大概情况，其他没有深入考察与试验的，及一个地区试验了而其他地方情况还未知的，还有

此其大端，其他未穷究试验，与夫一方已试而他方未知者，尚有待云。

待进一步考察。

难点精讲

⑪ 种火：菅本注疑上下当有脱误。

三、法具

原文

凡取油，榨法而外，有两镬[1]煮取法，以治蓖麻与苏麻。北京有磨法，朝鲜有舂法，以治胡麻。其余则皆从榨出也。凡榨木，巨者围必合抱，而中空之。其木樟为上，檀与杞[2]次之。（杞木为者，防地湿，则速朽。）此三木者，脉理循环结长，非有纵直文。故竭力挥推[3]，实尖其中，而两头无璺拆[4]之患。他木有纵文者，不可为也。中土江北少合抱木者，则取四根合并为之。铁箍裹定，横拴串

译文

取油时，除了榨油法，还有用两口大锅蒸煮的取油法，用于蓖麻与苏麻。北京有磨法，朝鲜有舂法，用来获取芝麻油。其余都是用榨油法。榨油用的木材，大的必须有合抱之木那么粗，将其中挖空。以樟木为上等，其次是檀木与杞木。（用杞木做的要避免地面潮湿，否则很容易朽烂。）这三种木材，纹理都是长圆形圈状，没有直纹。因此用尖楔插入其中用力捶打时，不用担心两头裂开。其他有直纹的木材不能用。中原一带江北缺少合抱之木，就用四根木头合并制作。用铁箍包裹好，用横栓串起来，中间空出，以便放入榨油料，这样的话分散

合，而空其中，以受诸质，则散木有完木之用也。

的木材也能像完整的木材那样使用。

难点精讲

① 镬（huò）：大锅。

② 杞（qǐ）：杞柳，杨柳科柳属灌木。

③ 推：杨本、陶本作“椎”，当从。

④ 璺（wèn）拆：裂纹。

原文

凡开榨，空中其量随木大小。大者受一石有余，小者受五斗不足。凡开榨，辟中凿划平槽一条，以宛凿入中，削圆上下，下沿凿一小孔，剛[5]一小槽，使油出之时，流入承藉器中。其平槽约长三四尺，阔三四寸，视其身而为之，无定式也。实槽尖与枋[6]唯檀木、柞子木[7]两者宜为之，他木无望焉。其尖过斤斧而不过刨，盖欲其涩，不欲其滑，惧报转也。撞木与受撞之尖，皆以铁圈裹首，惧披散也。

译文

榨具中空的大小根据木料而定。大的能盛一石多，小的盛不到五斗。在中空的部分凿一条平槽，用弯凿放入其中把上下削圆，下边凿一个小孔，削一个小槽，使榨出的油能流入盛装的器皿。平槽约长三四尺，宽三四寸，根据木料的情况而定，没有固定形式。在槽中装入的尖楔与枋，只能用檀木、柞子木两种木材制作，其他木材不行。尖楔用刀斧砍成，不用刨，目的是让其粗涩而不光滑，以免滑出。撞木与受撞的尖楔，都用铁圈包裹好头部，以免披散。

难点精讲

⑤ 剸（chí）：削。

⑥ 枋（fāng）：方柱形木材，装入槽中，用以挤压油料。

⑦ 柞（zuò）子木：即柞木，杨柳科柞木属木本植物。

原文

榨具已整理，则取诸麻菜子入釜，文火慢炒（凡桕、桐之类属树木生者，皆不炒而碾蒸），透出香气，然后碾碎受蒸。凡炒诸麻菜子，宜铸平底锅，深止六寸者，投子仁于内，翻拌最勤。若釜底太深，翻拌疏慢，则火候交伤，减丧油质。炒锅亦斜安灶上，与蒸锅大异。凡碾埋槽土内（木为者以铁片掩之），其上以木竿衔铁陀，两人对举而推之。资本广者则砌石为牛碾，一牛之力，可敌十人。亦有不受碾而受磨者，则棉子之类是也。既碾而筛，择粗者再碾，细者则入釜甑受蒸。蒸气

译文

榨具整理好了，就把各种麻子、菜子放入锅中，用文火慢炒（乌桕子、桐子之类树上生的，不用炒，而是碾碎后蒸），香气透出后碾碎了蒸。炒各种麻子、菜子，要铸平底锅，深度不要超过六寸，把子仁放进去，勤加翻炒。如果锅底太深，翻炒得慢了，就会因为火候不均匀而损伤油质。炒锅也要斜放在灶上，与蒸锅很不同。把碾槽埋在土里（如果是木头做的，就要用铁片包裹），上面用木杆穿过铁陀，两个人面对面地推碾。有钱人家用牛拉石碾，一头牛的力量可抵得上十个人。也有不用碾而用磨的，比如棉籽之类的。碾过之后要筛，挑出其中粗的部分再碾，细的部分就放入锅里蒸。蒸汽升腾充分时，取出，用稻秆、麦秆包裹成饼形。饼外边的圆箍或用铁制成，或劈开竹片绞成，尺寸与榨木中间的孔槽

图 80　炒、蒸油料

图 81　南方榨

腾足，取出以稻秸与麦秸包果如饼形。其饼外圈箍，或用铁打成，或破篾绞刺而成，与榨中则寸相稳合。

大小相符。

原文

凡油原因气取，有生于无。出甑之时，包果怠缓，则水火郁蒸之气游走，为此损油。能者疾倾，疾裹而疾箍之，得油之多，诀由于此，榨工有自少至老而不知者。包裹既定，装入榨中，随其量满，挥撞挤轧，而流泉出焉矣。包内油出滓存，名曰枯饼。凡胡麻、莱菔、芸薹诸饼，皆重新碾碎，筛去秸芒，再蒸、再果而再榨之。初次得油二分，二次得油一分。若柏、桐诸物，则一榨已尽流出，不必再也。

译文

油本是通过蒸汽提取的，有形生于无形。取出蒸锅时，包裹慢了，蒸汽散失，就会损失油。娴熟的工人会快速倾倒、包裹并快速打箍，获得更多油的诀窍就在这里，有些榨油工却从小干到老都不知道。包裹好后，装入榨具，根据空槽的大小装满，然后撞击挤轧，油就会像泉水一样流出。包裹里面的油榨出后，剩下的残渣叫“枯饼”。芝麻、萝卜子、芸薹子的枯饼，都要重新碾碎，筛去秸秆和壳刺，再蒸、再包裹、再榨。初次能获得二分油，第二次能获得一分油。如果是用乌桕子、桐子等榨油，一次榨取油就全部流出，不必再榨。

原文

若水煮法，则并用两釜。将蓖麻、苏麻子碾碎，入一釜中，注水滚煎，其上浮沫即油。以杓掠取，倾于干釜内，其下慢火熬干水气，油即成矣。然得油之数，毕竟减杀。北磨麻油法，以粗麻布袋捩绞，其法再详。

译文

如果是水煮法，就并用两口锅，将蓖麻、苏麻子碾碎，放入一口锅中，加水煮沸，上面的浮沫就是油了。用勺取出，倒入干的锅中，下面用慢火熬干水汽，油就制成了。然而这种方法的得油量会减少。北方磨芝麻油，是放入粗麻布袋中扭绞，其方法以后再详细考察。

四、皮油

原文

凡皮油造烛法，起广信郡。其法取洁净桕子，囫囵入釜甑蒸，蒸后倾于臼内受舂。其臼深约尺五寸，碓以石为身[①]，不用铁嘴。石取深山结而腻者，轻重斫成，限四十斤，上嵌衡木之上而舂之。其皮膜上油，尽脱骨而纷落，挖起，筛于盘内，再蒸，

译文

用皮油造蜡烛的方法起源于江西上饶。方法是取洁净的乌桕子，整颗放入蒸锅里蒸，蒸后倒入臼内舂打。臼深约一尺五寸，碓身是石制的，不用铁嘴。石料取自深山中结实而细滑的石头，劈砍而成，重量限定四十斤，上端嵌在横木上，用来舂捣。乌桕子表皮膜内的油脂层，都会脱落下来，挖起，在盘中筛过，再蒸，包裹，放入榨具，榨法与前面的方法相

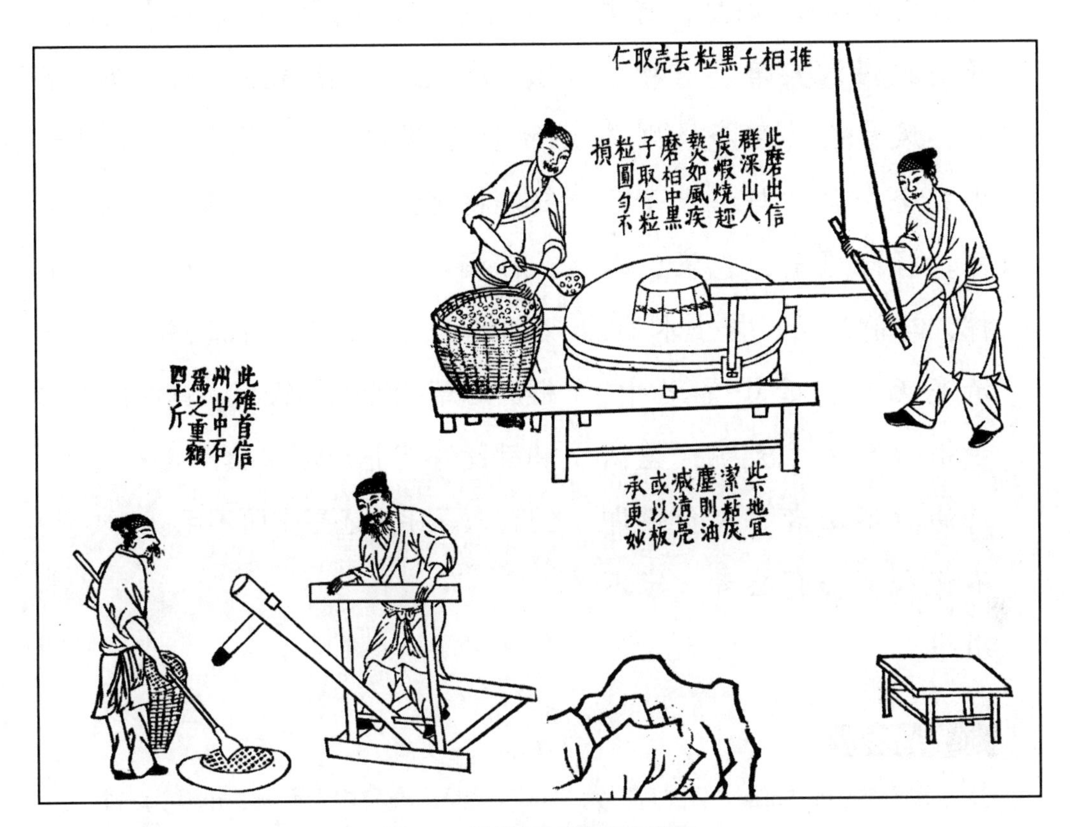

图 82　轧柏子黑粒去壳取仁

包裹，入榨，皆同前法。皮油已落尽，其骨为黑子。用冷腻小石磨，不惧火煅者（此磨亦从信郡深山觅取），以红火矢围壅[2]煅热，将黑子逐把灌入疾磨。磨破之时，风扇去其黑壳，则其内完全白仁，与梧桐子无异。将此碾蒸，包裹，入榨，与前法同。榨出水油，清亮无比，贮小盏之中，独根心草燃至天明，盖诸清油所不及者。入食馔即不伤人，恐有忌者，宁不用耳。

同。表皮上的油脂层脱尽后，剩下核，也就是黑子。用冷滑而不怕火烧的小石磨（这种磨也是从江西上饶的深山中找到的），周围堆满烧红的炭火加热，将黑子一把一把灌入磨中，快速磨破。磨破时，用风扇去黑壳，剩下的都是里面的白仁，看起来和梧桐子一样。将这些白仁碾碎后蒸，包裹，放入榨具，与前面的方法一样。榨出的水油清亮无比，放在小灯盏中，用一根灯芯草就能燃到天亮，其他各种清油都比不上它。用来食用也不伤人，但有人忌讳，还是宁可不用。

难点精讲

① 碓以石为身：杨维增谓“身”为“头”之误，碓身应为木制，碓头为石制。

② 壅（yōng）：堆积。

原文

其皮油造烛，截苦竹[3]同[4]两破，水中煮涨（不然则粘带），小篾箍勒定，用鹰嘴铁杓挽油灌入，即成

译文

用皮油造蜡烛，将苦竹筒破成两半，在水中煮涨（不然就会粘带皮油），用小蔑箍勒定，用鹰嘴铁勺把油灌进去，就做成一支蜡烛。把烛芯插进

一枝。插心于内，顷刻冻结。捋[5]箍开筒而取之。或削棍为模，裁纸一方，卷于其上，而成纸筒，灌入，亦成一烛。此烛任置风尘中，再经寒暑，不敝坏也。

去，顷刻就会凝结。把箍滑下，打开竹筒取出。或者削一根木棍为模子，裁一张纸卷在木棍上，形成纸筒，把油灌入纸筒，也能形成一根蜡烛。这种蜡烛可随便放置在有风、有灰尘的地方，经历寒暑也不会坏。

难点精讲

③ 苦竹：禾本科苦竹属植物，茎及笋皮可做家具、编制器具和造纸等。

④ 同：菅本、陶本作“筒”，当据改。

⑤ 捋（luō）：用手握住向一端滑动。

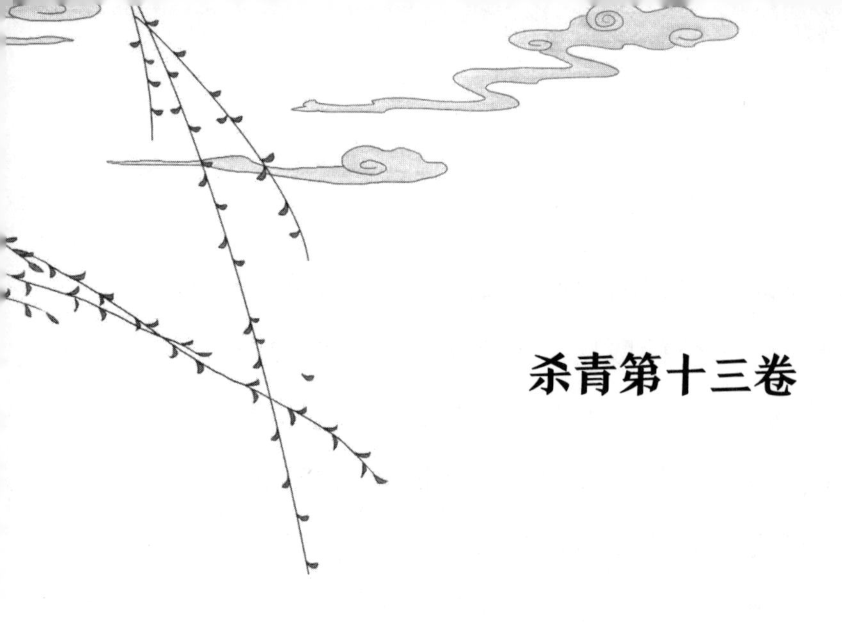

杀青第十三卷

一、宋子曰

原文

物象精华，乾坤微妙，古传今而华达夷，使后起含生[①]，目授而心识之，承载者以何物哉？君与民通，师将弟命，冯借咕咕[②]口语，其与几何？持寸符[③]，握半卷，终事诠旨，风行而冰释焉。覆载[④]之间之借有楮先生[⑤]也，圣顽[⑥]咸嘉赖之矣。身为竹骨与木皮，杀其青[⑦]而白乃见，万卷百家，基从此起。其精在此，而其粗效于障风、护物之间。事已开于上古[⑧]，而使汉、晋时人擅名，记者何其陋哉！

译文

宋子说：人世间事物之精华，自然界之奥妙，从古代传到现代，从中原传至四方，欲使后人能一目了然，用什么东西来记载呢？君民之间沟通，师傅教导弟子，如果只依靠喋喋不休的口授，又能说多少呢？然而只要拿着小小的符令，握着半卷书册，就能把事情说清楚，政令如风行般顺畅，疑难如冰雪般消融。天地间因为有了纸，聪明与愚钝之人都从中受益。纸以竹竿与树皮为原料，除去青皮而造成白纸，诸子百家的万卷书籍都以此为基础而传世。精细的纸用途在此，粗糙的纸用于挡风和包装。造纸起始于上古，而人们却说是汉代、晋代人的发明，这种记载多么浅陋啊！

难点精讲

① 含生：一切有生命者，多指人类。
② 呫（chè）呫：多话的样子。
③ 符：朝廷传达命令或征调兵将用的凭证。
④ 覆载：天地。
⑤ 楮（chǔ）先生：典出韩愈《毛颖传》，称纸为“楮先生”。
⑥ 顽：愚钝。
⑦ 杀其青：语本《后汉书·吴祐传》：“祐父恢欲杀青简，以写经传。”李贤注：“以火炙简令汗，取其青易书，复不蠹，谓之杀青，亦谓汗简。”这里把杀青作为造竹纸的第一道工序，即浸泡竹子，去掉青皮。
⑧ 上古：从目前的考古发现看，西汉时已有纸的存在。说纸起源于上古的证据不详。

二、纸料

原文

凡纸质，用楮树[1]（一名谷树）皮与桑穰[2]、芙蓉[3]膜等诸物者为皮纸，用竹麻者为竹纸。精者极其洁白，供书文、印文、柬启用；粗者为火纸[4]、包果纸。所谓“杀青”，以斩竹得名，“汗青”以煮沥[5]得名，“简”即已成纸名，乃煮竹成简。后人遂疑削竹片以纪事，而又误疑“韦[6]编”为皮条穿

译文

从造纸的原料来分，用楮树（又叫谷树）皮与桑树皮、木芙蓉树皮等材料制成的是皮纸，用竹纤维制成的是竹纸。精纸极其洁白，用来书写、印刷、写文书；粗纸用作火纸、包装纸。所谓的“杀青”，是从砍竹子而得名，“汗青”是从煮沥竹纤维而得名，“简”是已经制成的纸的名字，即煮竹成简。所以后人误认为是削竹片来记事，又把“韦编”误当成是用皮条穿竹简。秦始皇焚书以前，就有

竹札也。秦火未经时，书籍繁甚，削竹能藏几何？如西番[7]用贝树[8]造成纸叶，中华又疑以贝叶书经典，不知树叶离根即憔[9]，与削竹同一可哂[10]也。

很多书籍了，如果靠削竹片来记事，能记载多少呢？又如西域用贝树造成纸叶，中国有人怀疑是在贝叶上书写经典，不知道树叶离开树根就要干枯，这与削竹片记事的说法一样可笑。

难点精讲

① 楮树：桑科构属乔木，树皮可造纸。

② 桑穰（ráng）：桑树皮。

③ 芙蓉：木芙蓉，锦葵科木槿属灌木。

④ 火纸：祭祀用纸。

⑤ 沥：滤，漉。

⑥ 韦：经去毛加工制成的柔皮。实际上，在发明纸之前，文献确实是记录在竹简上的，同时用皮条来编缀。宋应星在这里是用自己并不全面的理解去解释“杀青”“汗青”“简”与“韦编”等词。

⑦ 西番：这里指印度。

⑧ 贝树：即贝多罗树，棕榈科贝叶棕属阔叶乔木，其叶可用以写经。

⑨ 憔：枯槁。陶本作“焦”。

⑩ 哂（shěn）：讥笑。

三、造竹纸

原文

凡造竹纸，事出南方，而闽省独专其盛。当笋生之后，看视山窝深浅[1]，其

译文

制造竹纸多在南方，福建省尤其多。竹笋长出后，根据山窝的深浅判定竹林长势，决定何时砍伐，将要长

竹以将生枝叶者为上料。节界芒种[2]，则登山砍伐。截断五七尺长，就于本山开塘一口，注水其中漂浸。恐塘水有涸时，则用竹枧通引，不断瀑流注入。浸至百日之外，加功槌洗，洗去粗壳与青皮（是名杀青），其中竹穰形同苎麻样。用上好石灰化汁涂浆，入楻桶[3]下煮，火以八日八夜为率。

出枝叶的竹子为上等原料。在芒种交节之时，登山砍伐。将竹截断成五至七尺长，就地在本山上挖一口池塘，向里面注水漂洗、浸泡竹料。要是担心池塘水干涸，就用竹管引水，不断注入山上流下的水。浸泡到百日以后，取出槌打、漂洗，洗去粗壳与青皮（叫作“杀青”），其中的竹纤维就像苎麻一样。用上好的石灰化成浆涂在其上，然后放入大木桶里蒸煮，要蒸煮上八天八夜。

难点精讲

① 山窝深浅：按杨维增，山窝浅则当阳，竹茎小而易老，宜早砍。山窝深则背阴，竹茎大而嫩，可迟砍。

② 芒种：二十四节气之一，公历 6 月 5—7 日之间交节。

③ 楻（huáng）桶：大木桶。

原文

凡煮竹，下锅用径二[4]尺者，锅上泥与石灰捏弦，高阔如广中煮盐牢盆样，中可载水十余石。上盖楻桶，其围丈五尺，其径四

译文

蒸煮竹料的木桶下放的锅，需要直径四尺，锅上用泥调石灰加高边沿，使其高度、宽度都跟广东煮盐的牢盆一样，其中可以装十余石的水。用大木桶放在锅上蒸煮，木桶周长

图 83　砍竹、沤竹

图 84　蒸煮竹料

尺余。盖定受煮八日已足，歇火一日，揭楻取出竹麻，入清水漂塘之内洗净。其塘底面、四维皆用木板合缝砌完，以防泥污。（造粗纸者，不须为此。）洗净，用柴灰浆过，再入釜中，其上按平，平铺稻草灰寸许。桶内水滚沸，即取出别桶之中，仍以灰汁淋下。倘水冷，烧滚再淋。如是十余日，自然臭烂。取出入臼受舂（山国皆有水碓），舂至形同泥面，倾入槽内。

一丈五尺，直径四尺多。等煮够了八天，歇火冷却一天，取下大木桶，取出竹麻，放入清水池塘内漂洗干净。池塘的底面、四周都用木板无缝衔接砌好，以防泥土弄脏竹料。（制造粗纸，就不必这么做了。）洗干净后，用柴灰水将竹料浆过，再放入木桶上锅蒸煮，上面按平，平铺上一寸左右厚的稻草灰。桶里水沸后，就取出竹料放到另一个桶里，再用石灰水淋下。如果水温低，需要烧开后再淋。这样经过十几天后，竹纤维自然就会腐烂发臭。取出，放入臼中舂捣（山区都有水碓），舂到形同泥状，就倒入抄纸槽内。

难点精讲

④ 二：陶本作“四”，菅本注亦疑当作“四”，据下文所述盛水体积，当据改。

原文

凡抄纸槽，上合方斗，尺寸阔狭，槽视帘，帘视纸。竹麻已成，槽内清水浸浮其面三寸许。入纸药⑤水汁于其中（形同桃竹叶，方语无定名），则水干自成

译文

抄纸槽的形状像一个方斗，槽的尺寸大小根据抄纸帘而定，抄纸帘的大小看纸幅的大小。竹纤维准备好后，放在抄纸槽内用清水浸泡，水面高出竹纤维三寸多。加入纸药水汁（形同桃竹叶，方言没有固定的名称），这样

洁白。凡抄纸帘，用刮磨绝细竹丝编成。展卷张开时，下有纵横架匡。两手持帘入水，荡起竹麻，入于帘内。厚薄由人手法，轻荡则薄，重荡则厚。竹料浮帘之顷，水从四际淋下槽内。然后覆帘，落纸于板上，叠积千万张。数满则上以板压，俏绳入棍，如榨酒法，使水气净尽流干。然后以轻细铜镊逐张揭起焙干。凡焙纸，先以土砖砌成夹巷，下以砖盖巷地面，数块以往，即空一砖。火薪从头穴烧发，火气从砖隙透巷外。砖尽热，湿纸逐张贴上焙干，揭起成帙。

水干后，纸质自然洁白。抄纸帘用刮磨好的非常细的竹丝编成。展开时，下面有方形框架托住。双手拿着抄纸帘入水，荡起竹纤维，使其落入帘中。纸的薄厚由人控制，轻轻荡纸就薄，用力荡纸就厚。竹料浮在抄纸帘上方，提起帘时水就从四周淋入槽里。然后翻转抄纸帘，让纸落到木板上，叠起成千上万张。看数量差不多了，就用板压上，用绳子捆好，插入撬棍，就像榨酒那样，把纸内残存的水分压尽流干。然后用小铜镊一张张揭起烘干。烘纸时，先用土砖砌成夹巷，下面用砖盖住夹巷底部，每隔几块就空出一砖。在巷口的炉子里点火加热，火气从砖缝透到夹巷之外。砖都被烘热后，把湿纸一张张贴在上面烘干，揭下来放成一叠。

难点精讲

⑤ 纸药：某种植物胶水，用作纸浆的黏结剂和悬浮剂。所谓“形同桃竹叶”，潘吉星、杨维增皆认为是羊桃藤的叶子用水煮后，加石灰制成。

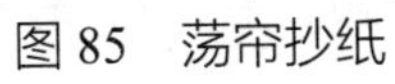
图 85　荡帘抄纸

图 86　覆帘压纸

图 87　透火烘纸

原文

近世阔幅者名大四连，一时书文贵重。其废纸洗去朱墨污秽，浸烂入槽再造，全省从前煮浸之力，依然成纸，耗亦不多。南方竹贱之国，不以为然，北方即寸条片角在地，随手拾取再造，名曰还魂纸。竹与皮，精与粗，皆同之也。若火纸、糙纸，斩竹煮麻，灰浆水淋，皆同前法，唯脱帘之后不用烘焙，压水去湿，日晒成干而已。

译文

近来有一种宽幅的纸，名叫“大四连”，一时成为贵重的书写用纸。废纸可以洗去朱墨污秽，浸烂后放入抄纸槽里再造，完全省去了前面浸泡、煮竹料的功夫，同样能造成纸，损耗也不多。在南方，竹子很便宜，人们不在乎，在北方，就是寸条片角的纸，也要捡起来用于再造，称为“还魂纸”。造竹纸、皮纸、精纸、粗纸都是一样的方法。如果是造火纸、糙纸，砍竹子、煮竹料、淋灰浆的方法相同，只是从抄纸帘取下后，不用烘干，只需要压水去湿，放在太阳下晒干就可以了。

原文

盛唐时鬼神事繁，以纸钱代焚帛（北方用切条，名曰板钱），故造此者名曰火纸。荆楚近俗，有一焚侈至千斤者。此纸十七供冥烧，十三供日用。其最粗而厚者，名曰包果纸，则竹麻和宿田[⑥]晚稻稿所为

译文

盛唐时人们频繁地祭祀鬼神，用烧纸钱代替烧帛（北方切条用，名叫“板钱”），所以制造的这种纸张就命名为“火纸”。近来湖南、湖北一带的风俗，有人一次能浪费地烧上千斤。火纸七成拿来祭祀时烧，三成供给日用。其中最粗最厚的，称作“包裹纸”，是用竹纤维和隔年的晚稻秆

也。若铅山[7]诸邑所造柬纸，则全用细竹料，厚质荡成，以射重价。最上者曰官柬，富贵之家通刺[8]用之。其纸敦厚而无筋膜，染红为吉柬，则先以白矾水染过，后上红花汁云。

制成的。江西铅山等地制造的柬纸，则完全使用细竹料，厚厚荡抄而成，用来谋取高价。最上等的叫“官柬”，富贵人家制作名帖用。这种纸厚而没有粗筋，要染红用作办喜事的红帖，就先用白矾水染过，然后再用红花汁染。

难点精讲

⑥ 宿田：隔年种植的庄稼田。

⑦ 铅（yán）山：今江西省铅山县。

⑧ 刺：片、名帖。

四、造皮纸

原文

凡楮树取皮，于春末夏初剥取。树已老者，就根伐去，以土盖之。来年再长新条，其皮更美。凡皮纸，楮皮六十斤，仍入绝嫩竹麻四十斤，同塘漂浸，同用石灰浆涂，入釜煮糜。近法省啬者，皮竹十七而外，或入宿田稻稿十三，用

译文

用楮树皮造纸，要在春末夏初剥取树皮。老树要从接近根部的地方砍去，用土盖好。来年再长出新树，树皮更好。制作皮纸，用六十斤楮皮，加入四十斤鲜嫩的竹纤维，放入同一个池塘里漂洗、浸泡，一起用石灰浆涂抹，放入锅里蒸煮烂。近来有俭省的方法，用七成的树皮、竹纤维以外，再加入三成的隔年稻秆，如果所

药得方，仍成洁白。凡皮料坚固纸，其纵文扯断如绵丝，故曰绵纸。衡断且费力。其最上一等，供用大内糊窗格者，曰棂[①]纱纸。此纸自广信郡造，长过七尺，阔过四尺。五色颜料，先滴色汁槽内和成，不由后染。其次曰连四纸，连四中最白者曰红上纸。皮名而竹与稻稿参和而成料者，曰揭帖[②]呈文纸。

用纸药得当，依然能保持纸质洁白。皮料坚固的纸张，将纵纹扯断后就像绵丝，因此称为“绵纸”。绵纸很难从横向扯断。最上等的绵纸，供给皇宫糊窗框，称为“棂纱纸”。这种纸出产自江西上饶，长超过七尺，宽超过四尺。各种颜色的纸，是把色汁滴在槽内与纸浆搅拌和匀，不是后来才染上去的。其次一等的是“连四纸”，其中最白的叫“红上纸”。名为皮纸，而掺了竹纤维与稻秆制成的叫作“揭帖呈文纸”。

难点精讲

① 棂：旧式房屋的窗格。

② 揭帖：张贴的启事或文书。

原文

芙蓉等皮造者，统曰小皮纸，在江西则曰中夹纸。河南所造，未详何草木为质，北供帝京，产亦甚广。又桑皮造者曰桑穰纸，极其敦厚，东浙所产，三吴[③]收蚕种者必用之。凡

译文

用木芙蓉等皮制成的统称“小皮纸”，在江西则叫“中夹纸”。河南造的一种纸，不知用什么原料，供给京城使用，产地也很多。此外，用桑树皮制成的叫“桑穰纸”，纸质很厚，出产自浙江东部，三吴地区收蚕种的人一定要用到。糊雨伞与油扇都用

糊雨伞与油扇，皆用小皮纸。凡造皮纸长阔者，其盛水槽甚宽，巨帘非一人手力所胜，两人对举荡成。若棂纱，则数人方胜其任。凡皮纸供用画幅，先用矾水荡过，则毛茨不起。纸以逼帘者为正面，盖料即成泥浮其上者，粗意犹存也。

小皮纸。制造又长又宽的皮纸时，盛纸浆的抄纸槽也很大，巨大的抄纸帘一个人操作不了，需要两人对举而荡成，如果是棂纱纸，需好几个人一起操作才行。用于绘画的皮纸，先用明矾水荡过，就不容易起毛刺。纸以贴近帘的一面为正面，因为纸料成泥浮在上面，反面就比较粗糙。

难点精讲

③ 三吴：各时代所指不一，一般泛指长江下游一带。

原文

朝鲜白硾纸，不知用何质料。倭国有造纸不用帘抄者，煮料成糜时，以巨阔青石覆于炕面，其下爇[4]火，使石发烧。然后用糊刷蘸糜，薄刷石面，居然顷刻成纸一张，一揭而起。其朝鲜用此法与否，不可得知。中国有用此法者，亦不可得知也。永嘉蠲糨纸[5]，亦桑穰造。四川

译文

朝鲜的白硾纸不知是用什么原料。日本造纸有的不用帘抄，将纸料蒸煮烂后，用宽大的青石板盖在炕面上，下面点火，给石头加热。然后用糊刷蘸着纸浆，薄薄地刷在石面上，一揭下来就立刻做成一张纸。不知朝鲜是否也有这种方法。也不知道中国有没有人用。温州的蠲糨纸也用桑树皮制作。四川的薛涛笺，也是以木芙蓉皮为原料煮烂，加入了芙蓉花碾粉煮的汁。或许当时是薛涛设计的，因

薛涛笺[6]，亦芙蓉皮为料煮糜，入芙蓉花末汁。或当时薛涛所指，遂留名至今。其美在色，不在质料也。

此留名至今。这种纸美在颜色，而不在质料。

难点精讲

④ 爇（ruò）：点燃。

⑤ 永嘉：今浙江省温州市。蠲糨（juān jiàng）纸：一种用浆浆过的洁白光滑的纸。

⑥ 薛涛笺：相传为唐代名妓薛涛（约 768—832）所制的深红色小幅纸笺。

下卷

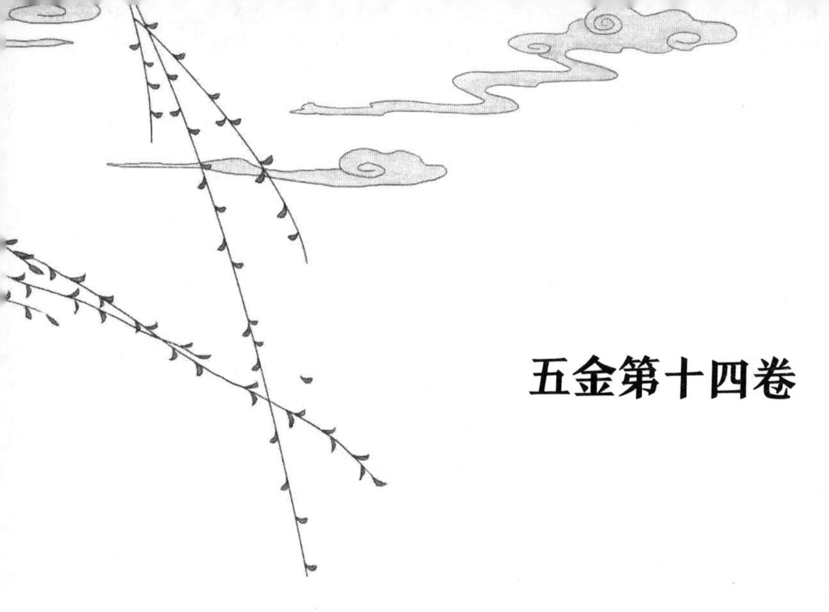

五金第十四卷

一、宋子曰

原文

人有十等，自王公至于舆台[①]，缺一焉而人纪不立矣。大地生五金以利用天下与后世，其义亦犹是也。贵者千里一生，促亦五六百里而生；贱者舟车稍艰之国，其土必广生焉。黄金美者，其值去黑铁一万六千倍，然使釜、鬵[②]、斤、斧不呈效于日用之间，即得黄金，直[③]高而无民耳。贸迁有无，货居周官泉府[④]，万物司命系焉。其分别美恶而指点重轻，孰开其先，而使相须于不朽焉？

译文

宋子说：人有十等，从王公贵族到奴隶仆从，缺少一类，社会的等级秩序就无法确立。大地产出金属，让天下人以及后人可以利用，也是这个道理。贵金属要上千里才有一处产地，近的也要五六百里；常见的金属，在交通不便的地方，也必定广泛出产。上好的黄金，价值是黑铁的一万六千倍，然而假使日常生活中没有铁制的锅、斧等工具，就算有黄金，价值虽高，也对民众没什么用。在互通有无的贸易往来中，货币由《周礼》中泉府一类的官员管理，万物的命脉都掌握于此。区别金属的好与坏而衡量其价值高低，是谁最先这么做，而使其相互依存以至于永远呢？

难点精讲

① 舆台：指古时服贱役、地位低微的人。

② 鬵（xín）：鼎一类的炊具。

③ 直：通“值”，价值。

④ 周官泉府：泉府为《周礼》中地官司徒的属官，掌管国家税收、贸易等。

二、黄金

原文

凡黄金为五金之长，镕化成形之后，住世永无变更。白银入洪炉，虽无折耗，但火候足时，鼓鞲而金花闪烁，一现即没，再鼓则沉而不现。惟黄金则竭力鼓鞲，一扇一花，愈烈愈现，其质所以贵也[1]。凡中国产金之区，大约百余处，难以枚举。山石中所出，大者名马蹄金，中者名橄榄金、带胯金，小者名瓜子金。水沙中所出，大者名狗头金，小者名麸麦金、糠金。平地堀[2]

译文

黄金为五金之首，熔化成形以后，就再也不会有什么变化。白银放入熔炉熔炼，虽然没有折耗，但是火候足够大时，用风箱鼓风会闪烁金属火花，只闪一下就消失了，再继续鼓风也不会出现。只有黄金不同，竭力鼓风，鼓一次就出现一次金属火花，越是烈火，火花越多，所以黄金很珍贵。中国大约有百余地出产黄金，难以列举。山石中产出的黄金，大的叫“马蹄金”，中的叫“橄榄金”“带胯金”，小的叫“瓜子金”。水沙中产出的黄金，大的叫“狗头金”，小的叫“麸麦金”“糠金”。平地挖井得来的黄金叫“面沙金”，大的叫“豆粒

井得者，名面沙金，大者名豆粒金。皆待先淘洗、后冶炼而成颗块。

金”。都要先淘洗、后冶炼而形成整颗整块。

难点精讲

① 其质所以贵也：金在烈火中不易被氧化，而银等金属在高温下会氧化而变质，所以形成这种区别。

② 堀：同“掘”，全本皆同。陶本误作“拙”。

原文

金多出西南，取者穴山至十余丈，见伴金石[③]，即可见金。其石褐色，一头如火烧黑状。水金多者出云南金沙江（古名丽水），此水源出吐蕃[④]，绕流丽江府，至于北胜州[⑤]，回环五百余里，出金者有数截。又川北潼川[⑥]等州邑，与湖广沅陵、溆浦[⑦]等，皆于江沙水中淘沃取金。千百中间有获狗头金一块者，名曰金母，其余皆麸麦形。入冶煎炼，初出色浅黄，再炼而后转赤也。儋、崖[⑧]

译文

黄金大多产自西南，采金人在山上往下挖十余丈，见到伴金石，就能找到黄金。伴金石是褐色的，一端就像被火烧黑了一样。产自水中的黄金多来自云南金沙江（古名丽水），这条水流发源于吐蕃，绕过云南丽江府，到达北胜州，回环五百多里，有好几处产金的地方。另外，四川北部潼川等地，与湖南沅陵、溆浦等地，都在江沙水中淘金。千百次淘取，偶尔能获得一块狗头金，称为“金母”，其余都是麦麸状。入炉冶炼，最初呈浅黄色，再炼就转为红色。海南儋州、崖州有金田，金就掺杂在沙土之中，不必深挖即可获取，但取得太频繁就

有金田，金杂沙土之中，不必深求而得，取太频则不复产。经年淘炼，若有则限。然岭南夷獠[9]洞穴中金，初出如黑铁落，深挖数丈，得之黑焦石下。初得时，咬之柔软，夫匠有吞窃腹中者，亦不伤人。河南蔡、巩[10]等州邑，江西乐平、新建等邑，皆平地掘深井，取细沙淘炼成，但酬答人功，所获亦无几耳。大抵赤县之内，隔千里而一生。《岭表录》[11]云："居民有从鹅鸭屎中淘出片屑者，或日得一两，或空无所获。"此恐妄记也。

不再出产了。长时间淘炼，就算有也很有限了。岭南少数民族洞穴里产的金子，刚挖出来时好像黑色铁屑，是深挖数丈，从黑焦石下挖出的。最初获得时，咬上去是柔软的，有的金匠偷偷吞下，藏在肚子里，也不会伤人。河南上蔡、巩义等地，江西乐平、新建等地，都在平地挖掘深井，取细沙淘炼成金，但要支付工人的酬劳，利润也没多少。大概中华大地上，每隔千里才有一地产金。《岭表录异》说："有人从鹅鸭屎中淘出金屑，有时一日能得一两，有时空无所获。"这恐怕是荒诞不经的记载。

难点精讲

③ 伴金石：一种黑褐色矿石，主要成分有氧化亚铁（FeO）和氧化铜（CuO）。

④ 吐蕃：今西藏自治区。

⑤ 北胜州：今云南省永胜县。

⑥ 潼（tóng）川：今四川省三台县。

⑦ 沅（yuán）陵：今湖南省沅陵县。溆（xù）浦：今湖南省溆浦县。

⑧ 儋（dān）：儋州，今海南省儋州市。崖：崖州，今海南省三亚市崖州区。

⑨ 夷獠（liáo）：古时对西南少数民族之称。

⑩ 蔡：上蔡，今河南省上蔡县。巩：巩县，今河南省巩义市。

⑪ 《岭表录》：即唐代刘恂所著《岭表录异》，已佚，后人从《永乐大典》中辑出，其书记载岭南物产。

原文

凡金质至重。每铜方寸重一两者，银照依其则，寸增重三钱；银方寸重一两者，金照依其则，寸增重二钱。凡金性又柔，可屈折如枝柳。其高下色，分七青、八黄、九紫、十赤。登试金石[12]上（此石广信郡河中甚多，大者如斗，小者如拳，入鹅汤中一煮，光黑如漆），立见分明。凡足色金参和伪售者，唯银可入，余物无望焉。欲去银存金，则将其金打成薄片剪碎，每块以土泥果涂，入坩锅[13]中，鹏砂[14]镕化，其银即吸入土内，让金流出，以成足色。然后入铅少许，另入坩锅内，勾出土内银[15]，亦毫厘具在也。

译文

金的重量最大。假设一寸见方的铜重一两，这样体积的银，要增重三钱；假设一寸见方的银重一两，这样体积的金，要增重二钱。金的质地柔软，可以像柳枝一样弯曲。可根据颜色判断金的成色高低，青色的含金量为七成，黄色的八成，紫色的九成，红色的是十足纯金。放在试金石上测试（这种石头在江西上饶河里有很多，大的像斗一样大，小的只有拳头般大小，放入鹅汤里一煮，像漆一样有黑色光泽），立刻就能辨别出来。将其他金属掺入足色金作假贩售，只能掺银，其他金属不行。想要去掉银而保留金，就将其打成薄片、剪碎，每块用泥土包裹涂抹，放入坩埚中，加硼砂熔化，银就会吸入土中，让金流出，形成纯金。然后加入少许铅，放入另外的坩埚中，再把银析出，也分毫不差。

难点精讲

⑫ 试金石：即燧石板岩或硅质板岩，致密坚硬，呈黑色。将金属于试金石上摩擦，依据其条痕的颜色可判定金属的成分。

⑬ 坩（gān）锅：即坩埚，用耐火材料制成的用于熔化金属等物质的器皿。

⑭ 鹏砂：陶本作“硼砂”，当据改。硼砂即十水硼酸钠（$Na_2B_4O_7 \cdot 10H_2O$），起助熔剂作用。据潘吉星，要提纯含有银杂质的金，方法是通过高温加热，银的熔点低，会先熔化吸入土中，从而使二者分离。杨维增则认为是利用比重偏析而分离金银。

⑮ 勾出土内银：据杨维增，这里利用铅易与银形成合金而降低熔点的性质，把银从土中析出。

原文

凡色至于金，为人间华美贵重，故人工成箔，而后施之。凡金箔，每金七厘，造方寸金一千片，粘铺物面，可盖纵横三尺。凡造金箔，既成薄片后，包入乌金纸内，竭力挥椎打成。（打金椎，短柄，约重八斤。）凡乌金纸，由苏、杭造成，其纸用东海巨竹膜为质。用豆油点灯，闭塞周围，止留针孔通气，熏染烟光，而成此纸。每纸一张，打金箔五十度，然

译文

金色是华美贵重的颜色，因此人们将金加工成金箔，再用于装饰。制作金箔，每七厘金可打一千片一寸见方的箔，粘在物体表面，可以覆盖三尺见方的面积。制造金箔的方法，是将金打成薄片后，包入乌金纸内，用力捶打而成。（捶打金子的椎是短柄的，约重八斤。）乌金纸产于苏州、杭州，这种纸用东海大竹膜为原料。用豆油点灯，周围密封起来，只留一个针孔通气，用灯烟熏染而成这种纸。每张乌金纸用于捶打金箔五十下，然后弃置不用，给药铺包朱砂用，并未破损，是人工机巧创造的奇异东西。金在乌

后弃去，为药铺包朱[16]用，尚未破损，盖人巧造成异物也。凡纸内打成箔后，先用硝熟[17]猫皮绷急为小方板，又铺线香灰撒墁皮上，取出乌金纸内箔覆于其上，钝刀界画成方寸。口中屏息，手执轻杖唾湿而挑起，夹于小纸之中。以之华物，先以熟漆布地，然后粘贴。（贴字者多用楮树浆。）秦中造皮金者，硝扩羊皮使最薄，贴金其上，以便剪裁服饰用，皆煌煌至色存焉。凡金箔粘物，他日敝弃之时，刮削火化，其金仍藏灰内。滴清油数点，伴落聚底，淘洗入炉，毫厘无恙。

金纸内打成箔后，先用芒硝鞣制的猫皮绷紧成小方板，再把香灰撒涂在皮面上，取出乌金纸内的金箔覆盖在上面，用钝刀画为一寸见方的许多格子。屏住呼吸，手拿轻木条沾湿唾沫，把金箔粘起，夹在小纸片中。用金箔装饰物品，先用熟漆在物品表面刷一遍，然后粘贴金箔。（贴字多用楮树浆。）陕西制造皮金，把鞣制的羊皮拉到最薄，在上面贴金，以便剪裁服饰时使用，颜色都是金闪闪的。金箔装饰的物品，他日坏了要弃去不用时，将金箔刮削下来用火烧，金仍存留在灰中。滴几滴清油，金就随着油聚集在下面，淘洗后再熔炼，分毫不差。

难点精讲

⑯ 朱：朱砂，中医用作镇静剂。

⑰ 硝熟：用芒硝、朴硝等鞣制动物皮革使之变软。

原文

凡假借金色者，杭扇以银箔为质，红花子油刷盖，向火熏成。广南货物以蝉蜕壳调水描画，向火一微炙而就，非真金色也。其金成器物，呈分浅淡者，以黄矾涂染，炭火炸[18]炙，即成赤宝色。然风尘逐渐淡去，见火又即还原耳。（黄矾详《燔石》卷。）

译文

有一些器物并非金制而假借了金色，杭扇是用银箔为材料，拿红花子油刷盖，用火熏烤而成。广东南部的货物用蝉蜕壳粉调水描画，对着火稍微一烤就成金色，并非真的金子的颜色。用金制作的器物，因成色较低而色淡时，可以用黄矾涂染，再用炭火烤制，就能形成赤金色。然而时间长了，因风吹尘掩，颜色会逐渐变淡，用火烤一下，又还原成原来的颜色。（黄矾详见《燔石》卷。）

难点精讲

⑱ 炸：杨本作“作”，当据改。菅本注谓“炸”或通“熠”。

三、银

原文

凡银，中国所出，浙江、福建旧有坑场，国初或采或闭。江西饶、信、瑞[1]三郡有坑，从未开。湖广则出辰州[2]，贵州则出铜仁，河南则宜阳赵保山、

译文

中国产银，浙江、福建以前有矿坑，明朝初年有的还在开采，有的已关闭。江西鄱阳、上饶、高安一带有矿坑，从未开采。湖广的沅陵，贵州的铜仁，河南的宜阳县赵保山、洛宁县秋树坡、卢氏县高嘴儿、嵩县马槽

永宁[3]秋树坡、卢氏[4]高觜儿、嵩县马槽山，与四川会川[5]密勒山、甘肃大黄山等，皆称美矿。其他难以枚举。然生气有限，每逢开采，数不足则括派以赔偿，法不严则窃争而酿乱，故禁戒不得不苛。燕、齐诸道，则地气寒而石骨薄，不产金、银。然合八省所生，不敌云南之半，故开矿煎银，唯滇中可永行也。

山，还有四川会理密勒山、甘肃大黄山等，都有很好的银矿。其他的难以列举。然而产银规模有限，每逢开采时，数量不足就得摊派赔偿款，法令不严就有偷窃、争抢，造成混乱，因此不得不严加禁戒。河北、山东等地，因为地气寒冷而矿层薄，不产金、银。然而把八省产量合起来，还不到云南省产量的一半，因此只有云南可以长期开矿炼银。

难点精讲

① 饶、信、瑞：今江西省鄱阳县、上饶市、高安市一带。
② 辰州：今湖南省沅陵县。
③ 永宁：今河南省洛宁县。
④ 卢氏：今河南省卢氏县。
⑤ 会川：今四川省会理市。

原文

凡云南银矿，楚雄、永昌[6]、大理为最盛，曲靖、姚安次之，镇沅[7]又次之。凡石山硐[8]中有铆[9]砂，其上现磊然小石，微

译文

云南的银矿以楚雄、保山、大理为最多，其次是曲靖、姚安，再次是镇沅。凡是石山洞中有银矿的，山上就会堆积着一些小石头，略微带褐色，分成各个支脉。采银人挖土或

带褐色者，分丫成径路。采者穴土十丈，或二十丈，工程不可日月计。寻见土内银苗，然后得礁砂[10]所在。凡礁砂藏深土，如枝分派别，各人随苗分径，横挖而寻之。上榰[11]横板架顶，以防崩压。采工篝灯[12]，逐径施镢，得矿方止。凡土内银苗，或有黄色碎石，或土隙石缝有乱丝形状，此即去矿不远矣。凡成银者曰礁，至碎者曰砂，其面分丫若枝形者曰铆，其外包环石块曰矿。矿石大者如斗，小者如拳，为弃置无用物。其礁砂形如煤炭，底衬石而不甚黑。其高下有数等。（商民凿穴得砂，先呈官府验辨，然后定税。）出土以斗量，付与冶工，高者六七两一斗，中者三四两，最下一二两。（其礁砂放光[13]甚者，精华泄露，得银偏少。）

十丈，或二十丈，工程不是十天半月就能完成的。找到银矿苗后，才能找到银矿的所在。银矿藏于深土，就像树枝般向各个方向延伸，采矿工人追踪矿苗分作各路，横向挖掘找寻。坑道上面要支撑横板架住顶部，防止塌方。采矿工人点着灯笼，沿着矿苗挖掘，找到银矿才停下。土里的银苗，有的有黄色碎石，有的在土石缝隙处有乱丝形状，找到这些就离银矿不远了。能炼成银的大块矿石叫“礁”，细碎的叫“砂”，表面分叉成枝形的叫“铆”，外面包的脉石叫“矿”。大的脉石像斗一样大，小的像拳头一样小，没什么用，只能丢弃。礁砂形状如煤炭，下面有一些石头而不显得太黑。品质高下有几等。（商人开矿获得的礁砂，先交给官府检验，然后确定税金。）矿砂出土时用斗计量，交给冶炼工，上等银矿一斗可炼得银六七两，中等一斗可炼得三四两，下等只能炼得一二两。（有光泽的礁砂，因为精华都泄露了出来，得银量就偏少。）

难点精讲

⑥ 永昌：今云南省保山市。

⑦ 镇沅：今云南省镇沅彝族哈尼族拉祜族自治县。

⑧ 硐（dòng）：山洞，矿坑。

⑨ 铆：同“矿”，这里指树枝状的辉银矿（Ag_2S）。

⑩ 礁砂：即辉银矿石。菅本注谓“礁”字出《周礼》。

⑪ 楮（zhī）：支撑。

⑫ 篝（gōu）灯：灯笼。

⑬ 放光：据杨维增，放光的可能是方铅矿（PbS）。放光说明含铅量大，含银量小。

原文

凡礁砂入炉，先行拣净淘洗。其炉土筑巨墩，高五尺许，底铺瓷屑、炭灰，每炉受礁砂二石。用栗木炭二百斤，周遭丛架。靠炉砌砖墙一朵，高阔皆丈余。风箱安置墙背，合两三人力，带拽透管通风。用墙以抵炎热，鼓鞴之人，方克安身。炭尽之时，以长铁叉添入。风火力到，礁砂镕化成团。此时银隐铅中，尚未出脱，计礁砂二石，镕出团约重百斤。冷定取出，另入分金炉，

译文

礁砂入炉前，先要挑拣、淘洗干净。炼银炉是用土筑起大土墩，高五尺左右，底部铺碎瓷、炭灰，每炉可以放两石礁砂。用两百斤栗木炭架在周围加热。靠近炉处用砖砌一堵墙，宽与高都有一丈多。在墙后面安置一个风箱，两三个人合力拉拽风箱，从通风管送风。有墙来抵挡炎热，操作鼓风的人才能安身。炭火烧尽时，用长铁叉添入。风力、火力都到了，礁砂就会熔化成团状。此时银隐藏在铅中，尚未分离，两石的礁砂共计可以熔化出约百斤重的团块。冷却后取出，加入分金炉，又叫“虾蟆炉”，用松木炭环绕围起来，通过一个小门

图 88　开采银矿

图 89　熔矿结银与铅

一名虾蟆炉内，用松木炭匝围，透一门以辨火色。其炉或施风箱，或使交箑[14]。火热功到，铅沉下为底子。（其底已成陀僧[15]样，别入炉炼，又成扁担铅。）频以柳枝从门隙入内燃照，铅气净尽[16]，则世宝[17]凝然成象矣。

来辨识火候。分金炉或者用风箱鼓风，或者用扇子扇风。火力到了，铅就会沉到底下。（炉底的铅已经变成密陀僧的样子，加入别的炉中冶炼，又能炼成扁担铅。）频繁地从门缝里加入柳枝燃烧，等铅的成分去除干净，银就提炼出来了。

难点精讲

⑭ 箑（shà）：扇子。

⑮ 陀僧：密陀僧，即氧化铅（PbO），黄色粉末。

⑯ 铅气净尽：据杨维增，铅被氧化成氧化铅，熔化后流入炉底或蒸发，而银在此温度下不会被氧化而保存下来。

⑰ 世宝：这里指银。

原文

此初出银，亦名生银。倾定无丝纹[18]，即再经一火，当中止现一点圆星，滇人名曰“茶经”。逮后入铜少许，重以铅力熔化，然后入槽成丝。（丝必倾槽而现，以四围匡住，宝气不横溢走散。）其楚雄所出又异，彼

译文

这种刚出炉的银也叫“生银”。倒出来凝固后的银若没有丝纹，要再用火熔炼一次，使当中出现一点圆星，云南人称为“茶经”。之后加入少许铜，重新用铅来辅助熔化，然后放入槽中凝结出丝纹。（丝纹一定要倒入槽里才能看到，因为四周被围住，银气不会外溢飘散。）楚雄出产的又不一样，那里

硐砂铅气甚少，向诸郡购铅佐炼。每礁百斤，先坐铅二百斤于炉内，然后煽炼成团。其再入虾蟆炉，沉铅结银，则同法也。此世宝所生，更无别出。方书、本草，无端妄想妄注，可厌之甚。

洞中礁砂的含铅量很少，需要向其他地区购买铅来辅助熔炼。每熔炼百斤礁砂，要先把两百斤铅放入炉中，然后鼓风熔炼成团块。至于再加入虾蟆炉，沉淀铅而结出银，方法就是一样的。这就是银的炼制方法，此外没有别的方法了。一些炼丹方术书、本草书，无端地妄想妄注，十分可厌。

难点精讲

⑱ 丝纹：这里是指纯银表面的结晶现象。

原文

大抵坤元精气，出金之所三百里无银，出银之所三百里无金，造物之情亦大可见。其贱役扫刷泥尘，入水漂淘而煎者，名曰淘厘锱[19]。一日功劳，轻者所获三分，重者倍之。其银俱日用剪、斧口中委余，或鞋底粘带，布于衢市[20]，或院宇扫屑，弃于河沿，其中必有焉，非浅浮土面能生此物也。

译文

大地的精华矿藏，一般来说产金的地方三百里内没有银，产银的地方三百里内没有金，自然的规律从中也可看出了。仆役扫刷泥尘，放入水中漂洗而煎炼成银，名叫“淘厘锱”。一日的功夫，少的能得三分银，多的会加倍。这些银都来自日常生活中剪子、斧子刃部掉下的，或者经由鞋底粘带，散布到街市上，或者打扫院落后，随尘屑弃在河边，其中必定有银质，并非浅层或浮表的土面能生出银来。

图 90　沉铅结银

图 91　分金炉清锈底

难点精讲

⑲ 锱：四分之一两，这里极言其小。

⑳ 阛市：街市。

原文

凡银为世用，惟红铜与铅两物，可杂入成伪。然当其合琐碎而成钣锭[21]，去疵伪而造精纯。高炉火中，坩锅足炼，撒硝少许，而铜、铅尽滞锅底，名曰银锈。其灰池[22]中敲落者，名曰炉底。将锈与底同入分金炉内，填火土甑之中，其铅先化，就低溢流，而铜与粘带余银，用铁条逼就分拨，井然不紊。人工、天工，亦见一斑云。炉式并具于左。

译文

世上用的银子，只有红铜与铅两种金属可以掺入其中作伪。然而把碎银合成银块时，可以去除杂质而炼造纯银。方法是将其放入坩埚，用高温熔炼，撒上少许硝石，铜、铅就都会全留在锅底，称为“银锈”。敲落在炉底灰池中的，称为“炉底”。将银锈与炉底一同加入分金炉中，在土甑里点火加热，铅先熔化，向低处流，而铜与粘带的残银可以用铁条拨开，井然有序。人工与天然的关系也可见一斑。炉的样式见附图。

难点精讲

㉑ 钣（bǎn）锭：金属块。

㉒ 灰池：铺碎瓷、炭灰的炉底。

四、附：朱砂银

原文

凡虚伪方士以炉火惑人者，唯朱砂银[1]愚人易惑。其法以投铅、朱砂与白银等分，入罐封固，温养三七日后，砂盗银气，煎成至宝。拣出其银，形有神丧，块然枯物。入铅煎时，逐火轻折，再经数火，毫忽无存。折去砂价、炭资，愚者贪惑犹不解，并志于此。

译文

虚伪的炼丹术士用炼丹炉骗人，其中朱砂银最容易让人上当。方法是把等量铅、朱砂与白银，放入罐中密封好，低温加热二十一天后，朱砂吸收银气，炼成“银”。拣出这种“银”，徒有银的形貌而无其本质，是一块没什么价值的东西。将其加入铅煎炼时，越炼越少，经过几次熔炼就完全消失了。白费了朱砂与炭的本钱，愚蠢的人贪婪又不明白其中原理，一并记录在这里。

难点精讲

① 朱砂银：朱砂受热分解后汞与铅形成的合金呈银白色，可以冒充银。

五、铜

原文

凡铜供世用，出山与出炉止有赤铜。以炉甘石[1]或倭铅参和，转色为黄铜[2]；以砒霜等药制炼为白铜[3]；

译文

供世人使用的铜，开采或熔炼成的都只有红铜。掺入炉甘石或锌熔炼，可炼成黄铜；加入砒霜等物质可以炼成白铜；加入矾、硝等物质可以

矾、硝等药制炼为青铜[4]；广锡参和为响铜；倭铅和写为铸铜。初质则一味红铜而已。

炼成青铜；掺入两广产的锡可炼成响铜；掺入锌可炼成铸铜。最初的原料都是红铜而已。

难点精讲

① 炉甘石：即菱锌矿，主要成分是碳酸锌（$ZnCO_3$）。

② 黄铜：即铜锌合金。

③ 白铜：即铜砷合金（砷白铜）。

④ 青铜：本指铜锡合金，这里指用矾、硝将赤铜表面炼成青铜色（古铜色）。

原文

凡铜坑，所在有之。《山海经》言出铜之山四百三十七[5]，或有所考据也。今中国供用者，西自四川、贵州为最盛。东南间自海舶来，湖广武昌、江西广信皆饶铜穴。其衡、瑞[6]等郡，出最下品，曰蒙山铜[7]者，或入冶铸混入，不堪升炼成坚质也。凡出铜山夹土带石，穴凿数丈得之，仍有矿[8]包其外。矿状如姜石，而有铜星，亦

译文

中国到处都有铜矿。《山海经》说产铜之山有四百三十七座，可能是考证过的。现在供给全国用的铜矿，西部以四川、贵州为最多，东南有从外国海运而来的，湖广武昌、江西上饶都有不少铜矿。湖南衡阳、江西高安等地出产的最下等的铜，称为“蒙山铜”，可以在冶炼、铸造时加入，不能炼成硬质铜。出产铜的山一般岩层疏松，夹土带石，挖凿数丈就能获得外面包着脉石的铜矿石。脉石的外形就像姜，表面有铜星，又叫“铜璞”，煎炼时仍然有铜流出，不像银

名铜璞[9]，煎炼仍有铜流出，不似银矿之为弃物。

的脉石都是废弃物。

难点精讲

⑤ 四百三十七：据《山海经·中山经》："出铜之山四百六十七。"

⑥ 衡：今湖南省衡阳市。瑞：今江西省高安市。

⑦ 蒙山铜：据杨维增，蒙山铜含锌较多而较脆，故只宜铸造。

⑧ 矿：包在铜矿石外面的脉石。

⑨ 铜璞：脉石中夹杂着黄铜矿（$CuFeS_2$）、辉铜矿（Cu_2S）或蓝铜矿［$2CuCO_3 \cdot Cu(OH)_2$］的低品位铜矿石。

原文

凡铜砂在矿内，形状不一，或大或小，或光或暗，或如鍮石[10]，或如姜铁[11]。淘洗去土滓，然后入炉煎炼，其熏蒸傍溢者，为自然铜，亦曰石髓铅[12]。凡铜质有数种：有全体皆铜，不夹铅、银者，洪炉单炼而成。有与铅同体者，其煎炼炉法，傍通高低二孔，铅质先化，从上孔流出，铜质后化，从下孔流出。东夷铜又有托体银矿内者，入炉炼时，银结于面，铜沉

译文

铜砂包在脉石里，形状不一，或大或小，或光或暗，有的像黄铜，有的像姜铁。将其淘洗后去掉土滓，然后放入炼铜炉煎炼，经过加热，从炉旁溢出的是自然铜，也叫作"石髓铅"。铜矿石有几种：有的完全是铜，不夹杂铅、银，经熔炉单炼而成铜。有的与铅混合在一起，煎炼时要在熔炉旁开高、低两个小孔，铅先熔化，从上面的孔中流出，铜后熔化，从下面的孔中流出。日本产的铜也有包在银矿里的，放入炉中熔炼时，银结出在上面，铜沉在下面。这种铜矿石由商船运到中国，称为"日本铜"，形

于下。商舶漂入中国，名曰日本铜，其形为方长板条。漳郡人得之，有以炉再炼，取出零银，然后写成薄饼如川铜一样货卖者。

状是方长板条状。福建漳州人得到它后，有的用炉再炼，取出零碎的银，然后将铜熔铸成像川铜一样的薄饼出售。

难点精讲

⑩ 鍮（tōu）石：天然的黄铜矿。

⑪ 姜铁：形状似姜的铁块。杨维增认为可能是辉铜矿。

⑫ 石髓铅：据杨维增，这里指熔铜时含有少量铜的炉渣。从炉内溢出凝结后，形似石髓，色黑，故名石髓铅。

原文

凡红铜升黄色为锤锻用者，用自风煤炭（此煤碎如粉，泥糊作饼，不用鼓风，通红则自昼达夜，江西则产袁郡⑬及新喻⑭邑）百斤，灼于炉内，以泥瓦罐载铜十斤，继入炉甘石六斤，坐于炉内，自然熔化。后人因炉甘石烟洪飞损⑮，改用倭铅。每红铜六斤，入倭铅四斤，先后入罐熔化，冷定取出，即成黄铜，唯人

译文

将红铜熔炼成可锤锻的黄铜，要用百斤的自来风煤（这种煤是粉末状的，用泥调和成煤饼，不需要用风箱鼓风，炉火通红，可以昼夜燃烧，在江西产自宜春、新余等地），放在炉子里烧，把十斤铜装在泥瓦罐里，再加入六斤炉甘石，搁至炉中，铜自然熔化。后人因为炉甘石在烟灰飞散时容易损耗，改用锌来炼。每六斤红铜加入四斤锌，先后放入泥瓦罐里熔化，冷却后取出，就形成黄铜，任人打造。用铜制造打击乐器时，要把两广出产的不含铅的锡放进

打造。凡用铜造响器，用出山广锡无铅气者入内。钲（今名锣）、镯（今名铜鼓）之类，皆红铜八斤，入广锡二斤。铙、钹[16]，铜与锡更加精炼。凡铸器，低者红铜、倭铅均平分两，甚至铅六铜四。高者名三火黄铜、四火熟铜，则铜七而铅三也。

炉中，与铜一起熔炼。钲（今名锣）、镯（今名铜鼓）之类的乐器，都是用八斤红铜加两斤广锡熔炼后制造。造铙、钹的铜与锡要更加精炼。铸造铜器，品质低的，红铜和锌各用一半，甚至锌占六成、铜占四成。品质高的，称为“三火黄铜”“四火熟铜”，是七成铜配三成锌。

难点精讲

⑬ 袁郡：今江西省宜春市。

⑭ 新喻：今江西省新余市。

⑮ 炉甘石烟洪飞损：炉甘石加热到300℃会分解成二氧化碳和氧化锌，二氧化碳气体飞散时，容易吹散氧化锌，损失锌质。

⑯ 铙（náo）：铜质圆形的打击乐器，比钹大。钹（bó）：铜质圆形的打击乐器，由两个圆铜片组成，中心鼓起成半球形，两片相击作声。

原文

凡造低伪银者，唯本色红铜可入。一受倭铅、砒、矾等气，则永不和合[17]。然铜入银内，使白质顿成红色，洪炉再鼓，则清浊浮沉立分，至于净尽云。

译文

铸造低劣的假银，只有本色红铜可以掺入。一旦遇到锌、砒、矾等物，就永远也不能熔合。然而铜熔入银中，会使白色顿时变成红色。再放入洪炉中鼓风加热，银与铜的清浊浮沉区别立刻就能呈现，从而彻底分离开。

图 92　穴取铜、铅

图 93　淘净铜矿砂、化铜

难点精讲

⑰ 永不和合：据杨维增，这是因为锌、砷、铝、钾在银中的溶解度都有一定限度，超过了就难以形成均匀的固溶体。

六、附：倭铅

原文

凡倭铅古书本无之，乃近世所立名色。其质用炉甘石熬炼[①]而成。繁产山西太行山一带，而荆、衡为次之。每炉甘石十斤，装载入一泥罐内，封果泥固，以渐研干[②]，勿使见火拆裂。然后逐层用煤炭饼垫盛，其底铺薪，发火煅红。罐中炉甘石镕化成团，冷定，毁罐取出。每十耗去其二，即倭铅也。此物无铜收伏[③]，入火即成烟飞去[④]。以其似铅而性猛，故名之曰倭云。

译文

古书上没有关于倭铅（即锌）的记载，倭铅是近世才有的名字。它是用炉甘石熬炼而成的。盛产于山西太行山一带，其次是荆州、衡阳。每十斤炉甘石，装入一个泥罐内，用泥封闭严实，碾光滑，逐渐风干，不要见火，否则就裂了。然后逐层用煤炭饼垫起泥罐，底下铺上柴火，点火烧红。泥罐中的炉甘石熔化成团块，冷却后，敲碎罐子取出。会有十分之二的损耗，剩下的就是锌了。这种金属如果不与铜结合，放入火中就会化成烟飞走。因为它像铅而性质比铅猛烈，所以称为“倭铅”。

难点精讲

① 用炉甘石熬炼：其反应过程为，炉甘石（$ZnCO_3$）受热分解为氧化锌（ZnO）和二氧化碳（CO_2），之后需加入碳（C）将氧化锌还原为锌。这里忽略了加

图 94　炼锌

图 95　耕土拾铁锭

图 96　淘洗铁矿砂

入碳的步骤。

② 砑（yà）：用力轧磨，使器物光滑。干：风干。

③ 收伏：指锌与铜结合为铜锌合金。

④ 成烟飞去：锌的熔点为419.5℃，沸点为907℃，易挥发或氧化。形成铜锌合金则熔沸点都大大提高。

七、铁

原文

凡铁场，所在有之，其质浅浮土面，不生深穴。繁生平阳[①]、冈埠，不生峻岭高山。质有土锭、碎砂数种。凡土锭铁，土面浮出黑块，形似称[②]锤。遥望宛然如铁，捻之则碎土。若起冶煎炼，浮者拾之，又乘雨湿之后，牛耕起土，拾其数寸土内者。耕垦之后，其块逐日生长，愈用不穷。西北甘肃，东南泉郡，皆锭铁之薮也。燕京、遵化与山西平阳，则皆砂铁之薮也。凡砂铁，一抛土膜即现其形，取来淘洗，

译文

铁矿到处都有，在地面浅表处，不埋于深穴中。多产自平原与丘陵地区，不生于高山峻岭间。有土锭铁、碎砂铁几种。土锭铁是地面上露出的黑块，形状像秤锤。远望去好像是铁，用手一捻则是碎土。如果想要用于冶炼，就将浮在地表的矿块捡起，又可趁着下雨土湿，用牛耕起土，从而将土内数寸的矿块捡起来。耕垦之后，铁矿还会一天天生长，取之不尽。西北的甘肃、东南的泉州，都是锭铁的聚集地。北京、遵化与山西平阳，都是砂铁的聚集地。砂铁一挖开地表就能看到，取来淘洗，放入炉中煎炼，熔化后与锭铁没什么区别。

入炉煎炼，镕化之后，与锭铁无二也。

难点精讲

① 平阳：平坦的地方。

② 称：杨本、陶本作“秤”，当据改。

原文

凡铁分生、熟，出炉未炒则生，既炒则熟。生熟相和，炼成则钢[③]。凡铁炉用盐做造，和泥砌成。其炉多傍山穴为之，或用巨木匡围，塑造盐泥，穷月之力，不容造次[④]。盐泥有罅，尽弃全功。凡铁一炉，载土二千余斤，或用硬木柴，或用煤炭，或用木炭，南北各从利便。扇炉风箱必用四人、六人带拽。土化成铁之后，从炉腰孔流出。炉孔先用泥塞。每旦昼六时，一时出铁一陀。既出即叉泥塞，鼓风再镕。

译文

铁分生铁、熟铁，刚出炉没炒过的是生铁，炒过以后就是熟铁。生铁、熟铁混合熔炼，就炼成钢。铁炉用盐和于泥中砌成。炼炉多依傍山洞而建，或用巨木围起来，用盐和于泥中塑造成炉，需要花一个月的功夫，不能轻率匆忙。盐泥上如果有缝隙，就要前功尽弃。炼一炉铁放两千余斤铁矿，或用硬木柴，或用煤炭，或用木炭，各地根据自己的方便选择燃料。鼓风用的风箱必须四人或六人一起拖拽鼓风。矿化成铁以后，从炉腰的孔中流出。炉孔先用泥塞好，白天的六个时辰中，一个时辰能产出一团铁。出铁后立刻叉上泥，将出铁孔塞住，鼓风再熔炼。

图 97　生铁、熟铁炼炉

难点精讲

③ 钢：含碳量介于 0.02%—2% 的碳铁合金。生铁的含碳量大于 2%，熟铁的含碳量小于 0.02%。

④ 造次：轻率，仓促。

原文

凡造生铁为冶铸用者，就此流成长条、圆块，范内取用。若造熟铁，则生铁流出时，相连数尺内，低下数寸筑一方塘，短墙抵之。其铁流入塘内，数人执持柳木棍排立墙上，先以污潮泥晒干，舂筛细罗如面，一人疾手撒摊[⑤]，众人柳棍疾搅[⑥]，即时炒成熟铁。其柳棍每炒一次，烧折二三寸，再用则又更之。炒过稍冷之时，或有就塘内斩划成方块者，或有提出挥椎打圆后货者。若浏阳诸冶，不知出此也。

译文

制造用于冶铸的生铁，就让铁水流入条状或圆块状的模子中成形使用。如果制造熟铁，则在生铁流出数尺之外矮几寸的地方筑一个方塘，旁边砌起矮墙。生铁流入方塘内，几个人拿着柳木棍在矮墙上站作一排，事先把污潮泥晒干，捣碎筛成细粉，一人迅速撒入泥粉，众人用柳棍快速搅拌，当时就能炒成熟铁。柳棍每炒一次要被烧折两三寸，再用又再损耗。炒过稍微冷却后，或者在方塘内把铁切成方块，或者取出来捶打成圆饼，然后出售。像湖南浏阳等地的冶炼场，就不知道这种方法。

难点精讲

⑤ 摊：菅本作“滝”，陶本作“焰”。潘吉星认为当改作“拨”，取摊开之义。

⑥ 疾搅：这里快速搅拌的作用，是促进铁水中的碳与空气接触，氧化为气态的

一氧化碳（CO）逸出。另，杨维增认为撒入潮泥灰是利用其中的二氧化硅（SiO_2）和三氧化二铝（Al_2O_3），起催化剂作用。

原文

凡钢铁炼法，用熟铁打成薄片，如指头阔，长寸半许，以铁片束包尖[⑦]紧，生铁安置其上（广南生铁名堕子生钢者，妙甚），又用破草履盖其上（粘带泥土者，故不速化），泥涂其底下。洪炉鼓鞴，火力到时，生钢[⑧]先化，渗淋熟铁之中，两情投合，取出加锤。再炼再锤，不一而足。俗名团钢，亦曰灌钢[⑨]者是也。

译文

炼钢铁的方法，是把熟铁打成像指头一样宽、长一寸半左右的薄片，用铁片包紧，把生铁放在熟铁片上面（广东南部名叫“堕子生钢”的生铁，最好用），再用破草鞋盖在上面（因为上面粘带有泥土，所以不会很快烧化），用泥涂在下面。放入炉中用风箱鼓风加热，火力到时，生铁先熔化，流渗到熟铁中，相互结合，取出后加以捶打。再熔炼、再捶打，反复多次。所得的就是俗称的“团钢”，也叫作“灌钢”。

难点精讲

⑦ 尖：潘吉星疑当作“夹”。

⑧ 生钢：这里指生铁。

⑨ 灌钢：灌钢的方法，亦可参见《梦溪笔谈》卷三。

原文

其倭夷刀剑，有百炼精纯，置日光檐下则满室辉曜者，不用生熟相和炼，

译文

日本的刀剑，有一种用的钢经过百炼，放在有日光的屋檐下，满室生辉，这种刀剑不用生铁、熟铁混合冶

又名此钢为下乘云。夷人又有以地溲[⑩]淬刀剑者（地溲乃石脑油之类，不产中国），云钢可切玉，亦未之见也。凡铁内有硬处不可打者，名铁核，以香油涂之即散。凡产铁之阴，其阳出慈石[⑪]，第有数处，不尽然也。

炼，也有人说这种钢是下等钢。日本人又有用地溲来淬刀剑的（地溲是类似石油一样的东西，中国没有出产），说这种钢可以切玉，也没见过。铁内部坚硬打不散的地方，称为“铁核”，用香油涂抹就会消散。山北有铁矿，山南就会出产磁石，好几个地方是这样，不过也有不是这样的。

难点精讲

⑩ 地溲（sōu）：这里指石油。

⑪ 慈石：即磁石。此句出《证类本草》卷四：“山阴有铁则磁石生其阳。”

八、锡

原文

凡锡，中国偏出西南郡邑，东北寡生。古书名锡为“贺”者，以临贺郡[①]产锡最盛而得名也。今衣被天下者，独广西南丹、河池二州，居其十八，衡、永[②]则次之。大理、楚雄即产锡甚盛，道远难致也。

译文

中国的锡多出产于西南各地，东北很少有。古书将锡称为“贺”，是因为广西贺州产锡最多。现在供给天下使用的，十有八成出自广西南丹、河池二州，其次是湖南衡阳、永州。大理、楚雄虽然盛产锡，但是路途遥远，难以运输。

难点精讲

① 临贺郡：今广西壮族自治区贺州市。称锡为“贺”，见《本草纲目》卷八。

② 永：今湖南省永州市。

原文

凡锡有山锡、水锡两种。山锡中又有锡瓜、锡砂两种，锡瓜块大如小瓠③，锡砂如豆粒，皆穴土不甚深而得之。间或土中生脉充物④，致山土自颓，恣人拾取者。水锡，衡、永出溪中，广西则出南丹州河内。其质黑色，粉碎如重罗面。南丹河出者，居民旬前从南淘至北，旬后又从北淘至南。愈经淘取，其砂日长，百年不竭。但一日功劳，淘取煎炼，不过一斤。会计炉炭资本，所获不多也。南丹山锡出山之阴，其方无水淘洗，则接连百竹为枧，从山阳枧水，淘洗土滓，然后入炉。

译文

锡有山锡、水锡两种。山锡中又有锡瓜、锡砂两种，锡瓜块大，像小葫芦一样，锡砂像豆粒一样，都是从地下不太深的地方挖出来的。有时土中矿脉十分充足，随山土自然风化而露出地面，就可以随意拾取。衡阳、永州的水锡出自溪水，广西则出自南丹州河内。水锡的质地是一种黑色粉末，像罗筛过的一样。南丹河产的水锡，居民前十天从南淘至北，后十天又从北淘至南。越淘长出来的还越多，上百年也用不完。但是花一天的功夫来淘取煎炼，产锡量也就一斤左右。计算一下炉炭的成本，获利不多。南丹州的山锡出自山北，那里没有水可以淘洗，就用上百根竹筒连接起来形成管道，从山南引水过来，淘洗去泥沙，然后入炉熔炼。

图 98　河池山锡

图 99　南丹水锡

图 100　炼锡炉

难点精讲

③ 瓠（hù）：葫芦，葫芦科葫芦属攀缘草本植物。

④ 充牣（rèn）：充满。

原文

凡炼煎亦用洪炉，入砂数百斤，丛架木炭亦数百斤，鼓鞲镕化。火力已到，砂不即镕，用铅少许勾引[5]，方始沛然流注。或有用人家炒锡剩灰勾引者。其炉底炭末、瓷灰铺作平池，傍安铁管小槽道，镕时流出炉外低池。其质初出洁白，然过刚，承锤即折裂。入铅制柔，方充造器用。售者杂铅太多，欲取净则镕化，入醋淬八九度[6]，铅尽化灰而去。出锡唯此道。方书云马齿苋[7]取草锡者，妄言也；谓砒为锡苗[8]者，亦妄言也。

译文

炼锡也要用熔炉，炉内加入数百斤锡砂，周围架起的木炭也需数百斤，用风箱鼓风加热使其熔化。如果火力已到，锡砂还没有熔化，就用少许铅来勾引，锡液就会大量地流注出来。也有人用别人炼锡剩下的炉渣来勾引。炉底下用炭末、瓷灰铺成平池，旁边安装铁管小槽道，锡熔化时，就从炉中流到外面的池内。刚出炉的锡颜色洁白，然而太硬脆，经过锤打就要碎裂。加入铅使其变得柔软，才能用来制造器物。市面上卖的锡掺杂了太多的铅，想要提纯就将其熔化，放入醋中淬八九次，铅就会化成灰除去。制锡只有这种方法。一些方术书上说马齿苋中可以提取草锡，是瞎说的；说砒是锡矿苗，也是瞎说的。

难点精讲

⑤ 用铅少许勾引：这是因为铅锡合金的熔点比锡的熔点低，所以更易熔化。

⑥ 入醋淬八九度：铅与醋反应，生成醋酸铅［$(CH_3COO)_2Pb$］，其熔点为 280℃，而锡的熔点为 232℃，所以会成为炉渣而被除去。

⑦ 马齿苋：马齿苋科马齿苋属草本植物，可食用。

⑧ 砒为锡苗：说法见《本草纲目》卷十。据潘吉星、杨维增注，中国锡矿中多含有毒砂，即砷黄铁矿（FeAsS），因而此说并非妄言。

九、铅

原文

凡产铅山穴，繁于铜、锡。其质有三种：一出银矿中，包孕白银。初炼和银成团，再炼脱银沉底，曰银矿铅[①]，此铅云南为盛。一出铜矿中，入洪炉炼化，铅先出，铜后随，曰铜山铅[②]，此铅贵州为盛。一出单生铅穴，取者穴山石，挟油灯寻脉，曲折如采银矿，取出淘洗煎炼，名曰草节铅[③]，此铅蜀中嘉、利[④]等州为盛。其余雅州[⑤]出钓脚铅，形如皂荚子，又如蝌斗子，生山涧

译文

产铅的山洞比产铜、锡的要多。铅矿石有三种：一种出自银矿，包裹着白银。最初熔炼时和银熔成团块，再次熔炼，与银分离而沉底，称为“银矿铅”，这种铅云南最多。一种出自铜矿，放入熔炉炼化，铅先流出，随后流出铜，称为“铜山铅”，这种铅贵州最多。一种只含有铅，从山石中挖取，采矿者拿着油灯寻找矿脉，它就像银矿脉那样曲折，取出后经过淘洗、煎炼，称为“草节铅”，这种铅四川乐山、广元最多。其余比如雅安出产“钓脚铅”，形状像皂荚，又像蝌蚪，生于山涧的沙中。江西上饶、乐平出产“杂铜铅”，四川剑州

沙中。广信郡上饶、饶郡乐平出杂铜铅，剑州[⑥]出阴平铅，难以枚举。

出产“阴平铅”，难以一一列举。

难点精讲

① 银矿铅：含银的方铅矿（PbS），其中混杂着辉银矿（Ag_2S）等。

② 铜山铅：含铜的方铅矿，其中混杂着黄铜矿（$CuFeS_2$）、蓝铜矿［$2CuCO_3 \cdot Cu(OH)_2$］等。

③ 草节铅：即方铅矿。

④ 嘉：嘉定州，今四川省乐山市。利：利州，今四川省广元市。

⑤ 雅州：今四川省雅安市。

⑥ 剑州：今四川省剑阁县。

原文

凡银铆中铅，炼铅成底[⑦]，炼底复成铅。草节铅单入洪炉煎炼，炉傍通管，注入长条土槽内，俗名扁担铅，亦曰出山铅，所以别于凡银炉内频经煎炼者。凡铅物值虽贱，变化殊奇，白粉、黄丹[⑧]，皆其显像。操银底于精纯，勾锡成其柔软，皆铅力也。

译文

提炼银矿中的铅，先把铅矿炼成沉在炉底的氧化铅，再将其熔炼而成铅。草节铅单放入熔炉煎炼，炉旁通一根管，将铅注入长条土槽内，就是俗名的“扁担铅”，也叫“出山铅”，用来区别从炼银炉内多次煎炼而成的铅。铅的价格虽然不高，但是变化多端，白粉、黄丹都是铅变化而成的。给银提纯，使锡柔软，都靠铅的作用。

难点精讲

⑦ 底：熔炼银矿时，银先流出，硫化铅（PbS）被炼成氧化铅（PbO），沉在炉底。下一步熔炼时是将氧化铅还原为铅。

⑧ 白粉：即胡粉、铅粉，碱式碳酸铅［$2PbCO_3 \cdot Pb(OH)_2$］。黄丹：这里指铅丹，四氧化三铅（Pb_3O_4）。详见后文。

十、附：胡粉

原文

凡造胡粉，每铅百斤，镕化，削成薄片，卷作筒，安木甑内。甑下、甑中各安醋一瓶，外以盐泥固济①，纸糊甑缝。安火四两，养②之七日。期足启开，铅片皆生霜粉③，扫入水缸内。未生霜者，入甑依旧，再养七日，再扫，以质尽为度。其不尽者，留作黄丹料。

译文

制造胡粉，将百斤铅熔化，削成薄片，卷作筒，放在木甑里。在甑下部、甑中部各放一瓶醋，外面用盐泥将甑密封好，用纸糊住甑的缝隙。用四两木炭火力持续微火加热七天。时间到了，打开木甑，铅片上会形成白色的霜粉，将其扫入水缸中。没有结出霜粉的，依旧放在木甑里，微火再加热七日，再扫，直到铅尽为止。剩下的残渣，留作制作黄丹的原料。

难点精讲

① 固济：将容器密封。

② 养：用微火加热。

③ 霜粉：即碱式碳酸铅［$2PbCO_3 \cdot Pb(OH)_2$］。其反应原理是铅先与醋酸、水蒸气、氧气反应，生成碱式醋酸铅，又吸收二氧化碳，形成碱式碳酸铅。碱式醋酸铅易溶于水，故可用清水洗去。

原文

每扫下霜一斤，入豆粉二两、蛤粉[4]四两，缸内搅匀，澄去清水。用细灰按成沟，纸隔数层，置粉于上。将干，截成瓦定[5]形，或如磊块，待干收货。此物古因辰、韶诸郡专造，故曰韶粉（俗误朝粉）。今则各省直饶为之矣。其质入丹青，则白不减。查[6]妇人颊，能使本色转青[7]。胡粉投入炭炉中，仍还镕化为铅，所谓色尽归皂[8]者。

译文

每斤霜粉，混入二两豆粉、四两蛤粉，在水缸内搅拌均匀，澄清后把水倒掉。然后用细灰按成沟槽，在上面铺上几层纸，把湿粉放在纸上。快干时，切成瓦状或块状，等干了就可以收起出售了。胡粉在古代是湖南沅陵、广东韶关等地专门制造的，所以称为“韶粉”（俗误为“朝粉”）。现在各省都有制造了。用作颜料，可以保持白色不变。把它用在妇女脸上，久了会使脸色变青。将胡粉投入炭炉中，仍然熔化为铅，就是所谓白色到了极点又复归于黑。

难点精讲

④ 豆粉、蛤粉：据杨维增，豆粉起黏结剂作用，蛤粉起润滑剂和填充剂作用。

⑤ 瓦定：潘吉星疑“定”为衍字，杨维增疑“定”当作“当”。

⑥ 查：陶本作“揸”，当据改。揸（zhā），用手指撮东西。

⑦ 能使本色转青：杨维增认为是硫化铅（PbS）沉积和皮肤铅中毒现象。

⑧ 皂：黑色。

十一、附：黄丹[1]

凡炒铅丹，用铅一斤、

译文

炒制铅丹，用一斤铅、十两土硫

土硫黄十两、硝石一两。镕铅成汁，下醋点之。滚沸时下硫一块，少顷入硝少许，沸定再点醋，依前渐下硝、黄。待为末，则成丹矣。其胡粉残剩者，用硝石、矾石炒成丹，不复用错[2]也。欲丹还铅，用葱白汁拌黄丹慢炒，金汁出时，倾出即还铅矣。

黄、一两硝石。把铅熔化成液态，加一点醋。沸腾时放入一块硫，片刻后再加入少许硝石，停止沸腾后再加一点醋，按前面的顺序逐渐加入硫黄、硝石。等铅化成粉末后，铅丹就制成了。用制作胡粉剩下的残渣来制铅丹，只需和硝石、矾石一起炒制，不用加醋。要想把铅丹还原为铅，就用葱白汁拌上铅丹慢炒，等出现金黄色汁液时，倒出来就可以得到铅了。

难点精讲

① 本条全录自《本草纲目》卷八引独孤滔《丹房鉴原》。黄丹（铅丹）的主要成分是四氧化三铅（Pb_3O_4），次要成分是碱式硫酸铅（$PbO \cdot PbSO_4$）和氧化铅（PbO），可防虫蛀。

② 错：菅本、陶本作“醋”，当据改。

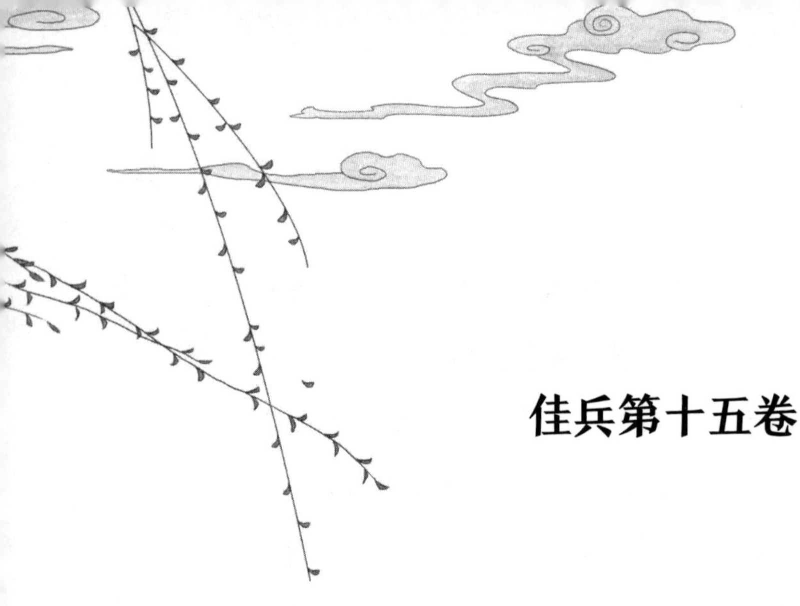

佳兵第十五卷

一、宋子曰

原文

兵非圣人之得已也。虞舜在位五十载，而有苗犹弗率[①]。明王圣帝，谁能去兵哉？“弧矢之利，以威天下”[②]，其来尚矣。为老氏[③]者，有葛天[④]之思焉，其词有曰：“佳兵者，不祥之器。”盖言慎也。火药机械之窍，其先凿自西番与南裔，而后乃及于中国。变幻百出，日盛月新。中国至今日，则即戎者[⑤]以为第一义，岂其然哉？虽然，生人纵有巧思，乌能至此极也？

译文

宋子说：兵器乃圣人不得已而创造的。舜在位五十年，而苗人尚且不服从。可见即使是圣明的帝王，又有谁能放弃兵器呢？“兵器的作用在于威慑天下”，这是有来由的。老子有葛天氏的思想，他说：“兵器是不祥之物。”意思是使用兵器要谨慎。制造火药、火器的诀窍，首先由西域与南洋人发明，后来才传到中国。各种武器变幻百出，日新月异。时至今日，中国的用兵者把兵器视为最重要的东西，难道不是这样的吗？否则，就算人类有各种巧思，又如何能使兵器发展到这样的极致呢？

难点精讲

① 率：顺服，顺从。《尚书·舜典》载舜平三苗之事。

② “弧矢之利”句：语出《周易·系辞下》，意为兵器的作用在于威慑天下。

③ 老氏：老子，名李耳，生活于春秋时期，道家学派创始人，著有《道德经》。

④ 葛天：葛天氏，传说中的远古部落首领，其时是自然淳朴的理想之世。

⑤ 即戎者：用兵之人。

二、弧矢

原文

凡造弓，以竹与牛角为正中干质（东北夷无竹，以柔木为之），桑枝木为两稍。弛则竹为内体，角护其外；张则角向内而竹居外。竹一条而角两接，桑弰[1]则其末刻锲，以受弦彄[2]，其本则贯插接笋于竹丫，而光削一面以贴角。

译文

制造弓，以竹与牛角作为弓身的主干材料（东北没有竹子，用柔韧的木料代替），以桑木为两端的弓弰。松弦时竹在内侧，角在外侧保护；张弓时角向内而竹在外侧。竹用一整条，而角用两片相接，桑木弰则在末端刻出缺口，用来套系弦的环套，另一端用榫接的形式与竹片相连，把一侧削磨光滑，用来贴角。

难点精讲

① 弰（shāo）：弓的末端。

② 彄（kōu）：弓弩两端系弦的地方。

原文

凡造弓，先削竹一片（竹宜秋冬伐，春夏则朽蛀），

译文

造弓时，先削一竹片（竹应在秋冬季砍伐，春夏季就会朽蛀），中腰稍微小

中腰微亚小，两头差大，约长二尺许。一面粘胶靠角，一面铺置牛筋与胶而固之。牛角当中牙接（北虏[3]无修长牛角，则以羊角四接而束之；广弓则黄牛明角亦用，不独水牛也），固以筋胶。胶外固以桦皮，名曰暖靶。凡桦木[4]，关外产辽阳，北土繁生遵化，西陲繁生临洮郡，闽、广、浙亦皆有之。其皮护物，手握如软绵，故弓靶[5]所必用。即刀柄与枪干亦需用之。其最薄者，则为刀剑鞘室也。

一点，两端稍微大一点，长二尺左右。一面用胶粘牛角，一面用胶粘牛筋来加固。两段牛角相互咬合（东北少数民族没有修长的牛角，就用四片羊角捆接起来；广东造弓也用透明的黄牛角，不只用水牛角），用牛筋与胶加固。外面再粘上桦树皮来加固，称为“暖靶”。关外的桦树产自辽阳，华北盛产于河北遵化，西部则盛产于甘肃临洮，福建、广东、浙江也都有。用桦树皮护物，手握上去就像是软丝绵，所以是制作弓靶所必须用的。就是做刀柄与枪杆也需要用到。最薄的桦树皮则用来制作刀剑的套子。

难点精讲

③ 北虏：陶本“北虏”“胡虏”皆作“北边”，系避讳而改。

④ 桦木：桦木科桦木属落叶乔木，树皮易剥离，木材致密，可制器具。

⑤ 弓靶：弓身中部手握的地方。

原文

凡牛脊梁，每只生筋一方条，约重三十两。杀取晒干，复浸水中，析破

译文

每头牛的脊梁上都长有一根方条形的筋，约重三十两。杀牛取出筋晒干，又放在水里浸泡，拆开就像苎麻

如苎麻丝。胡虏无蚕丝，弓弦处皆纠合此物为之。中华则以之铺护弓干，与为棉花弹弓弦也。凡胶，乃鱼脬[⑥]杂肠所为煎治，多属宁国郡。其东海石首鱼[⑦]，浙中以造白鲞[⑧]者。取其脬为胶，坚固过于金铁。北虏取海鱼脬煎成，坚固与中华无异，种性则别也。天生数物，缺一而良弓不成，非偶然也。

丝一样。少数民族地区没有蚕丝时，弓弦都是纠合牛筋来制作。中原地区则用其来保护弓身，或者制作弹棉花用的弓弦。胶是用鱼鳔和杂肠等煎煮而成的，多产于安徽宁国。东海有一种石首鱼，浙江中部用它来做鱼干。拿它的鱼鳔做胶，比金属还坚固。东北少数民族取海鱼鳔煎煮而成胶，与中原地区所做的一样坚固，只是种类不同。自然创造了这几种东西，缺少了哪一种都造不了好弓，可见这不是偶然的。

难点精讲

⑥ 鱼脬（pāo）：指鱼的鳔（biào）。

⑦ 石首鱼：石首鱼科的鱼内耳各有三块耳石，故称“石首鱼”，俗称“黄花鱼”。肉细嫩，鳔很发达。

⑧ 白鲞（xiǎng）：晒干的石首鱼，其味甜美。

原文

凡造弓初成坯后，安置室中梁阁上，地面勿离火意。促者旬日，多者两月，透干其津液，然后取下磨光，重加筋胶与漆，

译文

造成弓坯后，将其放置在室内房梁高处，地面上一直用火烘烤。短的要烤十天，长的要烤两个月，将其水分都烘干，然后取下打磨光亮，再加牛筋、胶与漆加固，就是一把好弓。

则其弓良甚。货弓之家，不能俟日足者，则他日解释之患因之。

卖弓的人家，如果不等烘干就卖，以后那弓就会有解体的危险。

原文

凡弓弦，取食柘叶蚕茧，其丝更坚韧。每条用丝线二十余根作骨，然后用线横缠紧约。缠丝分三停[⑨]，隔七寸许则空一二分不缠，故弦不张弓时，可折叠三曲而收之。往者北虏弓弦，尽以牛筋为质，故夏月雨雾，妨其解脱，不相侵犯。今则丝弦亦广有之。涂弦或用黄蜡，或不用，亦无害也。凡弓两硝系弨处，或切最厚牛皮，或削柔木，如小棋子，钉粘角端，名曰垫弦，义同琴轸[⑩]。放弦归返时，雄力向内，得此而抗止，不然则受损也。

译文

制作弓弦的原料，是以柘叶为食的蚕结的茧，其丝更坚韧。每根弓弦用二十余根蚕丝作弦骨，然后用线横缠扎紧。缠丝分三部分，每隔七寸多就空一二分不缠，因此不张弓时，弓弦可折叠成三截收起来。以往东北少数民族的弓弦都用牛筋为原料，所以夏天湿度大时弓弦容易吸潮而松脱，他们这时就不会滋扰中原。现在蚕丝弦也到处都有了。涂弦或者用黄蜡，或者不用，也没什么危害。弓两端系弦的地方，或者切最厚的牛皮，或者削柔韧的木片，做成像小棋子一样的垫片，紧紧粘在牛角末端，称为“垫弦”，就和琴轸的作用一样。放开弓弦弹回时，巨大的向内的力量可以被垫弦抵挡，如果没有垫弦，弓就会受损。

难点精讲

⑨ 停：部分。

⑩ 琴轸（zhěn）：琴上垫弦的轴垫。

原文

凡造弓，视人力强弱为轻重，上力挽一百二十斤，过此则为虎力，亦不数出。中力减十之二三，下力及其半。彀[11]满之时，皆能中的。但战阵之上，洞胸彻札[12]，功必归于挽强者。而下力倘能穿杨贯虱[13]，则以巧胜也。凡试弓力，以足踏弦就地，称钩搭挂弓腰，弦满之时，推移称锤所压，则知多少。其初造料分两，则上力挽强者，角与竹片削就时约重七两，筋与胶、漆与缠约丝绳约重八钱，此其大略。中力减十之一二，下力减十之二三也。

译文

造弓时，根据人力量的强弱来确定弓的轻重，上等力量的人可以拉一百二十斤，超过这个力量的就是虎力，也没多少人能达到。中等力量的人减十分之二三，下等力量的人减半。弓弦拉满，都能命中。然而战场上要能射穿胸甲，还得靠力气大的弓箭手。下等力量的弓箭手如果能百步穿杨，则可以靠技巧取胜。试验弓的力道时，用脚把弓弦踩在地上，将秤钩挂在弓腰，弓弦拉满时，推移秤锤，就知道弓力大小了。造弓所用材料的重量方面，大致来说，上等拉力的强弓，牛角与竹片削成时约重七两，牛筋、胶、漆与丝、绳约重八钱。中等拉力的弓减去十分之一二，下等拉力的减去十分之二三。

难点精讲

⑪ 彀（gòu）：使劲张弓。

⑫ 札（zhá）：胄甲上由皮革或金属制成的甲叶。

⑬ 穿杨贯虱：养由基射箭能百步穿杨，纪昌射箭能正中虱心。见《战国策·西周策》及《列子·汤问》。

原文

凡成弓，藏时最嫌霉湿。（霉气先南后北，岭南谷雨时，江南小满[14]，江北六月，燕、齐七月。然淮扬霉气独盛。）将士家或置烘厨、烘箱，日以炭火置其下。（春秋雾雨皆然，不但霉气。）小卒无烘厨，则安顿灶突之上。稍怠不勤，立受朽解之患也。（近岁命南方诸省造弓解北，纷纷驳回，不知离火即坏之故，亦无人陈说本章者。）

译文

弓造成后，收藏最怕潮湿。（阴雨天气先南后北而来，岭南在谷雨时出现，江南在小满时，江北在六月，河北、山东在七月。然而淮扬一带的阴雨天最多。）将士家里有的用烘厨、烘箱，每天在下面布置炭火烘烤。（不只阴雨天气，春秋天遇到雨雾天气也一样。）小兵没有烘厨，就把弓放在灶台上。保养得稍微懈怠一点，弓身就要出现变坏解体的问题。（近年来朝廷命令南方各省造弓运到北方，结果纷纷被退回，是因为不知道弓一旦不烘烤就要朽坏的道理，也没人上奏陈说原因。）

难点精讲

⑭ 小满：二十四节气之一，公历5月20—22日交节。

原文

凡箭笴[15]，中国南方竹质，北方萑柳[16]质，北虏桦

译文

制作箭杆，中国南方用竹，北方用萑柳，东北少数民族用桦木，各地

质，随方不一。竿长二尺，镞[17]长一寸，其大端也。凡竹箭，削竹四条或三条，以胶粘合，过刀光削而圆成之，漆丝缠约两头，名曰“三不齐”箭杆。浙与广南有生成箭竹，不破合者。柳与桦杆，则取彼圆直枝条而为之，微费刮削而成也。凡竹箭，其体自直，不用矫揉。木杆则燥时必曲，削造时以数寸之木，刻槽一条，名曰箭端，将木杆逐寸戛[18]拖而过，其身乃直。即首尾轻重，亦由过端而均停也。

不同。大致上说，箭杆长二尺，箭头长一寸。制作竹质箭杆，削四条或三条竹，用胶黏合，再用刀削光削圆，两头缠紧漆和丝线，称为“三不齐”箭杆。浙江与广东南部有天然的箭竹，不需要破开再黏合。柳木与桦木箭杆，则取其圆直枝条，稍微刮削后制成。竹质箭杆本身就是直的，不需要矫正。木质箭杆则在干燥后必定弯曲，因此在削造时要用一块几寸长的木头，上面刻一条槽，称为“箭端”，将木箭杆逐寸沿着槽刮拉而过，杆身就直了。箭杆的首尾轻重不匀也是通过这种处理方法来解决的。

难点精讲

⑮ 笴（gǎn）：箭杆。

⑯ 萑（huán）柳：杨柳科柳属植物。

⑰ 镞（zú）：箭头。

⑱ 戛（jiá）：刮。

原文

凡箭，其本刻衔口以驾弦，其末受镞。凡镞冶

译文

箭的尾部刻出衔口，以便扣在弓弦上，顶部装箭头。箭头要冶铁

铁为之（《禹贡》砮石[19]乃方物，不适用）。北虏制如桃叶枪尖，广南黎人矢镞如平面铁铲，中国则三棱锥象也。响箭则以寸木空中锥眼为窍，矢过招风而飞鸣，即《庄子》所谓嚆矢[20]也。凡箭行端斜与疾慢，窍妙皆系本端翎羽[21]之上。箭本近衔处，剪翎直贴三条，其长三寸，鼎足安顿，粘以胶，名曰箭羽（此胶亦忌霉湿，故将卒勤者，箭亦时以火烘）。

铸造（《禹贡》中说的"砮石"是进贡的物产，不适用）。东北少数民族造的箭头像桃叶枪尖，广东南部黎族人用的箭头像平面铁铲，中原人用的箭头像三棱锥。响箭是在一寸长的木料上锥钻出孔，加装在箭上，箭在空中飞行时，受风力作用而发出声音，就是《庄子》中所说的"嚆矢"。箭要想在空中飞得直、飞得快，诀窍都在箭尾的翎羽上。在箭尾部接近衔口的位置，鼎足排列三条剪下来的三寸长的翎羽，用胶粘上，称为"箭羽"（这里的胶也怕受潮发霉，所以勤劳的将士，也要不时用火烘烤箭）。

难点精讲

⑲ 砮（nǔ）石：可做箭镞的石头。据《尚书·禹贡》，为荆州所贡。

⑳ 嚆（hāo）矢：典出《庄子·在宥》："焉知曾史之不为桀跖嚆矢也。"嚆：呼叫。

㉑ 翎（líng）羽：鸟类翅或尾上的长而硬的羽毛。

原文

羽以雕膀为上（雕似鹰而大，尾长翅短），角鹰次之，鸱鸮[22]又次之。南方造箭者，雕无望焉，即鹰、

译文

箭羽最好用雕的翅羽（雕似鹰而比鹰大，尾长翅短），其次是角鹰，再次是鹞鹰。南方造箭，是没指望找雕翎的，就是鹰翎、鹞翎也属于难得的东

图 101　端箭、试弓定力

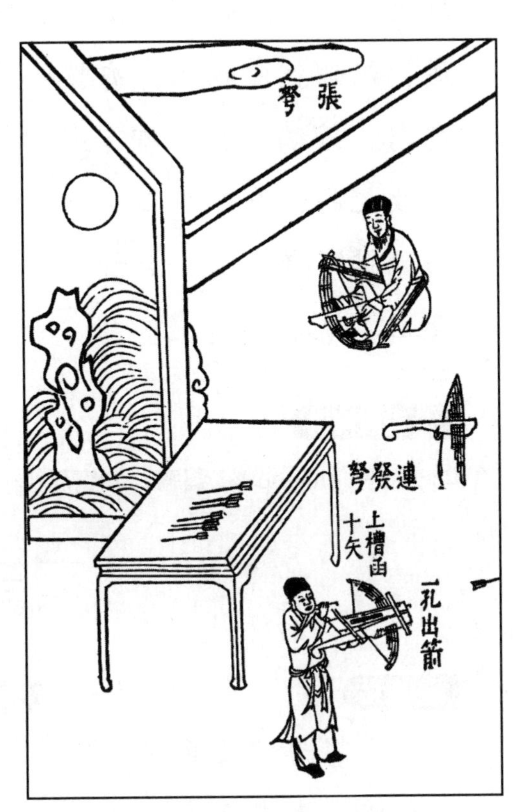

图 102　张弩、连发弩

鹞亦难得之货，急用塞数，即以雁翎，甚至鹅翎亦为之矣。凡雕翎箭行疾过鹰、鹞翎十余步而端正，能抗风吹。北虏羽箭多出此料。鹰、鹞翎作法精工，亦恍惚焉。若鹅、雁之质，则释放之时，手不应心，而遇风斜窜者多矣。南箭不及北，由此分也。

西，急用时就用雁翎充数，甚至鹅翎也用。雕翎箭的速度比鹰、鹞翎箭要快十余步，轨迹端正，能抵抗风吹。东北少数民族的羽箭多用这种材料。鹰、鹞翎如果加工精细，也差不多能达到这种效果。如果用鹅、雁的翎羽，箭射出去时手不应心，遇到风吹就会飞偏。南方的箭不如北方，区别就在这里。

难点精讲

㉒ 鸱鹞（chī yào）：鹞鹰，似鹰而小的猛禽。

三、弩

原文

凡弩为守营兵器，不利行阵。直者名身，衡者名翼，弩牙[1]发弦者名机。斫木为身，约长二尺许，身之首横拴度翼。其空缺度翼处，去面刻定一分（稍厚则弦发不应节），去背则不论分数。面上微刻直槽

译文

弩为守营兵器，不方便用于作战冲锋。直的部件叫作“身”，横的部件叫作“翼”，钩弦发箭的部件叫作“机”。砍木料制作弩身，长二尺左右，弩身前部横拴弩翼。穿孔装弩翼的地方，离弩身表面限定一分厚（稍厚一点，弦与箭就不能匹配精准了），离弩身背部则没有限制。弩身表面稍刻一

一条以盛箭。其翼以柔木一条为者，名扁担弩，力最雄。或一木之下加以竹片叠承（其竹一片短一片），名三撑弩，或五撑、七撑而止。身下截刻锲衔弦，其衔傍活钉牙机[②]，上剔发弦。上弦之时，唯力是视。一人以脚踏强弩而弦者，《汉书》名曰“蹶张材官[③]”。弦送矢行，其疾无与比数。

条直槽来承托箭。弩翼用一根柔韧的木头制成的，称为“扁担弩”，力量最强。或者在一根木头下叠加竹片（竹片一片比一片短），称为“三撑弩”，最多不过五撑、七撑。弩身后半部刻缺口装弦，旁边钉上活动扳机，向上一挑就可以发射。上弦时全靠人力。由一人用脚踏强弩而上弦，《汉书》称为“蹶张材官”。弩弦弹出后把箭射出，速度无与伦比。

难点精讲

① 弩牙：弩机钩弦的部件。

② 牙机：器械的启动机关。

③ 蹶（juě）张材官：典出《汉书·申屠嘉传》：“申屠嘉，梁人也。以材官蹶张，从高帝击项籍。”材官：勇健的武卒。蹶张：以足踏弩而发射。

原文

凡弩弦，以苎麻为质，缠绕以鹅翎，涂以黄蜡。其弦上翼则谨[④]，放下仍松，故鹅翎可扱首尾于绳内。弩箭羽以箬叶为之，

译文

弩弦用苎麻为原料，在上面缠绕鹅翎，涂上黄蜡。弩弦装到弩翼上就绷紧，放下来依然松弛，因此鹅翎可以从头到尾插入麻绳中。弩的箭羽用箬叶制成，把箭的尾部剖开，插入箬

析破箭本，衔于其中，而缠约之。其射猛兽药箭，则用草乌[5]一味，熬成浓胶，蘸染矢刃。见血一缕，则命即绝，人畜同之。凡弓箭强者，行二百余步；弩箭最强者，五十步而止。即过咫尺，不能穿鲁缟[6]矣。然其行疾则十倍于弓，而入物之深亦倍之。

叶，然后缠好。射猛兽用的药箭，用草乌熬成浓胶，蘸染在箭头上。无论人畜，只要被这箭头刺出一点血就会毙命。强弓射箭可以射二百余步远，而最强的弩箭也只能射五十步远。再远一点，就是丝织品也射不穿了。然而弩箭飞行的速度十倍于弓箭，射入物体的深度也是弓箭的两倍。

难点精讲

④ 谨：潘吉星疑当作“紧”。

⑤ 草乌：毛茛科乌头属草本植物，块根含乌头碱等成分，有毒。

⑥ 鲁缟（gǎo）：鲁地出产的一种白色生绢，以薄细著称。《汉书·韩安国传》：“强弩之末，力不能入鲁缟。”

原文

国朝军器造神臂弩、克敌弩，皆并发二矢、三矢者。又有诸葛弩，其上刻直槽，相承函十矢。其翼取最柔木为之。另安机木，随手扳弦而上，发去一矢，槽中又落下一矢，

译文

本朝军械有神臂弩、克敌弩，都可以同时并发两支、三支箭。又有诸葛弩，上面刻有直槽，可装入十支箭。弩翼用最柔韧的木料制作。另外安装有木制弩机，随手扳机就可以上弦，射出一箭，槽中又落下一箭，又可以扳扣木机上弦发射。结构虽然精

则又扳木上弦而发。机巧虽工，然其力棉[7]甚，所及二十余步而已。此民家妨窃具，非军国器。其山人射猛兽者，名曰窝弩，安顿交迹之衢，机傍引线，俟兽过，带发而射之。一发所获，一兽而已。

巧，但力量小得多，只能射出二十余步远。这是民家防贼的工具，不是兵器。山里人射猛兽用的叫“窝弩”，装在野兽出没的路上，弩机旁边牵线，等野兽路过，触动线就射出箭。不过一箭所获，只是一头野兽而已。

难点精讲

⑦ 棉：陶本作“绵”，当据改。

四、干

原文

凡“干戈[1]”名最古，干与戈相连得名者，后世战卒，短兵驰骑者更用之。盖右手执短刀则左手执干，以蔽敌矢。古者车战[2]之上，则有专司执干，并抵同人之受矢者。若双手执长戈与持戟、槊[3]，则无所用之也。凡干长不过三尺，杞柳[4]织成尺径圈，置于项

译文

“干戈”的名称最古老，干与戈相连而得名，后世战士手持短兵器驰骑作战时也将二者配合使用。右手持短刀，左手持干（盾），抵挡敌箭。古代战车上有专人负责持盾，使同车人免于被箭所伤。如果双手持长戈、戟、槊，就没手拿盾了。盾的长度不过三尺，用杞柳织成直径一尺的圆圈，放在颈部下方，上部有五寸的尖齿，下部装有轻竿可供手持。有一

下，上出五寸，亦锐其端，下则轻竿可执。若盾名中干，则步卒所持，以蔽矢并拒槊者，俗所谓傍牌是也。

种叫“中干”的盾，是步兵所持，用来抵御箭和长矛的，就是俗称的“傍牌”。

难点精讲

① 干戈：干指盾一类的防具，戈为青铜或铁制长柄横刃武器，后以干戈作为武器的统称。

② 菅本注疑“战”后脱一“车”字，则当断句为“古者车战，车之上”。

③ 戟（jǐ）：合戈、矛为一体的长柄兵器。槊（shuò）：长矛。

④ 杞（qǐ）柳：杨柳科柳属灌木，枝条细长柔韧，可用于编织器物。

五、火药料

原文

火药、火器，今时妄想进身博官者，人人张目而道，著书以献，未必尽由试验。然亦粗载数叶，附于卷内。凡火药以消石[①]、硫黄为主，草木灰[②]为辅。消性至阴，硫性至阳，阴阳两神物，相遇于无隙可容之中。其出也，人物膺[③]之，魂散惊而魄齑粉。凡消性主直[④]，直击者消九而硫

译文

现在那些妄想当官的人，张口就说火药、火器，还著书献上以邀功，却未必都试验过。不过还是粗略记载几页，附在本书中。火药以硝石、硫黄为主料，炭粉为辅料。硝石性至阴，硫黄性至阳，这阴阳两种神物在密闭空间中相遇，就会发生爆炸，人与物受到冲击，都会魂飞魄散，甚至粉身碎骨。硝石性主直爆，所以射击火药用九分硝石、一分硫黄。硫黄性主横爆，所以爆破火药用七分硝石、

一。硫性主横[5]，爆击者消七而硫三。其佐使之灰，则青杨、枯杉、桦根、箬叶、蜀葵、毛竹根、茄秸之类，烧使存性，而其中箬叶为最燥也。

三分硫黄。辅助的炭粉，则有青杨、枯杉、桦根、箬叶、蜀葵、毛竹根、茄秸之类，将其烧成炭，其中箬叶烧成的炭最燥烈。

难点精讲

① 消石：即硝石（下文多处“消”同“硝”），成分为硝酸钾（KNO_3）。

② 草木灰：这里指炭粉。

③ 膺（yīng）：接受，承当。

④ 直：发射。据杨维增，硝能加速氧化并使反应完全，所以射击用的火药中硝要多。

⑤ 横：爆破。据杨维增，硫能降低着火点，增加气体发生量，所以爆破用的火药中硫要多。

原文

凡火攻，有毒火、神火、法火、烂火、喷火。毒火以白砒、硇砂[6]为君，金汁、银锈[7]、人粪和制。神火以朱砂、雄黄、雌黄[8]为君。烂火以硼砂、磁末、牙皂、秦椒[9]配合。飞火以朱砂、石黄、轻粉[10]、草乌、巴豆[11]配合。劫营火则

译文

火攻的方法有毒火、神火、法火、烂火、喷火。大致来说，毒火用白砒、硇砂为主料，金汁、银锈、人粪配合制成。神火用朱砂、雄黄、雌黄为主料。烂火用硼砂、瓷末、牙皂、秦椒配合制成。飞火用朱砂、石黄、轻粉、草乌、巴豆配合制成。劫营火则用桐油、松香制成。至于说狼粪烟白天是黑色，晚上是红色，可迎

用桐油、松香。此其大略。其狼粪烟昼黑夜红，迎风直上，与江豚灰能逆风而炽，皆须试见而后详之。

风直上，江豚灰能逆风而燃烧，这些都要经过试验，亲眼验证后才能详细说明。

难点精讲

⑥ 硇（náo）砂：由天然氯化铵（NH_4Cl）组成的矿物，有毒。

⑦ 金汁：据杨维增，指金黄色陈年粪清汁。银锈：炼银时沉在坩埚底部的铜、铅氧化物。

⑧ 朱砂：硫化汞（HgS）。雄黄：又称石黄，四硫化四砷（As_4S_4）。雌黄：三硫化二砷（As_2S_3）。

⑨ 磁末：瓷末。牙皂：豆科皂荚属植物皂荚的荚果。秦椒：花椒，芸香科花椒属植物的子实。

⑩ 轻粉：氯化亚汞（Hg_2Cl_2），有毒。

⑪ 巴豆：大戟科巴豆属乔木的种子，有毒。

六、消石

原文

凡消，华夷皆生，中国则专产西北。若东南贩者，不给官引[①]，则以为私货而罪之。消质与盐同母，大地之下，潮气蒸成，现于地面。近水而土薄者成盐，近山而土厚者成消。以其入水即消镕，故名曰

译文

中外都出产硝石，中国专产于西北。东南一带买卖硝石的商人，如果得不到官方文书，就会以贩卖私货罪论处。硝石与盐性质相近，都在地下产生，潮气蒸发后，出现在地表。近水源而土层薄的形成盐，近山区而土层厚的形成硝。因为硝入水就会溶化，所以称为“硝（消）”。长江、淮

“消”。长淮以北，节过中秋，即居室之中，隔日扫地，可取少许，以供煎炼。凡消三所最多：出蜀中者曰川消，生山西者俗呼盐消，生山东者俗呼土消。

河以北，过了中秋节，在居室中隔日扫地，就能获得少量硝，以供煎炼。硝有三处重要产地：出自四川的叫“川硝”，出自山西的俗称“盐硝”，出自山东的俗称“土硝”。

难点精讲

① 引：证据，凭据。

原文

凡消刮扫取时（墙中亦或迸出），入缸内水浸一宿，秽杂之物，浮于面上，掠取去时，然后入釜，注水煎炼。消化水干，倾于器内，经过一宿，即结成消。其上浮者曰芒消，芒长者曰马牙消（皆从方产本质幻出），其下猥杂者曰朴消[2]。欲去杂还纯，再入水煎炼。入莱菔数枚同煮熟，倾入盆中，经宿结成白雪，则呼盆消。凡制火药，牙消、盆消功用皆同。凡取

译文

刮扫取硝时（墙上有时也会迸出），放入水缸里浸泡一夜，杂质就会浮在水面，将其掠去，剩下的硝放入锅里，加水煎炼。等硝溶化而水蒸干，倒入容器中，经过一夜就结晶成硝。浮在上面的叫“芒硝”，芒长的叫“马牙硝”（都因各地出产不同而有变化），下面杂质较多的叫“朴硝”。要将其提纯，还得再放入水中煎炼。加入几个萝卜一起煮，倒入盆中，经过一夜就结成白色晶体，称为“盆硝”。制火药，牙硝、盆硝的功用都一样。取硝制药，用量少的就用新瓦烘焙，用量多的就用土锅烘焙，潮气一干，

消制药，少者用新瓦焙，多者用土釜焙，潮气一干，即取研末。凡研消，不以铁碾入石臼，相激火生，则祸不可测。凡消配定何药分两，入黄同研，木灰则从后增入。凡消既焙之后，经久潮性复生。使用巨炮，多从临期装载也。

就可以取出研磨成粉末。研磨硝石，不能用铁碾在石臼里磨，因为如果摩擦时产生火星，就非常危险了。根据不同火药的配方确定用硝的分量，然后加入一定量的硫黄研磨，之后再加入炭粉。硝经过烘焙后，时间长了又会受潮气影响。所以大炮用的火药，多是临时现装的。

难点精讲

② 芒消、马牙消、朴消：三者都是十水硫酸钠（$Na_2SO_4 \cdot 10H_2O$），只是精粗不同，但都不是制作火药的硝（KNO_3 或 $NaNO_3$）。

七、硫黄（详见《燔石》卷）

原文

凡硫黄配消，而后火药成声。北狄无黄之国，空繁消产，故中国有严禁。凡燃炮，捻消与木灰为引线，黄不入内，入黄即不透关[①]。凡碾黄难碎，每黄一两，和消一钱同碾，则立成微尘细末也。

译文

硫黄配上硝石，才能造出火药燃爆。北方少数民族地区不产硫黄，出产很多硝也没用，所以中国严禁贩卖硫黄。点燃大炮，要将硝石与炭粉混合，捻成引线，不能加入硫黄，加入硫黄就没法导火了。遇到难以碾碎的硫黄，每一两硫黄配上一钱硝石一起碾，立刻就能碾成粉末。

难点精讲

① 透关：过关，指导火。

八、火器

原文

西洋炮：熟铜铸就，圆形若铜鼓。引放时，半里之内，人马受惊死。（平地爇引[①]，炮有关捩，前行遇坎方止。点引之人，反走坠入深坑内，炮声在高头，放者方不丧命。）红夷炮[②]：铸铁为之，身长丈许，用以守城。中藏铁弹，并火药数斗，飞激二里，膺其锋者为齑粉。凡炮爇引内灼时，先往后坐千钧力，其位须墙抵住，墙崩者其常。

译文

西洋炮：用熟铜铸成，呈铜鼓一样的圆形。发射时，半里之内的人马都会受惊而死。（在平地点火开炮，要先转动炮身，将其移到旁边有坑的地方停下。炮手点火后，反向跑并跳入深坑中，炮在上面高处爆发，炮手才不会丧命。）红夷炮：用铁铸成，身长一丈左右，用来守城。其中藏有几斗的铁丸和火药，射程达二里，被其击中就会粉碎。大炮引爆时，有千钧的后坐力，所以放炮的地方需要有墙顶住，经常会把墙崩塌。

难点精讲

① 爇（ruò）引：点燃引信。

② 红夷炮：据《明史·兵志四》，红夷大炮于万历年间从荷兰传入中国。

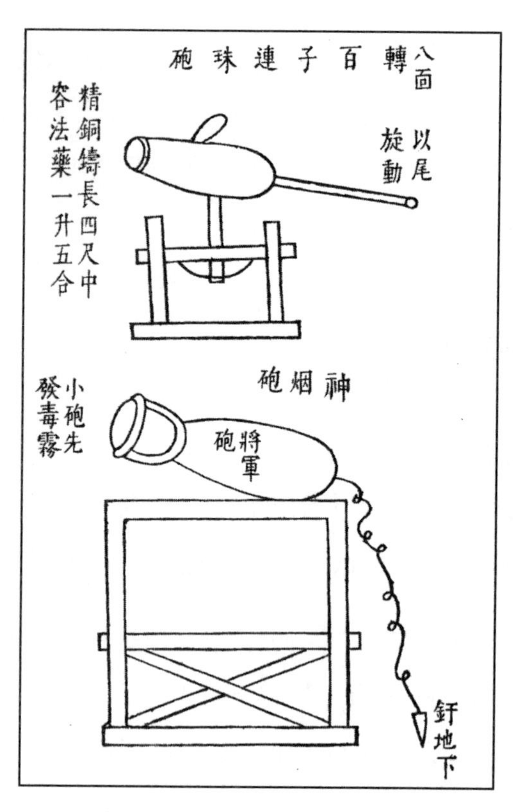

图 103　百子连珠炮、将军炮

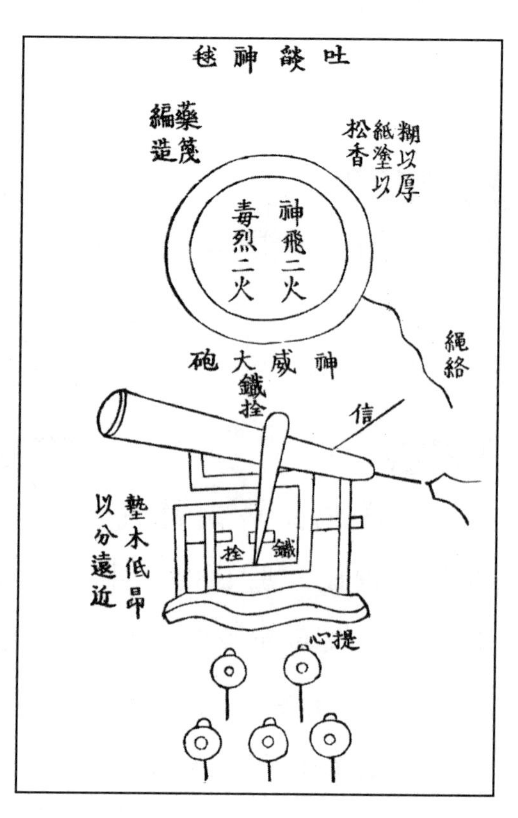

图 104　神威大炮

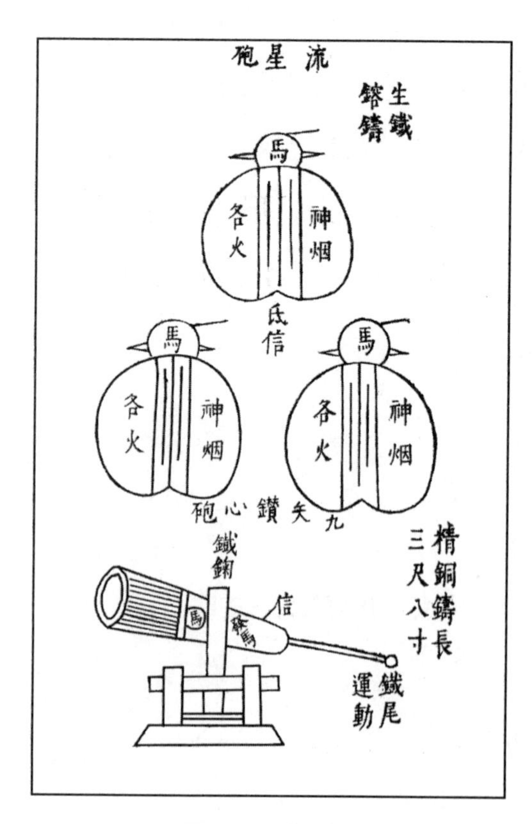

图 105　流星炮

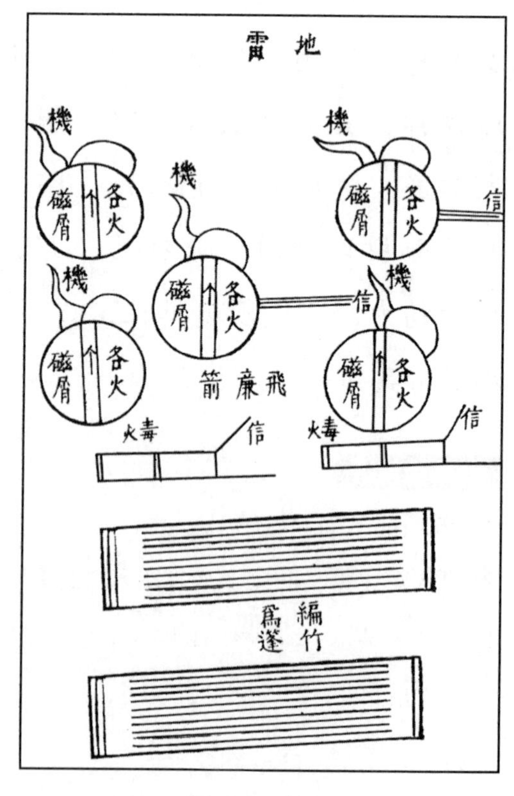

图 106　地雷

原文

大将军、二将军（即红夷之次，在中国为巨物）、佛郎机[3]（水战舟头用）、三眼铳、百子连珠炮。

译文

大将军炮、二将军炮（比红夷炮小一点，在中国是巨型炮）、佛郎机炮（用于水战，装在船上）、三管枪、百子连珠炮。

难点精讲

③ 佛郎机：据茅元仪《武备志》卷一一二，佛郎机炮于正德年间从西班牙或葡萄牙传入中国。

原文

地雷：埋伏土中，竹管通引，冲土起击，其身从其炸裂。所谓横击，用黄多者。（引线用矾油，炮口覆以盆。）

译文

地雷：埋在土里，用竹管穿引线，引爆时冲开地面而爆炸，雷身也一同炸裂。这就是所谓的横向燃爆，用硫黄比较多。（引线用矾油，炮口盖上盆。）

原文

混江龙[4]：漆固皮囊果炮，沉于水底，岸上带索引机。囊中悬吊火石、火镰[5]，索机一动，其中自发。敌舟行过，遇之则败。然此终痴物也。

译文

混江龙：将弹药用皮口袋包裹好，外面涂上漆密封，沉在水底，岸上用绳牵引到机关上。皮口袋中装有火石、火镰，用绳子牵动机关，就会自动爆炸。敌人战船行过，遇到就会被炸坏。然而这终究是个笨重的东西。

难点精讲

④ 混江龙：这里是指一种水雷。

⑤ 火石：取火用的燧石。火镰：钢制镰刀形用具，用来击打火石使产生火花。

原文

鸟铳：凡鸟铳[6]长约三尺，铁管载药，嵌盛木棍之中，以便手握。凡锤鸟铳，先以铁挺[7]一条大如箸者为冷骨，果红铁锤成。先为三接，接口炽红，竭力撞合。合后以四棱钢锥如箸大者，透转其中，使极光净，则发药无阻滞。其本近身处，管亦大于末，所以容受火药。每铳约载配消一钱二分，铅铁弹子二钱。发药不用信引（岭南制度，有用引者），孔口通内处露消分厘，搥熟苎麻点火。左手握铳对敌，右手发铁机，逼苎火于消上，则一发而去。鸟雀遇于三十步内者，羽肉皆粉碎，

译文

鸟铳：鸟铳长约三尺，用铁管装填弹药，后面嵌在木棍中，以便手握。锤制鸟铳时，先用一条大小像筷子一样粗的铁条作为模骨，外面裹上烧红的铁，锤打而成。先做三段，把接口烧红，竭力捶打而使其接合。接合后，用像筷子一样大的四棱钢锥在其中来回旋转，使其内部变得非常光滑，发射弹药时才不会受阻。末端接近发射者的地方，铁管比较粗，以便装填火药。每铳约装一钱二分的硝，二钱的铅铁弹子。发射时不用引信（岭南的鸟铳有时使用引信），通向铁管内部的孔口露出一点硝，用捶烂的苎麻点火。左手握着鸟铳对准目标，右手扳动开关，使苎麻上的火引燃到硝上，一下就发射出去了。三十步以内中弹的鸟雀，会被打个粉碎，五十步以外被击中的才能保持完形，要是

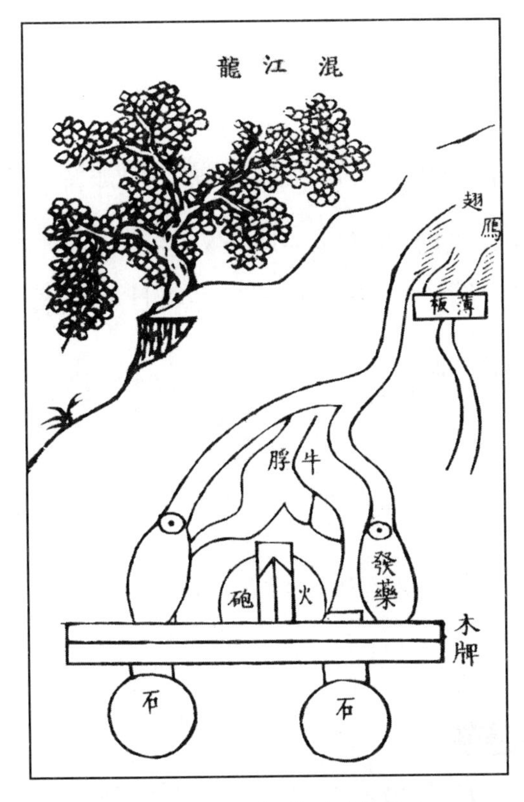

图 107　混江龙（水雷）

图 108　鸟铳

图 109　万人敌（地滚式炸弹）

五十步外方有完形，若百步则铳力竭矣。鸟枪行远过二百步，制方仿佛鸟铳，而身长药多，亦皆倍此也。

百步以外，鸟铳的射程就不足了。鸟枪的射程能超过二百步，形制类似鸟铳，但枪身长、弹药多，都比鸟铳要高出一倍。

难点精讲

⑥ 铳（chòng）：用火药发射弹丸的管形火器。

⑦ 铁挺：铁棍，铁条。

原文

万人敌[8]：凡外郡小邑，乘城却敌，有炮力不具者，即有空悬火炮而痴重难使者，则万人敌近制随宜可用，不必拘执一方也。盖消、黄火力所射，千军万马立时糜烂。其法用宿干空中泥团，上留小眼，筑实消、黄火药，参入毒火、神火，由人变通增损。贯药安信而后，外以木架匡围，或有即用木桶而塑泥实其内郭者，其义亦同。若泥团必用木匡，

译文

万人敌：外地的小城要登城御敌，有的地方没有火炮，有的地方虽有火炮，但笨重不便于使用，就可以根据具体情况，使用近来发明的万人敌，不必拘于一种方法。其中硝石、硫黄产生的火力，可以把千军万马都立刻炸烂。制作方法是，用干燥而中空的大泥团，上面留有小眼，里面填装硝石、硫黄火药，掺入毒火、神火，用量由人灵活掌握。填好火药，安装引信后，外面用木架框起来，也有的用内部糊上泥的木桶装火药，道理也一样。如果是泥团，必须用木框框起来，防止其在投掷时就碎了。敌

所以妨掷投先碎也。敌攻城时，燃灼引信，抛掷城下。火力出腾，八面旋转。旋向内时，则城墙抵住，不伤我兵。旋向外时，则敌人马皆无幸。此为守城第一器。而能通火药之性、火器之方者，聪明由人。作者不上十年，守土者留心可也。

人攻城时，点燃引信，抛掷到城下。万人敌中就喷出火焰，八面旋转。旋转中火力朝内时，有城墙抵御火势，不会伤及我方士兵。旋转中火力朝外时，敌军的人马都无法幸免。这是守城第一利器。而通晓火药特性与制作火器方法的人，都可以发挥自己的聪明才智。这些武器发明出来还不到十年，守卫疆土的将士们可以留心多关注。

难点精讲

⑧ 万人敌：一种地滚式炸弹。

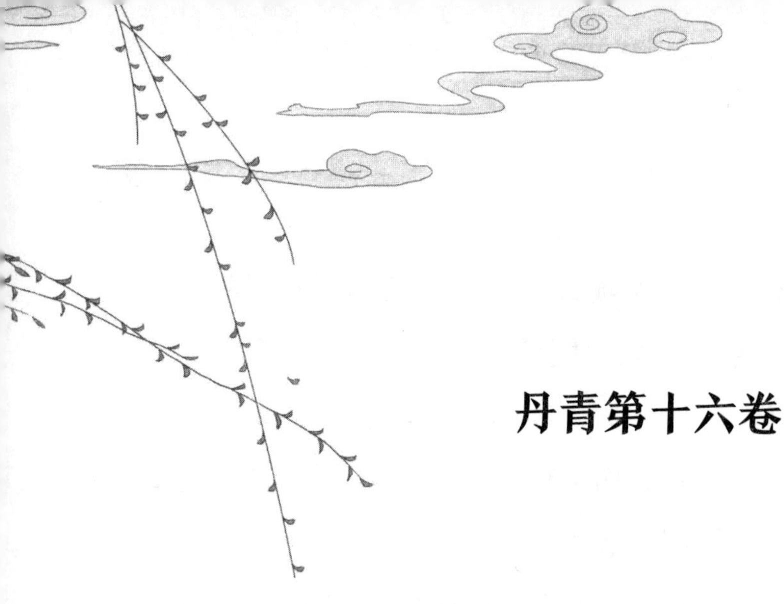

丹青第十六卷

一、宋子曰

原文

斯文[1]千古之不坠也，注玄尚白[2]，其功孰与京哉？离[3]火红而至黑孕其中，水银白而至红呈其变。造化炉锤，思议何所容也！五章[4]遥降，朱临墨而大号彰；万卷横披，墨得朱而天章焕。文房异宝，珠玉何为？至画工肖象万物，或取本姿，或从配合，而色色咸备焉。夫亦依坎附离[5]，而共呈五行变态，非至神孰能与于斯哉？

译文

宋子说：文化千古不灭的原因，在于有纸墨文字的记载，还有什么功绩能比这更大呢？火是红色的，而墨烟的黑色就诞生于其中，水银是白色的，而朱砂的红色却由其变化而来。大自然的熔炉与锤炼造化，多么不可思议啊！朝廷降下五色笺诏，御笔朱批而使政令彰显；万卷书籍翻开，墨字因朱笔的圈点而使佳作更加文采焕发。文房自有异宝，珠玉有什么用呢？至于画工描绘万物，或者取本来的色彩，或者将颜色搭配使用，而各种色彩都能齐备。这些也是依靠水与火的相互作用，呈现于五行的变化之中，若不是自然的造化之力，如何能实现呢？

难点精讲

① 斯文：原指周代礼乐制度，后泛指文化。

② 注玄尚白：指白纸黑字的文字记载。

③ 离：八卦之一，卦形为“☲”，象征火。

④ 五章：指青、黄、赤、白、黑五色，潘吉星与薛凤皆认为是指朝廷降下的五色笺敕诏。

⑤ 依坎附离：坎亦为八卦之一，卦形为“☵”，象征水。依坎附离指依靠水火的相互作用。

二、朱

原文

凡朱砂、水银、银朱，原同一物[①]，所以异名者，由精粗老嫩而分也。上好朱砂出辰、锦[②]（今名麻阳）与西川者，中即孕汞[③]，然不以升炼。盖光明、箭镞、镜面等砂，其价重于水银三倍，故择出为朱砂货鬻。若以升水[④]，反降贱值。唯粗次朱砂，方以升炼水银，而水银又升银朱也。

译文

朱砂、水银、银朱本是同一种东西，之所以叫法不同，是因为有精与粗、老与嫩的分别。上好的朱砂出产于辰州、锦州（今名麻阳）与西川，其中就含有汞，但并不用来提炼汞。因为光明砂、箭镞砂、镜面砂等，其价值比水银贵重三倍，所以挑出来作为朱砂贩卖。如果用来提炼水银，反而降低了价值。唯有粗质的次等朱砂，才用来提炼水银，再用水银炼成银朱。

难点精讲

① 原同一物：朱砂与银朱都是硫化汞（HgS），水银则是汞（Hg），并不相同。

② 辰：今湖南省沅陵县。锦：今湖南省麻阳苗族自治县。

③ 汞：水银。

④ 水：水银。

原文

凡朱砂上品者，穴土十余丈乃得之。始见其苗，磊然白石，谓之朱砂床。近床之砂，有如鸡子大者。其次砂不入药，只为研供画用，与升炼水银者。其苗不必白石，其深数丈即得。外床或杂青黄石，或间沙土，土中孕满，则其外沙石多自折裂。此种砂，贵州思、印[5]、铜仁等地最繁，而商州、秦州[6]出亦广也。凡次砂取来，其通坑色带白嫩者，则不以研朱，尽以升汞。若砂质即嫩而烁，视欲丹者，则取来时，入巨铁碾槽中，轧碎如微尘，然后入缸，注清水澄浸。过三日夜，跌取其上浮者，倾入别缸，名曰二朱。其下沉结者，晒干即名头朱也。

译文

上品朱砂，向地下挖十几丈才能挖掘出来。先发现矿苗，是一堆白石，称为“朱砂床”。邻近朱砂床的地方有一些像鸡蛋大小的朱砂。次等朱砂不能入药，只用来研磨后绘画或者提炼水银。这种朱砂的矿苗不一定是白石，挖土几丈就能获得。朱砂床外围有时掺杂着青黄色石块，有时混有沙土，若土中充满了朱砂，则以外围的砂石大多自行裂开。这种朱砂，贵州思南、印江、铜仁等地产量最大，陕西商洛、甘肃天水出产也很多。取次等朱砂时，如果整个坑中都是颜色白的尚嫩的矿石，就不用来研磨朱砂，全部用来提炼水银。如果砂质嫩但有红光闪烁，则取来放入大型铁碾槽中碾碎成粉，然后放入缸中，加水澄洗浸泡。经过三天三夜，把浮在上面的晃荡着倒入别的缸里，称为“二朱”。沉在下面的，晒干后称为“头朱”。

难点精讲

⑤ 思：思南府，今贵州省思南县。印：今贵州省印江土家族苗族自治县。

⑥ 商州：今陕西省商洛市。秦州：今甘肃省天水市。

原文

凡升水银，或用嫩白次砂，或用缸中跌出浮面二朱，水和搓成大盘条，每三十斤入一釜内升汞，其下炭质亦用三十斤。凡升汞[7]，上盖一釜，釜当中留一小孔，釜傍盐泥紧固。釜上用铁打成一曲弓溜管，其管用麻绳密缠通稍，仍用盐泥涂固。煅火之时，曲溜一头，插入釜中通气（插处一丝固密），一头以中罐注水两瓶，插曲溜尾于内，釜中之气，达于罐中之水而止。共煅五个时辰，其中砂末尽化成汞，布于满釜。冷定一日，取出扫下。此最妙玄，化全部天机也。（《本草》[8]胡乱注："凿地一孔，放碗一个盛水"。）

译文

提炼水银，或用嫩的白色次等朱砂，或用缸中倒出的浮在上面的二朱，加入水，搓成粗条，每个铁锅里加入三十斤朱砂，下面用三十斤炭加热。提炼水银时，上面盖上一个铁锅，锅底中间留出一个小孔，锅旁边用盐泥封闭严实。锅上有用铁打成的一根弯曲的蒸馏管，该管通体用麻绳密缠，也用盐泥封闭严实。点火加热时，弯管的一头插入铁锅中通气（插入的位置密封好），另一头插入灌了两瓶水的罐子中，锅里蒸发出来的气体，通到罐子中的水里就冷凝了。一共要炼五个时辰，其中的朱砂粉都变成水银，布满于整个锅中。冷却一天，取出扫下。这种方法最为玄妙，蕴含着全部自然规律。（《本草纲目》说"在地上凿一个孔，放一个碗盛水"，是胡乱注。）

难点精讲

⑦ 升汞：提炼水银的过程包括两个主要步骤，一是硫化汞受热分解为汞与硫，二是硫的蒸馏。之所以另一端用水封，是为了隔绝空气，防止汞被氧化，同时防止汞蒸气溢出，导致中毒。

⑧ 《本草》：指《本草纲目》卷九“水银”条引元人胡演《丹药秘诀》之说，其实并非乱注。

原文

凡将水银再升朱用，故名曰银朱。其法或用磬口[9]泥罐，或用上下釜。每水银一斤入石亭脂[10]（即硫黄制造者）二斤，同研不见星，炒作青砂头，装于罐内。上用铁盏盖定，盏上压一铁尺。铁线兜底捆缚，盐泥固济口缝，下用三钉插地，鼎足盛罐。打火三炷香久，频以废笔蘸水擦盏，则银自成粉，贴于罐上，其贴口者朱更鲜华。冷定揭出，刮扫取用。其石亭脂沉下罐底，可取再用也。每升水银一斤[11]，得朱十四两，次朱三两五钱，出数借硫质而生。

译文

水银可以再炼成朱砂，称为“银朱”。炼制的方法，或用敞口的泥罐，或用一上一下两口锅。每斤水银加入两斤石亭脂（是硫黄制成的），一起研磨，直到看不见零星的水银珠，用火炒成青黑色，装在罐子里。上面用铁盘盖好，铁盘上压一根铁尺。用铁线兜底捆好，再用盐泥密封缝隙，下面用三根铁棒插在地上，鼎足撑起罐子。点火烧三炷香的时间，频繁地用废毛笔蘸水擦拭铁盘，水银自然化成粉末，贴在罐子上，贴在罐口部位的朱砂更为鲜艳。冷却后打开，刮扫取出使用。沉在罐底的石亭脂还能再用。每斤水银能炼成十四两朱砂，三两五钱次等朱砂，多出来的重量是硫产生的。

图 110　研朱砂、澄朱砂

图 111　升炼水银（从朱砂升炼出水银）

图 112　银复生朱（从水银再升炼出银朱）

难点精讲

⑨ 磬（qìng）口：开口，敞口。

⑩ 石亭脂：天然硫黄。

⑪ 斤：相当于十六两。

原文

凡升朱与研朱，功用亦相仿。若皇家、贵家画彩，则即同[12]辰、锦丹砂研成者，不用此朱也。凡朱，文房胶成条块，石砚则显，若磨于锡砚之上，则立成皂汁[13]。即漆工以鲜物彩，唯入桐油调则显，入漆亦晦也。凡水银与朱更无他出，其汞海、草汞之说，无端狂妄，耳食[14]者信之。若水银已升朱，则不可复还为汞[15]，所谓造化之巧已尽也。

译文

提炼的朱砂与天然的朱砂，功能上差不多。如果是皇家、富贵人家用的颜料，则用辰州、锦州的朱砂研磨成粉，不用这种银朱。文房里使用的朱砂，是用胶凝成的条块，在石砚里研磨，就显出红色，如果在锡砚上研磨，马上就变成黑色。漆工用来给器物漆鲜红色，只有加入桐油调和才能显红色，用漆调也会变暗。水银与朱砂再没有别的办法制备，说有什么汞海、草汞之类的，都是无端之说，只有轻信的人才会相信。如果水银已经炼为银朱，就无法再还原成汞，自然造化的巧妙到此为止了。

难点精讲

⑫ 同：菅本、陶本作“用”，当据改。

⑬ 皂汁：黑色汁液。朱砂在锡砚上研磨，会生成褐色的硫化亚锡（SnS）。

⑭ 耳食：轻信别人的话。

⑮ 不可复还为汞：实际上，银朱可以还原成汞，上述升炼水银的过程，就是硫化汞分解，形成汞的反应。

三、墨

原文

凡墨，烧烟凝质而为之。取桐油、清油、猪油烟为者，居十之一；取松烟为者，居十之九。凡造贵重墨者，国朝推重徽郡人。或以载油之艰，遣人僦居[1]荆、襄、辰[2]、沅，就其贱值桐油点烟而归。其墨他日登于纸上，日影横射，有红光者，则以紫草[3]汁浸染灯心而燃炷者也。凡爇油取烟，每油一斤，得上烟一两余。手力捷疾者，一人供事灯盏二百付。若刮取怠缓则烟老，火燃质料并丧也。其余寻常用墨，则先将松树流去胶香，然后伐木。凡松香有一毛未净尽，其烟造墨，终有滓结不解之病。凡松树流去香，木根凿一小孔，炷灯缓炙，则通身膏液就暖，倾流而出也。

译文

墨是物质燃烧产生的烟灰凝聚而形成的。取桐油、清油、猪油烟灰制墨的，占十分之一；取松木烟灰制墨的，占十分之九。制造贵重的墨，本朝首推徽州。有的制造商因为油料不便运输，就派人租住在荆州、襄阳、辰溪、沅陵，将当地廉价的桐油烧成烟灰带回来制墨。日后这种墨写在纸上，日光照射下可发出红光，是因为用紫草汁浸染灯芯后点灯来烧成的烟灰。烧油取烟灰，每斤油能获得上等烟灰一两多。手快的人，一人可以处理两百盏灯。如果刮取得慢了，烟烧过了头，就会白白浪费燃料。其余一般的墨，是先让松树流去松脂，然后砍伐。松脂只要有一点没流尽，用烟灰造墨时就会有渣滓。要让松树流去松脂，就在树根处凿一个小孔，点灯慢慢烤，松树全身的树脂就会受热而融化流出。

图 113　燃扫清烟

图 114　取流松液、烧取松烟

难点精讲

① 僦（jiù）居：租屋而居。

② 辰：今湖南省辰溪县。

③ 紫草：紫草科紫草属草本植物，根部可为紫色染料。

原文

凡烧松烟，伐松斩成尺寸。鞠篾为圆屋，如舟中雨篷式，接连十余丈。内外与接口皆以纸及席糊固完成。隔位数节，小孔出烟，其下掩土砌砖，先为通烟道路。燃薪数日，歇冷入中扫刮。凡烧松烟，放火通烟，自头彻尾。靠尾一二节者为清烟，取入佳墨为料。中节者为混烟，取为时墨料。若近头一二节，只刮取为烟子，货卖刷印书文家，仍取研细用之。其余则供漆工、垩工之涂玄者。凡松烟造墨，入水久浸，以浮沉分清悫[4]。其和胶之后，以捶敲多寡分脆坚。其增入珍料

译文

烧松木烟灰时，把松树砍下截成一定尺寸。用竹片编成圆拱形的棚屋，就像船上的雨篷一样，一个个棚接连起来有十余丈。内外和接口处都糊上纸与席子来加固。隔一段距离就留一个小孔出烟，棚接地面处盖上土，棚内砌好砖，铺好烟道。点火让松木在里面燃烧几天，冷却后到棚中扫刮取烟灰。烧松木烟灰时，烟从棚头通到棚尾。靠尾部一两节的称为“清烟”，是上好的制墨材料。中节的称为“混烟”，也可取为普通制墨料。靠近头部一两节的，称为“烟子”，只能刮取卖给印刷书籍的人，仍要研细使用。其余的可以供漆工、粉刷工涂黑色使用。用松木烟灰造墨，要将烟灰放入水中长时间浸泡，通过烟灰的浮沉区分精粗。调和胶质后，通过捶打的次数多少区分坚脆。至于加入

与潋金、衔麝，则松烟、油烟增减听人。其余《墨经》《墨谱》[5]，博物者自详，此不过粗纪质料原因而已。

珍贵的材料与烫上金字、嵌入麝香，则松木烟灰、油烟灰可以由人增减。其余的事情，《墨经》《墨谱》都有记载，想考察事物的人可以自己详览，这里不过粗略记录制墨的原料和方法而已。

难点精讲

④ 悫（què）：粗厚。

⑤ 《墨经》：宋人晁贯之著。《墨谱》：宋人李孝美著。皆为论述制墨之书。

四、附

原文

胡粉（至白色，详《五金》卷）。

黄丹[1]（红黄色，详《五金》卷）。

淀花（至蓝色，详《彰施》卷）。

紫粉（缥红[2]色，责[3]重者用胡粉、银朱对和，粗者用染家红花滓汁为之）。

大青[4]（至青色，详《珠玉》卷）。

译文

胡粉（纯白色，详见《五金》卷）。

黄丹（红黄色，详见《五金》卷）。

靛花（纯蓝色，详见《彰施》卷）。

紫粉（粉红色，贵重的用胡粉、银朱调和，粗劣的用染坊的红花滓汁代替）。

大青（深蓝色，详见《珠玉》卷）。

铜绿[5]（至绿色，黄铜打成板片，醋涂其上，果藏糠内，微借暖火气，逐日刮取）。

铜绿（深绿色，将黄铜打成片，涂上醋，包藏在米糠里，稍微加热，逐日刮取）。

石绿[6]（详《珠玉》卷）。

石绿（详见《珠玉》卷）。

代赭石[7]（殷红色，处处山中有之，以代郡[8]者为最佳）。

代赭石（殷红色，各处的山里都有，以山西代县的最佳）。

石黄[9]（中黄色，外紫色，石皮内黄，一名石中黄子）。

石黄（中间是黄色，外层是紫色，因为石皮里是黄色，又叫“石中黄子”）。

难点精讲

① 黄丹：即铅丹，四氧化三铅（Pb_3O_4）。

② 赪（zhěn）红：粉红。

③ 责：杨本、菅本、陶本作“贵”，当据改。

④ 大青：蓝铜矿，即碱式碳酸铜［$CuCO_3 \cdot Cu(OH)_2$］。

⑤ 铜绿：主要成分也是碱式碳酸铜。

⑥ 石绿：即孔雀石，人工加工后的碱式碳酸铜。

⑦ 代赭石：赭石，即赤铁矿，主要含三氧化二铁（Fe_2O_3）。

⑧ 代郡：今山西省代县。

⑨ 石黄：雄黄，四硫化四砷（As_4S_4）。

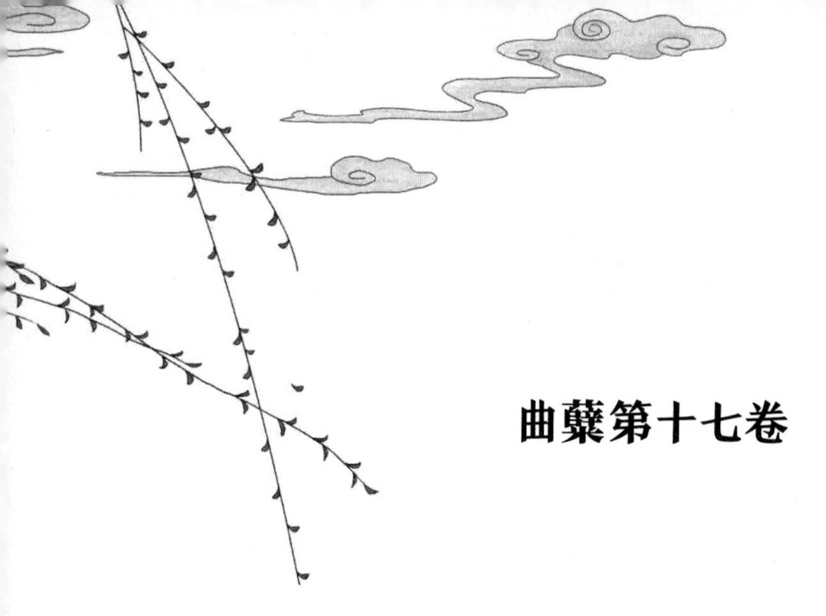

曲蘖第十七卷

一、宋子曰

原文

狱讼日繁，酒流生祸，其源则何辜？祀天追远，沉吟《商颂》《周雅》之间，若作酒醴[①]之资曲蘖[②]也，殆圣作而明述矣。惟是五谷菁华变幻，得水而凝，感风而化，供用岐黄[③]者神其名，而坚固食羞[④]者丹其色。君臣自古配合日新，眉寿[⑤]介[⑥]而宿痼[⑦]怯，其功不可殚述。自非炎黄作祖，末流聪明，乌能竟其方术哉？

译文

宋子说：诉讼越来越多，很多是喝酒惹的祸，然而酒在起源上又有什么罪过呢？祭祀上天与先祖，吟唱《商颂》与《大雅》《小雅》中的诗歌，在仪式上需要用到酒，就得依靠曲蘖，圣贤的经典中已经说得很明白了。五谷的精华，通过水与风的作用，变幻为酒曲，用于医药的就是神曲，而保持食物美味的就是丹曲。酒的配方不断更新，可使人延年益寿而医治顽疾，其功劳说不完。如果没有炎帝、黄帝的发明，没有后代人的聪明才智，又如何能有这样完善的技术呢？

难点精讲

① 醴（lǐ）：甜酒。

② 曲蘖（qǔ niè）：酿酒的原料。曲中含有根霉、酵母菌等。蘖指麦芽，含有糖化酶。

③ 岐黄：岐伯和黄帝，相传为医家之祖，后借指医药。

④ 羞：同“馐”，美食。

⑤ 眉寿：长寿。

⑥ 介：祈求。

⑦ 宿痼（gù）：经久难治的病。

二、酒母

原文

凡酿酒，必资曲药成信。无曲即佳米珍黍，空造不成。古来曲造酒，蘖造醴，后世厌醴味薄，遂至失传，则并蘖法亦亡。凡曲，麦、米、面随方土造，南北不同，其义则一。凡麦曲，大、小麦皆可用。造者将麦连皮井水淘净，晒干，时宜盛暑天。磨碎，即以淘麦水和作块，用楮叶包扎，悬风处，或用稻秸罨黄[①]，经四十九日取

译文

酿酒必须有酒曲作为引子。没有酒曲，即便有再好的粮食也造不成酒。古来用曲造酒，用蘖造甜酒，后世嫌弃甜酒味淡，其制作技术就失传了，连带制作蘖的方法也失传了。酒曲可以用麦、米、面制作，南北做法不同，而道理相同。麦曲用大麦、小麦制作皆可。最好在盛夏时，将麦子连皮用井水淘洗干净，晒干。磨碎后，调和淘麦水做成团块，用楮叶包扎起来，悬挂在通风的地方，或用稻草掩盖，使其生出黄毛，经过四十九天就可以取用了。制作面曲，用五斤

用。造面曲，用白面五斤、黄豆五升，以蓼汁[2]煮烂，再用辣蓼末五两、杏仁泥十两，和踏成饼，楮叶包悬，与稻秸罨黄，法亦同前。其用糯米粉与自然蓼汁溲和成饼，生黄收[3]用者，罨法与时日，亦无不同也。其入诸般君臣与草药，少者数味，多者百味，则各土各法，亦不可殚述。近代燕京则以薏苡[4]仁为君，入曲造薏酒。浙中宁、绍则以绿豆为君，入曲造豆酒。二酒颇擅天下佳雄（别载《酒经》[5]）。

白面、五升黄豆，加蓼汁煮烂，再加入五两辣蓼末、十两杏仁泥，混合踏压成饼，用楮叶包起来悬挂，或用稻草掩盖，使其生出黄毛，同前一样。用糯米粉加入蓼的原汁浸泡，做成饼，生出黄毛后收取，掩盖的方法与时间，也和前面一样。至于将酒曲加入各种主料、辅料与草药酿酒，少的加几种，多的加上百种，各地有各地的做法，也不能详尽列举。近来北京用薏仁米为主料，放入酒曲制作薏酒。浙江宁波、绍兴用绿豆作主料，加入酒曲制作豆酒。这两种酒天下闻名（在《酒经》中也有记载）。

难点精讲

① 罨黄：这里指用稻草掩盖保温，使麦子发酵，产生霉菌的黄色孢子。

② 蓼汁：蓼汁呈酸性，具有抑制杂菌、促进霉菌生长的作用。

③ 收：杨本作“取”。

④ 薏苡（yì yǐ）：禾本科薏苡属草本植物，仁白色，可作粥饭，并可入药。

⑤ 《酒经》：据潘吉星与杨维增，或为宋人朱翼中撰《北山酒经》。

原文

凡造酒母家，生黄未足，视候不勤，盥拭不洁，则疵药数丸，动辄败人石米。故市曲之家，必信著名闻，而后不负酿者。凡燕、齐黄酒，曲药多从淮郡造成，载于舟车北市。南方曲酒，酿出即成红色者，用曲与淮郡所造相同，统名大曲。但淮郡市者打成砖片，而南方则用饼团。其曲一味，蓼身为气脉[⑥]，而米、麦为质料，但必用已成曲、酒糟为媒合。此糟不知相承起自何代，犹之烧矾之必用旧矾滓云。

译文

造酒曲的人家，如果酒曲中霉菌生长不足，检查得不勤快，手洗得不干净，那么几颗劣质的曲药就要败坏人家整石的粮食。所以卖酒曲的人家必须讲信用、有声望，才不会辜负了酿酒的人。河北、山东的黄酒，酒曲多是淮安出产的，通过车船运载到北方出售。南方的曲酒，酿出后就是红色的，所用酒曲与淮安造的相同，统称“大曲”。但是淮安出售酒曲者将曲打成砖块形，而南方则做成饼团。酒曲中，蓼粉为气脉，而米、麦是质料，但是必须用已做好的酒曲、酒糟作为媒介。这种酒糟不知是从什么时代传下来的，就像烧矾必须用旧的矾渣一样。

难点精讲

⑥ 蓼身为气脉：加入蓼粉可以增加通气性，便于酵母菌生长。

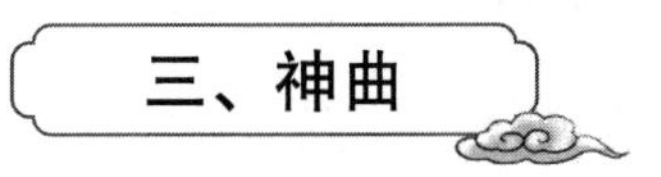

三、神曲

原文

凡造神曲[①]，所以入

译文

制作神曲是用于入药，是医生所

药，乃医家别于酒母者。法起唐时，其曲不通酿用也。造者专用白面，每百斤入青蒿自然汁，马蓼、苍耳[2]自然汁，相和作饼，麻叶或楮叶包罨，如造酱黄法。待生黄衣，即晒收之。其用他药配合，则听好医者增入，苦无定方也。

用的有别于一般酒曲的东西。造法始于唐代，这种曲不能用于酿其他酒。造神曲只能用白面，每百斤加入青蒿原汁与马蓼、苍耳原汁，混合起来制作成饼，用麻叶或楮叶包盖好，就像造豆酱的黄曲一样。等长出黄毛后，就晒干收取。至于与其他药物的配合，就由医生加入，没有固定的配方。

难点精讲

① 神曲：酿药酒用的酒曲。本节取自《本草纲目》卷二五“神曲”条引叶梦得《水云录》，有删节。

② 苍耳：菊科苍耳属草本植物，果实可入药。

四、丹曲

原文

凡丹曲[1]一种，法出近代。其义臭腐神奇，其法气精变化。世间鱼肉，最朽腐物，而此物薄施涂抹，能固其质于炎暑之中，经历旬日，蛆蝇不敢近，色味不离初，盖奇药也。

译文

制作丹曲的方法是近来发明的。其具有化腐朽为神奇的力量，方法在于气与米的变化。世间的鱼和肉是最容易腐烂的东西，而将丹曲稍涂上一层，就能在炎夏中起到防腐的作用，经过十天，蛆蝇都不敢接近，色泽、味道都保持原样，真是奇药。

难点精讲

① 丹曲：由大米培养的红曲霉制成，红曲霉素具有健胃消食、防腐等功效。

原文

凡造法，用籼稻米，不拘早晚，舂杵极其精细，水浸一七日，其气臭恶不可闻，则取入长流河水漂净（必用山河流水，大江者不可用）。漂后恶臭犹不可解，入甑蒸饭则转成香气，其香芬甚。凡蒸此米成饭，初一蒸，半生即止，不及其熟。出离釜中，以冷水一沃，气冷再蒸，则令极熟矣。熟后，数石共积一堆拌信。

译文

制作丹曲的方法是用籼稻米，早稻、晚稻都可以，将其舂捣到极精细，用水浸泡七天，待其气味臭不可闻时，将其放入流动的河水中漂洗干净（必须用山河流水，不能用大江水）。漂洗后恶臭依然无法驱散，但放入甑中蒸饭，就转为非常好闻的香气。用这种米蒸饭，最初的一次蒸，蒸到半生不熟就要停下。从锅里取出，用冷水冲一下，放冷了再蒸，这次蒸到全熟。蒸熟后，将数石米饭堆成一堆，拌上曲种。

原文

凡曲信，必用绝佳红酒糟为料，每糟一斗，入马蓼自然汁三升，明矾水[②]和化。每曲饭一石，入信二斤，乘饭热时，数人捷手拌匀，初热拌至冷。候

译文

曲种必须用绝佳的红酒糟为原料，每斗红酒糟，加入三升马蓼原汁，调入明矾水。每一石曲饭放入两斤曲种，趁着饭还热，多人快速拌匀，由热饭拌成冷饭。等曲种拌入饭内，时间长了又会稍微升温，就说

图 115　长流漂米

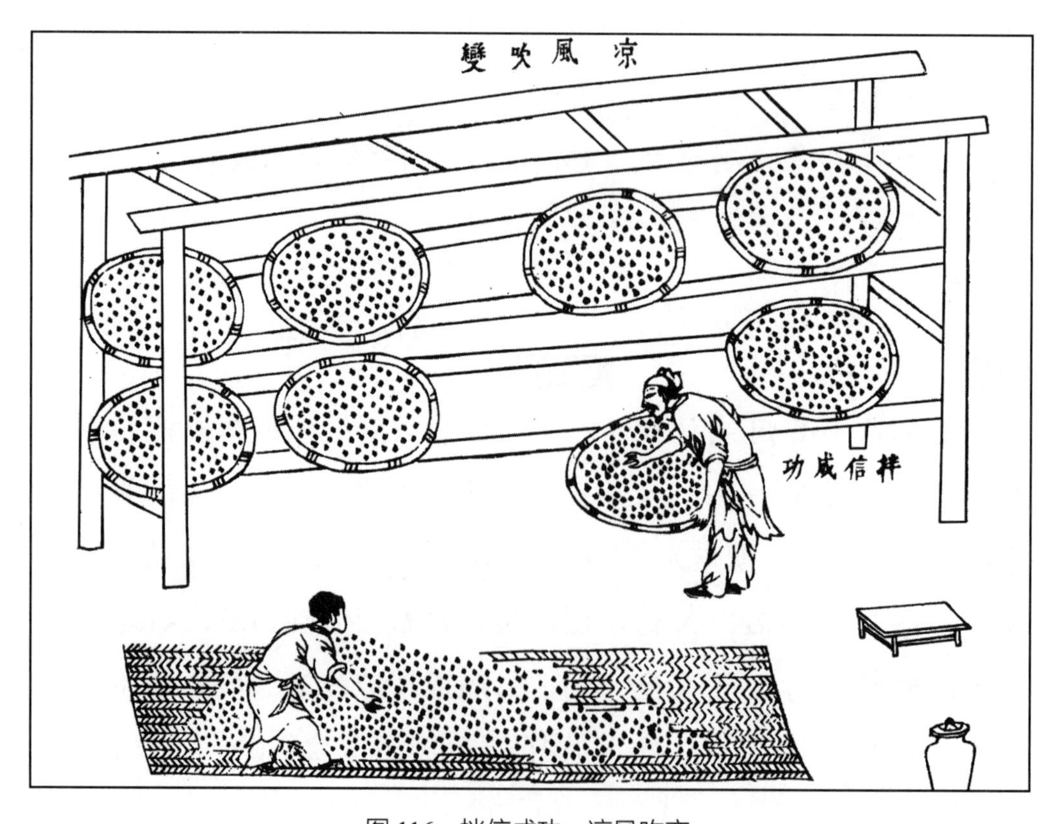

图 116　拌信成功、凉风吹变

视曲信入饭，久复微温，则信至矣。凡饭拌信后，倾入箩内，过矾水一次，然后分散入篾盘，登架乘风。后此风力为政，水火无功。

明曲种拌好了。饭拌好后，倒入箩筐里，用矾水过一次，然后分散放入竹盘，放在通风的架子上。此后主要是风的作用，与水火都不相干了。

难点精讲

② 明矾水：明矾水呈酸性，可抑制杂菌生长，有利于红曲霉的繁殖。

原文

凡曲饭入盘，每盘约载五升。其屋室宜高大，防瓦上暑气侵逼。室面宜向南，防西晒。一个时中翻拌约三次。候视者七日之中，即坐卧盘架之下，眠不敢安，中宵数起。其初时雪白色，经一二日成至黑色[3]。黑转褐，褐转代赭，赭转红，红极复转微黄。目击风中变幻，名曰生黄曲，则其价与入物之力，皆倍于凡曲也。凡黑色转褐，褐转红，皆过水一度。红则不复入水。凡

译文

曲饭放入竹盘，每盘约盛五升。储藏的房屋要高大，防止瓦上的暑气侵扰。房屋应该朝南，防止西晒。每个时辰翻拌约三次。七日之中，有人日夜守候，坐卧都在盘架之下，觉都不敢睡安稳，夜里要起来好几次。最初的时候颜色雪白，经过一两天变成黄色。黄色变成褐色，褐色变成赭石色，赭石色变成红色，红色最后又变成微黄色。目睹曲饭在空气中发生的这一系列变化，称为“生黄曲”，其价格与功用，都是一般酒曲的两倍。黄色转为褐色，褐色转为红色，都要过一次水。变成红色就不用再过水了。制造丹曲时，工人要把手和竹盘

原文	译文
造此物，曲工盥手与洗净盘簟，皆令极洁。一毫滓秽，则败乃事也。	都洗得极干净。有一点不洁净之处，都会坏事。

难点精讲

③ 黑色：红曲霉发酵不应变成黑色，故潘吉星、杨维增疑当作“黄色”。

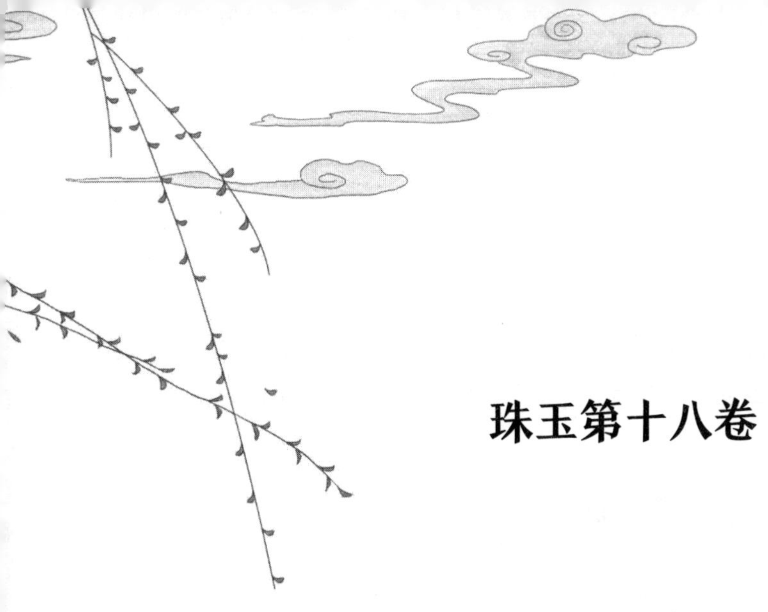

珠玉第十八卷

一、宋子曰

原文

玉韫山辉，珠涵水媚[1]，此理诚然乎哉，抑意逆之说也？大凡天地生物，光明者昏浊之反，滋润者枯涩之仇，贵在此则贱在彼矣。合浦、于阗[2]，行程相去二万里，珠雄于此，玉峙于彼，无胫而来，以宠爱人寰之中，而辉煌廊庙之上，使中华无端宝藏折节，而推上坐焉。岂中国辉山、媚水者，萃在人身，而天地菁华，止有此数哉？

译文

宋子说：蕴藏着宝玉的山有光辉，涵养着珍珠的水很妩媚，这种说法究竟是有道理的，还是仅为人们的推想呢？自然创生万物，光明与昏暗相反，滋润与枯涩相对，在这里珍贵的，在那里却寻常。广西合浦、新疆于阗，相距两万里，而前者产珠，后者产玉，珍珠与玉石被贩运到各地，受到人们喜爱，在宫廷中闪耀，使中原无数的宝藏都相形失色，从而被推为至宝。使山水光辉、妩媚的东西，都荟萃到了人的身上，难道天地之间的精华，就只有这两者吗？

难点精讲

① “玉韫山辉”两句：典出陆机《文赋》：“石韫玉而山辉，水怀珠而川媚。”
② 合浦：今广西壮族自治区合浦县。于阗（tián）：今新疆维吾尔自治区和田市。

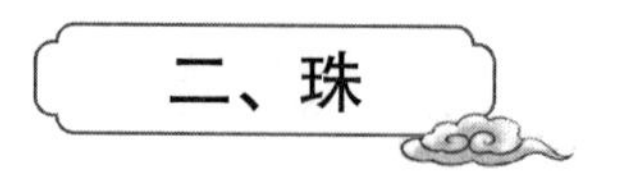

二、珠

原文

凡珍珠[①]必产蚌腹，映月成胎，经年最久，乃为至宝。其云[②]蛇腹、龙颔、鲛[③]皮有珠者，妄也。凡中国珠，必产雷、廉[④]二池。三代以前，淮杨亦南国地，得珠稍近《禹贡》“淮夷玭珠”，或后互市之便，非必责其土产也。金采蒲里路[⑤]，元采扬村直沽口[⑥]，皆传记相承妄，何尝得珠？至云忽吕古江[⑦]出珠，则夷地，非中国也。

译文

珍珠必定产于蚌腹，受月光映照而成形，经历多年，才终成贵重宝物。说蛇腹、龙下巴、鲨鱼皮里有珍珠，是不可信的。中国的珍珠必定产于广东雷州、广西合浦两地的珠池中。上古三代以前，淮扬一带相对于中原也属于南方地区，在那里产的珍珠比较接近《禹贡》中说的“淮夷玭珠”，也可能是后来通过互市贸易而获得，未必一定出产于当地。说金代采珠于蒲里路，元代采珠于扬村直沽口，都是传记中沿袭下来的错误记载，这些地方哪能产珍珠呢？至于说牡丹江出产珍珠，那是少数民族地区，并非中原。

难点精讲

① 珍珠：珠贝的分泌物。珠贝受到寄生物或沙砾进入的刺激，在结缔组织内形成珍珠囊，分泌珍珠质而成。主要成分是碳酸钙、碳酸镁、氨基酸等，可作

装饰或入药。

② “其云”句：据潘吉星考，当为宋人陆佃《埤雅》：“龙珠在颔，蛇珠在口，鱼珠在眼，鲛珠在皮。”

③ 鲛（jiāo）：鲨鱼。

④ 雷：雷州，今广东省雷州市。廉：廉州，今广西壮族自治区合浦县。

⑤ 蒲里路：诸本无异，然潘吉星据《金史·地理志》，疑当作“蒲西路”，指今黑龙江省克东县乌裕尔河南岸。

⑥ 扬村直沽口：今天津市大沽口。

⑦ 忽吕古江：今牡丹江。

原文

凡蚌孕珠，乃无质而生质[8]。他物形小而居水族者，吞噬弘多，寿以不永。蚌则环包坚甲，无隙可投，即吞腹，囫囵不能消化，故独得百年千年，成就无价之宝也。凡蚌孕珠，即千仞[9]水底，一逢圆月中天，即开甲仰照[10]，取月精以成其魄。中秋月明，则老蚌犹喜甚。若彻晓无云，则随月东升西没，转侧其身而映照之。他海滨无珠者，潮汐震撼，蚌无安身静存之地也。

译文

蚌孕育珍珠，是无中生有。其他的小型水中生物，大多被大鱼吞噬掉，不能长寿。蚌的外面则包裹坚甲，没有缝隙可入，就是被吞入腹中，也能保持完整而不被消化，所以独得百年、千年的寿命，成就无价之宝。蚌孕育珍珠时，哪怕是在千仞水底，一旦遇到圆月当空时，也会打开甲壳而仰照月光，取月精华而成珠。中秋月明时，老蚌尤其高兴。如果通宵无云，蚌会随着月亮的东升西落而转动身体，以映照月光。其他海滨之所以没有珍珠，是因为受到潮汐的影响，蚌没有安身静存之地。

难点精讲

⑧ 无质而生质：在宋应星看来，阴气的聚集形成月亮，而蚌孕育珍珠是依靠月光的照耀，因此他把珍珠的形成解释为“无质而生质”。

⑨ 仞：古以八尺为一仞。

⑩ 开甲仰照：珠贝喜在月明之夜张壳活动，这有利于寄生物、砂砾等进入，形成珍珠。

原文

凡廉州池，自乌泥、独揽沙至于青莺，可百八十里。雷州池，自对乐岛斜望石城界，可百五十里。疍户[11]采珠，每岁必以三月时，牲杀祭海神，极其虔敬。疍户生啖海腥，入水能视水色，知蛟龙所在，则不敢侵犯。凡采珠舶，其制视他舟横阔而圆，多载草荐[12]于上。经过水漩，则掷荐投之，舟乃无恙。舟中以长绳系没人腰，携篮投水。凡没人，以锡造湾[13]环空管，其本缺处，对掩没人口鼻，令舒透呼吸于中，别以熟皮包

译文

合浦的珠池，从乌泥、独揽沙到青莺，可达一百八十里。雷州的珠池，从对乐岛到斜对面的石城界，可达一百五十里。疍户每年必定在三月采珠，先宰杀牲畜祭祀海神，极其虔敬。疍户生吃海鲜，入水后能看清水中的事物，知道蛟龙的位置，就避开不敢侵犯。采珠船比其他船要更宽而圆，上面装载着大量草垫。经过旋涡时，把草垫扔进去，船就能平安无事。采珠时，将长绳系在采珠人的腰上，采珠人拿着篮子跳入水中。采珠人下水时戴着用锡造的一个弯管，末端开口的位置罩住人的口鼻，以便呼吸，再用软皮带包在耳朵与颈部之间。最深可以潜至水下四五百尺，拾取蚌装入篮中。感到憋闷了就拉绳

图 117　掷草垫防旋涡、没水采珠

图 118　扬帆采珠、竹笆沉底

络耳项之际。极深者至四五百尺，拾蚌篮中。气逼则撼绳，其上急提引上，无命者或葬鱼腹。凡没人出水，煮热毳急覆之，缓则寒栗死。宋朝李招讨[14]设法，以铁为耩[15]，最后木柱扳口，两角坠石，用麻绳作兜如囊状。绳系舶两傍，乘风扬帆而兜取之，然亦有漂溺之患。今疍户两法并用之。

子，上面的人急忙提绳把他拽上来，运气不好就要葬身鱼腹。采珠人出水后，赶忙用煮热的毛毯盖在他身上，慢了就会冻死。宋代招讨官司李重海设计的方法，是用铁做成耙状的框架，后面用木柱作扳口，两边坠上石头，框架四周用麻绳做成袋状网兜。再用绳子将其系在船的两边，乘风扬帆而兜取珠贝，但是也有翻船溺水的风险。现在疍户两种方法都用。

难点精讲

⑪ 疍（dàn）户：散居在广东、福建沿海地带，以船为家，以从事捕鱼、采珠业为生的人。

⑫ 草荐：草垫子。

⑬ 湾：陶本作“弯”，当据改。

⑭ 李招讨：指李重诲（946—1013），雍熙三年（986）任广、桂、融、宜、柳州招讨使。

⑮ 耩（jiǎng）：耙状的框架。菅本注疑为误字。

原文

凡珠在蚌，如玉在璞[16]。初不识其贵贱，剖取而识之。自五分至一寸五分经[17]

译文

珠在蚌中，就像玉在璞中。刚采来时看不出其贵贱，剖开取出才能分辨。直径五分至一寸五分的是大珠。

者为大品。小平似覆釜，一边光彩，微似镀金者，此名珰[18]珠，其值一颗千金矣。古来“明月”“夜光”，即此便是。白昼晴明，檐下看有光一线，闪烁不定。“夜光”乃其美号，非真有昏夜放光之珠也。次则走珠，置平底盘中，圆转无定歇，价亦与珰珠相仿。（化者[19]之身，受含一粒，则不复朽坏，故帝王之家重价购此。）次则滑珠，色光而形不甚圆。次则螺蚵珠，次官雨珠，次税珠，次葱符珠。幼珠如粱粟，常珠如豌豆。琕[20]而碎者曰玑。自“夜光”至于碎玑，譬均一人身，而王公至于氓隶也。

有一种珍珠呈扁圆形，像倒扣的锅一样，一边的光彩有点儿像镀金了一样，名为“珰珠”，一颗就价值千金。古人所谓“明月珠”“夜光珠”，说的就是它。晴朗的白天，在屋檐下看此珠，能看到一线闪烁不定的光。“夜光”只是其美称，并非真有能夜里发出光芒的珍珠。其次是走珠，放在平底盘中，滚动不停，其价格和珰珠相仿。（死者在嘴里含一颗，尸体就不会腐烂，因此帝王之家愿意花重金购买。）其次是滑珠，色彩光亮而形状不太圆。其次是螺蚵珠，其次是官雨珠，其次是税珠，其次是葱符珠。小的珍珠就像米粒那么大，正常的珍珠像豌豆一样大。碎珍珠叫作“玑”。从“夜光珠”到碎玑，就好比人从王公贵族到平民奴隶一样，有等级差别。

难点精讲

⑯ 璞（pú）：包藏着玉的石头。

⑰ 经：诸本无异，然句意难解。潘吉星、杨维增皆谓当作“径”，则句意可通。

⑱ 珰（dāng）：妇女戴在耳垂上的装饰品。

⑲ 化者：死者。

⑳ 琕（pín）：同“玭”，珍珠。

原文

凡珠生止有此数，采取太频，则其生不继。经数十年不采，则蚌乃安其身，繁其子孙，而广孕宝质。所谓珠徙珠还[21]，此煞定死谱，非真有清官感召也。（我朝弘治[22]中，一采得二万八千两。万历[23]中，一采止得三千两，不偿所费。）

译文

珍珠的产量有定数，如果采得太频繁，产量就供应不上。经过数十年不采，蚌能安身繁育后代，就能孕育出很多宝珠。所谓的“珠徙珠还”，说明的是珍珠生长有自然规律，并非真有清官感召的原因。（本朝弘治年间，一次采珠获得两万八千两。万历年间，一次采珠只获得三千两，与采珠的成本相比，得不偿失。）

难点精讲

㉑ 珠徙珠还：据《后汉书·循吏列传》载，合浦产珠，因官吏贪婪而滥采，珠贝就迁徙到交趾，孟尝就任太守，“革易前敝，求民病利。曾未逾岁，去珠复还”。

㉒ 弘治：明孝宗朱祐樘（chēng）（1470—1505）的年号，公元1488—1505年。

㉓ 万历：明神宗朱翊（yì）钧（1563—1620）的年号，公元1573—1620年。

三、宝

原文

凡宝石皆出井中，西番诸域最盛，中国惟出云南金齿卫[①]与丽江两处。凡

译文

宝石都产自井中，西域各地出产最多，中原只有云南保山与丽江两处出产。宝石从大到小，都有石床包裹

宝石自大至小，皆有石床包其外，如玉之有璞。金银必积土其上，韫结乃成，而宝则不然，从井底直透上空，取日精月华之气而就，故生质有光明。如玉产峻湍，珠孕水底，其义一也。

在外，就像玉有璞一样。金银矿必定埋在地下，长期蕴结而形成。宝石则不然，它从井底直透天空，吸取日月的精华而形成，因此本身就明亮而有光彩。就像玉产于湍流之中，珠在水底孕育，道理是一样的。

难点精讲

① 金齿卫：今属云南省保山市。

原文

凡产宝之井，即极深无水，此乾坤派设机关。但其中宝气如雾，氤氲[2]井中，人久食其气，多致死[3]。故采宝之人，或结十数为群，入井者得其半，而井上众人共得其半也。下井人以长绳系腰，腰带叉口袋两条，及泉近宝石，随手疾拾入袋。（宝井内不容蛇虫。）腰带一巨铃，宝气逼不得过，则急摇其铃。井上人

译文

产宝石的井，极深而没有水，这是自然的安排。但是井中有像雾一样的宝气弥漫，人吸入过多往往就会没命。因此采宝石的人，一般十几个人结伴，下井的人得一半宝石，井上众人共分另一半宝石。下井之人在腰上系长绳，腰带上拴两条口袋，下井后到了有宝石的地方，就迅速拾入口袋。（宝石井内没有蛇虫。）腰上挂一个大铃铛，在井下被宝气憋得受不了，就急忙摇铃。井上人拉绳子把下井人拽上来，其人即使不会丧命，也已经昏

图 119　下井采宝

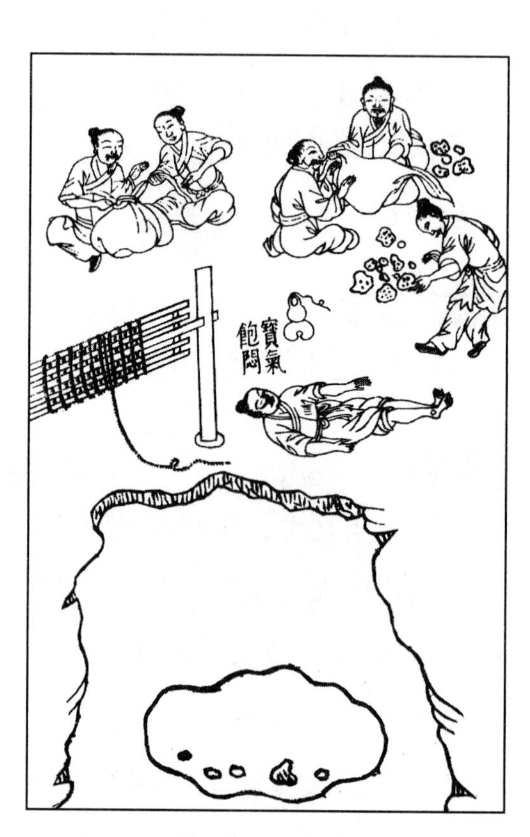

图 120　宝气饱闷

引絙提上，其人即无恙，然已昏瞢[4]。止与白滚汤入口解散，三日之内不得进食粮，然后调理平复。其袋内石，大者如碗，中者如拳，小者如豆，总不晓其中何等色。付与琢工，鑢[5]错解开，然后知其为何等色也。

迷。只能用白开水灌入他口中解毒，三日之内不能进食，然后调理恢复。袋子里的宝石，大的像碗一样大，中等的像拳头一样大，小的像豆一样大，不知道其中宝石的成色怎么样。交给琢工用锉刀锉开，才知道是什么成色。

难点精讲

② 氤氲：烟气弥漫的样子。

③ 多致死：宝井中可能因为缺氧，也可能因为含有甲烷、一氧化碳等有毒气体，都会致人死亡。

④ 昏瞢：昏迷不醒。

⑤ 鑢（lǜ）：打磨。

原文

属红黄种类者，为猫精、靺羯芽、星汉砂、琥珀、木难、酒黄、喇子[6]。猫精黄而微带红。琥珀最贵者名曰瑿[7]（音依，此值黄金五倍价），红而微带黑，然昼见则黑，灯光下则红甚也。木难纯黄色。喇子

译文

属于红黄种类的宝石有猫精、靺羯芽、星汉砂、琥珀、木难、酒黄、喇子。猫精为黄色而稍微带红。最名贵的琥珀称为“瑿”（音依，这种宝石的价格是黄金的五倍），红色而稍微带黑，然而白天看是黑色，灯下看是红色。木难是纯黄色。喇子纯红色。前代是哪位妄人，注说松树可以变成茯苓，

纯红。前代何妄人[⑧]，于松树注茯苓，又注琥珀，可笑也。

又注茯苓可以变成琥珀，真可笑啊。

难点精讲

⑥ 猫精：金绿宝石，成分是铝酸铍（$BeAl_2O_4$）。据杨维增，是青石棉被石英交代后形成的致密纤维状块体。靺羯芽：据章鸿钊《石雅》，为红玛瑙，成分是二氧化硅（SiO_2）。星汉砂：杨维增认为可能是砂金石，潘吉星据英译本认为可能是砂金石或金宝石。琥珀：松柏树脂的化石。木难：据潘吉星，为绿宝石中之黄色者，成分为硅酸铍铝（$3BeO \cdot Al_2O_3 \cdot 6SiO_2$）。酒黄：据潘吉星，为黄玉，成分是氟硅酸铝（$Al_2SiO_4F_2$）。喇子：红宝石，据杨维增，是含铬的刚玉（$Al_2O_3$）。

⑦ 瑿（yī）：黑色的琥珀。

⑧ 妄人：无知的人。潘吉星据《本草纲目》卷三四“松”条引葛洪《神仙传》：“老松余气结为茯苓，千年松脂化为琥珀”，认为可能指葛洪。杨维增则举张华《博物志》卷七：“松柏脂沦地中，千年化为茯苓，茯苓千年化为琥珀”，认为是张华。

原文

属青绿种类者，为瑟瑟珠、珇琌绿、鸦鹘石、空青[⑨]之类。（空青既取内质，其膜升打为曾青[⑩]。）至枚[⑪]瑰一种，如黄豆、绿豆大者，则红、碧、青、黄数色皆具。宝石有玫瑰，如珠之有玑也。星汉砂以上，犹

译文

属于青绿种类的宝石有瑟瑟珠、珇琌绿、鸦鹘石、空青之类。（空青取矿石的内核，外层可打磨成曾青。）玫瑰石像黄豆、绿豆一样大，红、碧、青、黄各色都有。宝石中的玫瑰石，就像是珍珠中的玑一样。在星汉砂之上一等，还有煮海金丹。这些都产自西域，偶尔也有的从宝气中产出，云南

有煮海金丹。此等皆西番产，亦间气出，滇中井所无。时人伪造者，唯琥珀易假。高者煮化硫黄，低者以殷红汁料煮入牛羊明角[12]，映照红赤隐然，今易[13]最易辨认（琥珀磨之有浆）。至引草[14]，原惑人之说，凡物借人气能引拾轻芥也。自来《本草》陋妄，删去毋使灾木。

的井中没有这种。现在有人伪造宝石，只有琥珀最容易造假。高明的煮化硫黄制成，低劣的就用殷红汁料煮牛羊角胶，可映出隐隐的红色，但是现在也最容易辨认（研磨琥珀会流出浆）。至于琥珀能吸引草芥，本就是骗人的说法，东西是借助人的气息才能吸引草芥。《本草纲目》中向来有很多差错，都应当删去，以免浪费雕版的木料。

难点精讲

⑨ 瑟瑟珠：蓝宝石，蓝色的刚玉（Al_2O_3）。珇㻌绿：即祖母绿，据潘吉星，为纯绿宝石或绿柱石，含铬，成分为 $Be_3Al_2(Si_6O_{18})$。鸦鹘（gǔ）石：含钛刚玉，成分与瑟瑟珠相同。空青：孔雀石，成分为 $CuCO_3 \cdot Cu(OH)_2$。

⑩ 曾青：据杨维增，为蓝铜矿石［$2CuCO_3 \cdot Cu(OH)_2$］。

⑪ 枚：杨本、菅本、陶本皆作“玫”，当据改。

⑫ 明角：用兽角制成的薄片。

⑬ 易：陶本作“亦”，当据改。

⑭ 草：草芥，这里是指摩擦琥珀产生的静电，能吸附草芥，并非妄说。

四、玉

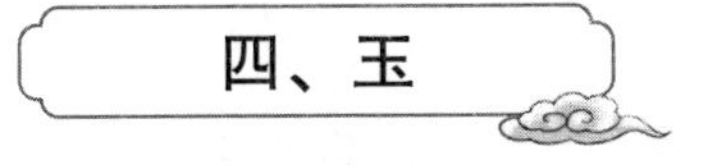

原文

凡玉入中国，贵重用者，尽出于阗（汉时西国

译文

贩运入中原的玉，比较贵重的都出自于阗（汉代西域国名，后代或称“别

号，后代或名别失八里[①]，或统服赤斤蒙古[②]，定名未详）、葱岭[③]。所谓蓝田[④]，即葱岭出玉别地名，而后世误以为西安之蓝田也。其岭水发源，名阿耨山，至葱岭分界两河，一曰白玉河，一曰绿玉河。晋人张匡邺作《西域行程记》[⑤]，载有乌玉河[⑥]，此节则妄也。

失八里”，或统属于赤斤蒙古卫，具体名称不详）、葱岭。所谓“蓝田”，就是葱岭产玉地点的别名，而后世误以为是西安的蓝田了。岭水的发源地叫阿耨山，水流到葱岭，分为两条河，一条叫白玉河，一条叫绿玉河。晋人张匡邺写的《西域行程记》，还记载有乌玉河，这是错误的。

难点精讲

① 别失八里：在今新疆维吾尔自治区乌鲁木齐市以东，与和田并非同一地点。

② 赤斤蒙古：明代置赤斤蒙古卫统领今甘肃省玉门市一带，亦非于阗所属。

③ 葱岭：今帕米尔高原，跨中国新疆西南部、塔吉克斯坦东南部、阿富汗东北部。

④ 蓝田：今陕西省蓝田县一带古曾产玉，新疆域内并无蓝田地名。

⑤ 晋人张匡邺作《西域行程记》：潘吉星据《新五代史·于阗传》考证，五代时后晋供奉官张匡邺、判官高居诲出使于阗，高居诲作《于阗国行程记》。故并非晋代，亦非张匡邺。

⑥ 乌玉河：据杨维增考证，《五代史·四夷》《明史·于阗传》均载有乌玉河，据清人徐松《西域水道记》，乌玉河当时由西流入喀拉喀什河的支流。

原文

玉璞不藏深土，源泉峻急，激映而生。然取者不于所生处，以急湍无

译文

玉璞不埋藏在深土中，而在水流湍急的地方激荡而生。然而采玉者不去玉生的地方采，因为水流湍急，无

图 121　白玉河

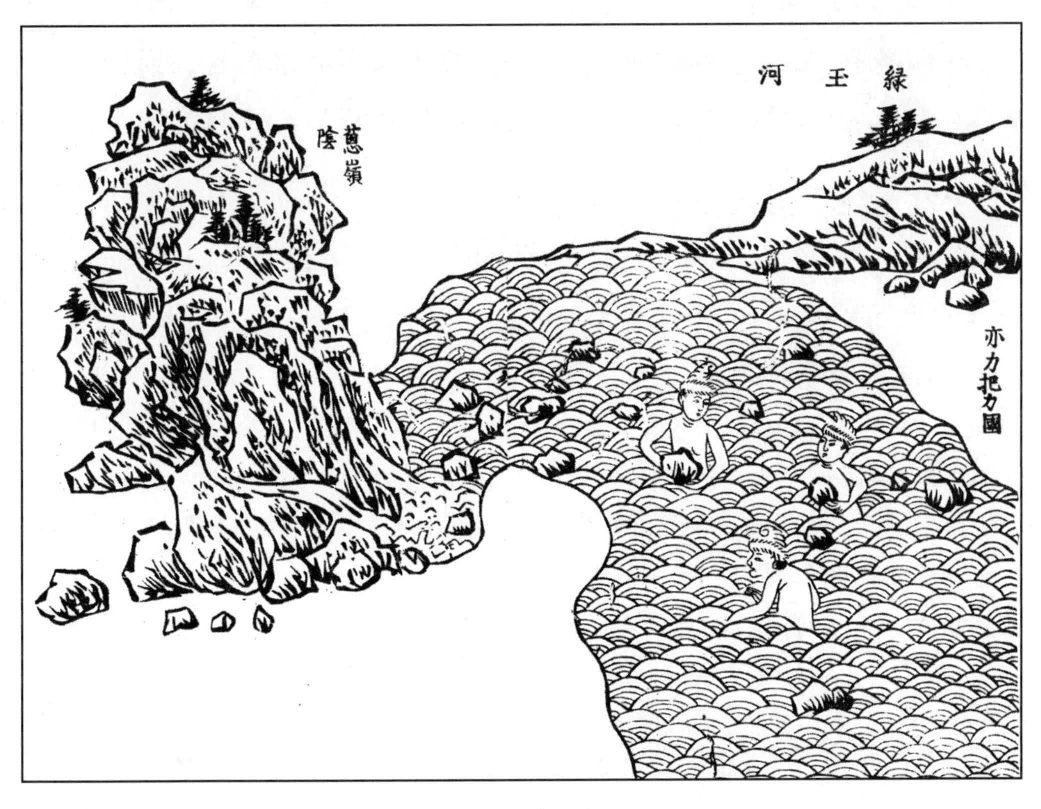

图 122　绿玉河

着手。俟其夏月水涨，璞随湍流徙，或百里，或二三百里，取之河中。凡玉映月精光而生，故国人沿河取玉者，多于秋间明月夜，望河候视。玉璞堆聚处，其月色倍明亮。凡璞随水流，仍错杂乱石浅流之中，提出辨认，而后知也。白玉河流向东南，绿玉河流向西北[7]。亦力把力[8]地，其地有名望野者，河水多聚玉。其俗以女人赤身没水而取者，云阴气相召，则玉留不逝，易于捞取，此或夷人之愚也。（夷中不贵此物，更流数百里，途远莫货，则弃而不用。）

从下手。等到夏天水势上涨，玉璞随着急流被冲到百里或二三百里外，再到河中捞取。玉受月亮的精光照耀而生长，因此沿河取玉的当地人经常在秋季月明的夜晚，望向河流寻找。玉璞堆积的地方，月色倍加明亮。玉璞随水流动，错杂在浅滩乱石之中，要捞起来辨认才能知道是不是。白玉河流向东南，绿玉河流向西北。在亦力把力，有个名叫“望野”的地方，河水中多聚集着玉。当地风俗是让女性赤身下水取玉，说是阴气相互感应，玉会留住而不随水流走，易于捞取，这可能是当地人不明事理吧。（那里不以此物为贵，沿河数百里，路途遥远，卖不出去，就扔掉不要了。）

难点精讲

⑦ 白玉河流向东南，绿玉河流向西北：实际白玉河流向西北，中游折向北，绿玉河流向西北，中游折向东北。

⑧ 亦力把力：即亦力把里，在今新疆维吾尔自治区伊宁市。

原文

凡玉，唯白与绿两色，绿者中国名菜玉。其赤玉、黄玉之说，皆奇石、琅玕[⑨]之类，价即不下于玉，然非玉也。凡玉璞根系山石流水，未推出位时，璞中玉软如棉絮，推出位时则已硬，入尘见风则愈硬。谓世间琢磨有软玉[⑩]，则又非也。凡璞藏玉，其外者曰玉皮，取为砚托之类，其值无几。璞中之玉，有纵横尺余无瑕玷者，古者帝王取以为玺。所谓连城之璧[⑪]，亦不易得。其纵横五六寸无瑕者，治以为杯斝[⑫]，此已当世重宝也。此外惟西洋琐里[⑬]有异玉，平时白色，晴日下看映出红色，阴雨时又为青色，此可谓之玉妖[⑭]，尚方[⑮]有之。朝鲜西北太尉山有千

译文

玉只有白色与绿色两种，绿玉在中原叫作菜玉。至于赤玉、黄玉等说法，都是奇石、琅玕之类，即便价格不比玉低，也不是玉。玉璞生于山石流水，璞中的玉本像棉絮一样软，被冲走露出来后就已经硬了，剖开见到风尘，就更加坚硬。说世间在琢磨玉石时，还能遇到一种软玉，这又不对了。璞包藏着玉，外面的部分叫“玉皮”，可以取来作为砚台的托座之类，值不了几个钱。璞中之玉，有一尺多见方而无瑕疵的，古代帝王拿来制作玉玺。这就是所谓的连城之璧，也不易取得。五六寸见方而无瑕疵的，可以加工成酒器，这也是当世贵重的宝物。此外唯有西洋琐里国有异玉，平时是白色的，太阳下看，映出红色，阴雨时又是青色，可谓“玉妖”，宫廷里有。朝鲜西北太尉山有千年璞，其中藏有羊脂玉，与葱岭所产的美玉没什么差别。其他虽然有文献记载，但闻而未

年璞，中藏羊脂玉，与葱岭美者无殊异。其他虽有载志，闻见则未经也。凡玉由彼地缠头回，或溯河舟，或驾橐驼[16]，经庄浪[17]入嘉峪，而至于甘州与肃州[18]。中国贩玉者，至此互市而得之，东入中华，卸萃燕京。玉工辨璞高下定价，而后琢之。（良玉虽集京师，工巧则推苏郡。）

见。玉由葱岭当地的穆斯林运输，或者行船走水路，或驾着骆驼走陆路，经过庄浪县进入嘉峪关，到达甘肃张掖与酒泉。中原贩卖玉石的人，到这里通过贸易获得，向东会集到北京卸货。玉工辨别玉璞的高下而定价，随后打磨。（美玉虽然聚集在京城，而能工巧匠则首推苏州。）

难点精讲

⑨ 琅玕（láng gān）：似珠子的美石。

⑩ 软玉：这里并非现代科学意义上的以硬度划分的软玉，而是某种传说中柔软的玉。

⑪ 连城之璧：价值连城之玉。《史记·廉颇蔺相如列传》："赵惠文王时，得楚和氏璧。秦昭王闻之，使人遗赵王书，愿以十五城请易璧。"

⑫ 杯斝（jiǎ）：泛指酒器。

⑬ 琐里：古代南洋群岛上的一个小国。潘吉星认为在今印度科罗曼德尔海沿岸。杨维增则认为属印度尼西亚。

⑭ 玉妖：潘吉星认为可能是金刚石，因其折光率强，能呈现不同色泽。

⑮ 尚方：掌管宫廷器物的官署。

⑯ 橐驼（tuó tuó）：骆驼。

⑰ 庄浪：今甘肃省庄浪县。

⑱ 甘州：今甘肃省张掖市。肃州：今甘肃省酒泉市。

原文

凡玉初剖时，冶铁为圆盘，以盆水盛沙，足踏圆盘使转，添沙剖玉，逐忽划断。中国解玉沙[19]，出顺天玉田与真定邢台两邑，其沙非出河中，有泉流出，精粹如面，借以攻玉，永无耗折。既解之后，别施精巧工夫，得镔铁[20]刀者，则为利器也。（镔铁亦出西番哈密卫砺石[21]中，剖之乃得。）凡玉器琢余碎，取入钿花[22]用。又碎不堪者，碾筛和灰涂琴瑟，琴有玉音，以此故也。凡镂刻绝细处，难施锥刃者，以蟾酥[23]填画而后锲之。物理制服，殆不可晓。凡假玉以砆碱[24]充者，如锡之于银，昭然易辨。近则捣舂上料白瓷器，细过微尘，以白敛[25]诸汁调成为器，干燥玉色烨然，此伪最巧云。

译文

开始剖玉时，把铁铸成圆盘，在盆里装上水和沙子，脚踏牵动圆盘转动，添加沙子剖玉，一点点把玉划割开。中国的解玉沙，出产自顺天府玉田与真定府邢台两地，沙并非出自河中，而是从流出的泉水中获得，就像面粉一样细，用来打磨玉石，永远不会有损耗。剖开玉璞后，另外精雕细琢，则以镔铁刀为利器。（镔铁也出自新疆哈密的一种磨刀石般的粗石，剖开就能炼取。）玉器雕琢之后剩下的碎块，可以取来制作钿花。更碎的玉可以碾碎过筛，与灰调和后用来涂琴瑟，琴之所以有玉音，就是因为这道工序。玉器雕刻中最精细的地方难以施加锥刀，就用蟾酥填画，然后雕刻。这其中一物降一物的道理，完全不明白。有用砆碱冒充玉的，就像用锡冒充银，很容易分辨。近来则有人把上等的白瓷器舂捣成极细的灰，用白蔹汁等调制，制作器物，干燥后就有了玉的光与色，这种作假方法最为工巧。

图 123　琢玉

难点精讲

⑲ 解玉沙：据潘吉星，这种硬沙或为石榴石，即铁铝榴石（$Fe_3Al_2Si_3O_{12}$），硬度为 7；或为刚玉，即天然结晶氧化铝（Al_2O_3），硬度为 9。

⑳ 镔（bīn）铁：精炼且坚硬的铁。

㉑ 砺石：可作磨刀石的粗石。

㉒ 钿（diàn）花：用金、银、玉、珠等做成的花状装饰品。

㉓ 蟾酥：蟾蜍等的耳后腺及皮肤腺的白色分泌物，有毒，可入药。

㉔ 砆碔（fū wǔ）：又称碔砆、珷玞，形似玉的普通石头。

㉕ 白敛：即白蔹（liǎn），葡萄科蛇葡萄属蔓生植物，根部含黏液。

原文

凡珠玉、金银，胎性相反。金银受日精，必沉埋深土结成。珠、玉、宝石受月华，不受土寸掩盖。宝石在井，上透碧空，珠在重渊，玉在峻滩，但受空明水色。盖上珠有螺城，螺母居中，龙神守护，人不敢犯。数应入世用者，螺母推出人取。玉初孕处，亦不可得。玉神推徙入河，然后恣取，与珠宫同神异云。

译文

珠玉、金银的性质相反。金银受太阳精华的作用，必定沉埋深土中形成。珍珠、玉、宝石受月亮精华的作用，上面没有一点土掩盖。宝石生于井中，上面通达碧空，珍珠生于深水中，玉生于险滩中，上面只有天空与水。大概上等的珍珠产于螺城，有螺母在其中，龙神守护，人不敢侵犯。等天数已到，应当进入人世了，螺母就将其推出，任人拾取。玉最初孕育的地方，也不可知。时候到了，由玉神推入河中，然后任人获取，与珠宫一样神异。

五、附：玛瑙、水晶、琉璃

原文

凡玛瑙①，非石非玉，中国产处颇多，种类以十余计。得者多为簪箧、钩（音扣）结之类，或为棋子，最大者为屏风及卓②面。上品者产宁夏外徼③羌地砂碛④中，然中国即广有，商贩者亦不远涉也。今京师货者多是大同、蔚州⑤九空山、宣府⑥四角山所产，有夹胎玛瑙、截子玛瑙、锦红玛瑙⑦，是不一类。而神木、府谷⑧出浆水玛瑙、锦缠玛瑙⑨，随方货鬻⑩，此其大端云。试法以研木不热者为真。伪者虽易为，然真者值原不甚贵，故不乐售其技也。

译文

玛瑙既不是石也不是玉，中国有多地出产，种类有十几种。多用来制作簪子、纽扣等，或者做棋子，最大的可以做屏风及桌面。上等玛瑙产自宁夏往外羌族人居住的沙漠中，但中原到处都有，因此商贩也不用跑那么远去贩运。现在京城出售的玛瑙，多是山西大同、河北蔚县九空山、河北宣化四角山所产，有夹胎玛瑙、截子玛瑙、锦红玛瑙，种类不同。而陕西神木、府谷出产浆水玛瑙、锦缠玛瑙，也在各地售卖，这是大概情形。检验真伪的方法是用来在木头上面摩擦，不发热的就是真货。玛瑙虽然容易造假，但本来真货就不是很昂贵，所以也没人愿意做手脚。

难点精讲

① 玛瑙：一种矿石，为结晶石英、石髓及蛋白石的混合物。

② 卓：陶本作“棹”，于义不同，潘吉星、杨维增皆认为当作“桌”。

③ 徼（jiào）：边界。

④ 砂碛（qì）：沙漠。

⑤ 蔚（yù）州：今河北省蔚县。

⑥ 宣府：今河北省宣化市。

⑦ 夹胎玛瑙：据章鸿钊《石雅》，为“正视之则莹白光彩，侧视之则若凝血”的玛瑙。截子玛瑙：据《石雅》，为“黑白相间”的玛瑙。锦红玛瑙：据《石雅》，为“有锦花”的红玛瑙。

⑧ 神木：今陕西省神木市。府谷：今陕西省府谷县。

⑨ 浆水玛瑙：据《石雅》，为“有淡水花”的玛瑙。锦缠玛瑙，即缠丝玛瑙，据《石雅》，为“红白杂色如丝相间”的玛瑙。

⑩ 鬻（yù）：卖。

原文

凡中国产水晶[⑪]，视玛瑙少杀，今南方用者多福建漳浦产（山名铜山），北方用者多宣府黄尖山产，中土用者多河南信阳州（黑色者最美）与湖广兴国州[⑫]（潘家山）产，黑色者产北不产南。其他山穴本有之而采识未到，与已经采识而官司厉禁封闭（如广信惧中官开采之类）者尚多也。凡水晶，出深山穴内瀑流石罅之中，其水经晶流出，昼夜

译文

中国出产的水晶比玛瑙要少，现在南方所用水晶多产于福建漳浦县（山的名字叫“铜山”），北方所用水晶多产于宣化的黄尖山，中原所用水晶多产于河南信阳（黑色的最美）与湖北阳新（潘家山），其中黑水晶不产于南方。有的山洞里本来有，但没被发现和开发，有的已经发现和开采，但被官家严禁开采并封闭，这些情况也不少（比如江西上饶因惧怕太监的盘剥而禁采等）。水晶出产于深山洞穴里的瀑流石缝中，流水昼夜不断地从水晶上流过，流出山洞半里左右，水面上还像油珠

不断，流出洞门半里许，其面尚如油珠滚沸。凡水晶未离穴时如棉软，见风方坚硬。琢工得宜者，就山穴成粗坯，然后持归加功，省力十倍云。

滚沸般。水晶没离开洞穴时，像棉一样柔软，见到风才坚硬起来。打磨的工匠因地制宜，在山洞里加工成粗坯，然后带回去加工，能省十倍的力气。

难点精讲

⑪ 水晶：又名水精，即石英，成分是二氧化硅（SiO_2）。纯净的水晶无色透明，掺杂其他元素则呈现不同颜色。水晶硬度为 7，并不存在在山洞中柔软，见风才坚硬的现象。

⑫ 兴国州：今湖北省阳新县。

原文

凡琉璃石[13]，与中国水精、占城火齐[14]，其类相同，同一精光明透之义。然不产中国，产于西域。其石五色皆具，中华人艳之，遂竭人巧以肖之。于是烧瓴甋[15]，转锈成黄绿色者曰琉璃瓦；煎化羊角，为盛油与笼烛者为琉璃碗；合化硝、铅写[16]珠，铜线穿合者为琉璃灯，捏片为

译文

琉璃石与中国水晶、占城火齐的种类相同，都是光亮透明的。然而中原地区没有出产，产自西域。琉璃石各种颜色都有，中原人十分艳羡，就竭尽机巧仿制。于是烧砖瓦，挂上黄绿色的釉，称琉璃瓦；将羊角煎化，制作可以盛油或作灯罩用的琉璃碗；把硝、铅化合后做成珠子，用铜线串起来，做成琉璃灯，或者化合后捏成片，做成琉璃瓶或琉璃袋。（硝要用煎炼时凝结在上面的马牙硝。）各种颜色的颜

琉璃瓶袋。（硝用煎炼上结马牙者。）各色颜料汁，任从点染。凡为灯、珠，皆淮北齐地人，以其地产硝之故。

料汁，任由点染。制作琉璃灯、琉璃珠的，都是淮北的山东人，因为当地产硝。

难点精讲

⑬ 琉璃石：这里指烧制玻璃及其釉质的石英类矿石，透明或半透明。

⑭ 占城：即占婆国，中国古称林邑，在今越南中南半岛东南部。火齐：琉璃的别名。

⑮ 瓴甋（líng dì）：长方砖，指砖瓦。

⑯ 写：通“泻”。

原文

凡硝，见火还空，其质本无，而黑铅为重质之物。两物假火为媒，硝欲引铅还空，铅欲留硝住世，和同一釜之中，透出光明形象。此乾坤造化隐现于容易地面。《天工》卷末，著而出之。

译文

硝见火就会分解消失，而黑铅是质量重的东西。两种物质以火为媒介，硝要引铅腾空，铅要将硝留住，在同一个锅中化合，透射出光明的形象。这是自然的神奇变化，显现在世界上。已到《天工开物》全书结尾处，特地写在这里。